英文

SUCCESSFUL E-MAIL IN THE GLOBAL MARKET

ビジネスeメール

実例集 Ver.2.0

有元美津世 著
Mitsuyo Arimoto

The Japan Times

『英文ビジネスEメール実例集』の初版が出版されたのが1997年。メールは、まだまだ一部の人に利用されるだけの媒体でした。当時、先駆者的存在であった初版を見ても、メール初心者向けの説明が中心であり、他の媒体に比べたメールの位置付けもまだ不確定であったのがよくわかります。

それから8年、今では、メールによる通信はあたりまえ、というよりも最大の通信媒体になったといえるでしょう。郵送やファクスを利用する機会はめっきり減り、とくに海外とのやりとりは、時間とコスト面で勝るメールなしでは実質、不可能だといっていいでしょう。

メールは電話でのやりとりに置き換わった部分も多く、その分、文章を書く機会が格段に増えたといえます。文章を書くのが苦手な人には大変な苦労であり、それも外国語で書かなければならないというのは人によっては恐怖ともいえる体験かもしれません。さらにメールには即応が求められます。1本のメールを書くのに数日かけて、などと悠長なことは言っていられません。

ホームページを通じて、ある日突然、英語のメールが舞い込んでくるといった事態も日常的に起こっており、日本語のホームページしか出していないのに、英語で注文が届いたという話もよく聞きます。英語のメールが来たときに、すぐに英語で返事が出せなければ、せっかくのビジネスチャンスを失うことになりかねません。

英文ビジネスメールで苦労をされている、そうした読者のために、Ver. 2では、より多くの状況に対応できるよう、さらに例文を増やしました。とくにニーズの高いクレームおよびクレーム処理のメールは、新たに章を設け、日本国内の外資系企業や海外の日系企業でもご利用いただけるよう、社内メールの例も増やしました。

著書では、常に「実際に国際ビジネスの現場で使われている表現を紹介する」というのをモットーとしていますが、本書で紹介した例も実際に筆者が送ったり、受け取ったりしたものがほとんどです。

読者の皆さまが、さまざまな日常業務において、さらに世界に向けてビジネスを切り開いていく一助として、本書をお役立ていただければ幸いです

David, thanks for dotting all my i's and crossing all my t's again! I'm counting on you for the next one.

2005年1月

有元美津世

C O N T E N T S

Chapter 2　クレーム＆クレーム対応メール………159

Chapter 3　社内メール …………………………207

装幀　神長文夫＋坂入由美子
本文デザイン　㈱芳林社
編集協力　足立恵子

INTRODUCTION

英文メールの基本

① メールの基本

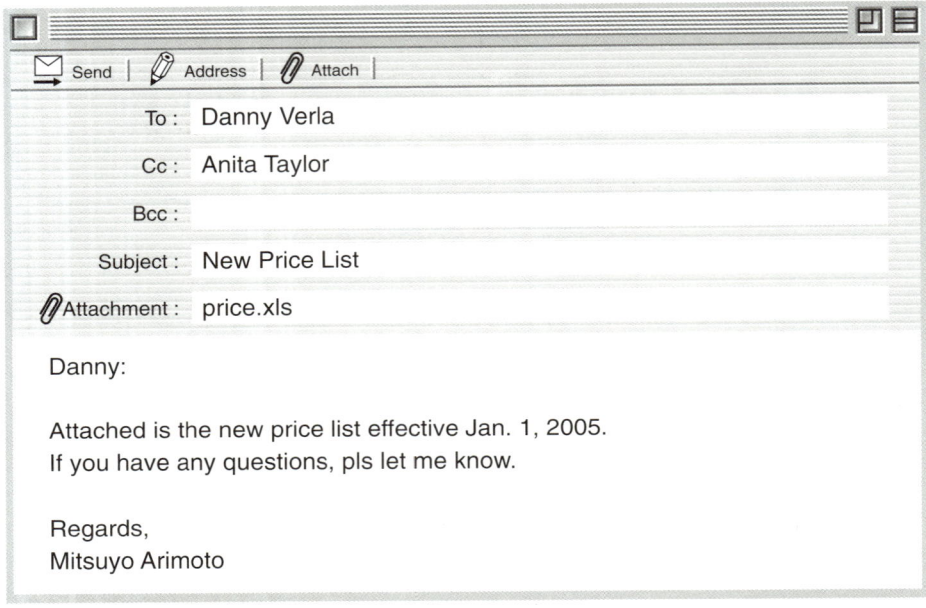

```
To :    Danny Verla
Cc :    Anita Taylor
Bcc :
Subject :    New Price List
Attachment :    price.xls

Danny:

Attached is the new price list effective Jan. 1, 2005.
If you have any questions, pls let me know.

Regards,
Mitsuyo Arimoto
```

宛先：ダニエル・ヴァーラ
CC:　　アニタ・テイラー
BCC:
題：　　新価格表
添付：price.xls

2005年1月1日有効の新しい価格表を添付します。
ご質問があれば、お知らせください。

有元美津世

1）CC、BCC、Return Receiptの使い方

::: CCの使い方

　皆さんも日ごろから使っているCC（Carbon Copy）は、複数の人に同じメールを一度に送る機能ですが、送り先のアドレスがすべて表示されるので、受け取った人にも、自分以外の誰に同じメールが送られたのかがわかります。便利な機能ではありますが、本当に必要な相手にだけ送るようにしましょう。不要なメールを送ることは、相手の時間を無駄にするだけでなく、ネット上のトラフィックを必要以上に増やすことにもなります。

　ある企業の担当者は、社内的に責任範囲をはっきりさせる（つまり保身の）ために、いつも大勢の人をCCに入れています。仕方がないので、不必要と判断できるとき以外は、筆者も返信をCCの人たちにも送りますが、特に添付ファイルがあるときなど、直接関係のない人に送信するのには気がひけます（筆者が受信者だったら迷惑だと感じると思います）。

コラム　返信 vs. 全員に返信

これは、実際に筆者の友人が勤めるアメリカの大企業で起こった話です。ある社員が、チームのメンバーにだけ送るはずのメールを、誤ってその部門全員に送ってしまいました。するとメールを受け取った人たちが、「送信者へ返信」ではなく「全員に返信」機能を使って、「関係のないメールは送るないでくれ」と返信をしました。さらにそれに対して「全員に返信」を使って返信する人もいたため、雪だるま式にメールのやり取りが増え、社内メールシステムはパニック状態に陥ってしまったのです。返信は必要な人だけに送るよう、注意しないといけないですね。

BCCの使い方

　意外に使い方を知らない人が多いのが、BCC（Blind Carbon Copy）です。BCCを使うと、TOやCCで送った相手に知られることなく、BCCのアドレスに同報を送ることができます。ただし、BCCでメールを送られた人が、それに気づかずにTOやCCで送られた人にも返事を送ってしまうことがあるので、使用には注意が必要です（筆者はこれで失敗したことがあります。その後、メールに不慣れな相手には、BCCではなく、別メールにして送ることにしています）。

　BCCは、「内緒で送る」という意味合いが強いので、乱用は避けるべきでしょう。

BCCの賢い使い方

　アメリカでもよく見られるのは、多くの人に連絡する際に、お互いに知らない人たちのアドレスをCCに入れて、大勢の人に開示してしまうことです。不特定多数の相手に頼まれてもいないメールを送ることを、英語ではspamming（スパミング）といい、そうしたメールのことをspam（スパム）と言います。友人や取引先にスパマー（迷惑メールを送りつける人）がいると思いたくはありませんが、本人の許可なくアドレスを他人に開示するのは、プライバシーの侵害、ネチケット違反です。筆者は、仕事用のアドレスを一般には開示しないようにしています。ですから、まったく知らない他人に勝手にアドレスを開示され、関係のないメールが送られてくるのはとても迷惑なのです。

　一度に多くの人に連絡をする場合、メールの宛先を自分にし、送付先のアドレスはすべてBCCに入れれば、受信者側に表示されるのは自分のアドレスだけです。受信者には、ほかに誰にメールが送付されたかは見えません。

RR：受取証明（開封確認メッセージ）の使い方

　RR（Return Receipt）は、受取証明のことです。相手がメールを受け取った、正確には相手がメールを「開いた」ことを証明する通知です。便利な機能ではありますが、あまり頻繁に使うことはお勧めしません。「あなたはなかなか返事をくれないが、こうすればメールを開いたかどうかがわかる」と、相手を信用していないしるしとも取られかねないからです。また、送信メールすべてにRRをつけていると、どのメールが本当に大事なのか区別がつきません。どうしても受信の確認が必要なときに限るべきでしょう。

　筆者の周りにも、すべてのメールにRRをつけてくる人が数人いますが、これはメーラーで「送信するすべてのメールにRR（開封確認メッセージ）を要求する」設定をしているのではないかと思います。メーラーの設定を今一度チェックしましょう。

　なお、たいていのメールでは、受取証明を送付するかどうかを受信者側で決定できるので、RRをつけたからといって受取証明が届くとは限りません。筆者は受取証明を返信しないよう

にしています。受取証明が必要だと判断するようなメールには、どちらにしろ、即、返信しますし、返信を必要としないメールには受取証明など初めから必要ないのです。

2）Subject

::: Subjectのつけ方

　Subjectとは「件名」のことですが、たかが件名と思ったら大間違いです。メールを大量に受け取る人は、件名によってどのメールを読むかを決めます。これだけスパムの量が増えた今日、件名によっては開封されずにごみ箱行きになることも多々あるのです（私も、スパムと間違えて、読まずに捨てるメールがときどきあります）。ですから、ちゃんと読んでもらうためにも、Subjectがひと目で内容がわかるものになるよう、工夫する必要があります。

> ## コラム　　受信者に迷惑なSubject
>
> 　Subjectのつけ方が下手な人が多いのには困ったものです。私は、仕事相手に何度か、「もっとちゃんとした件名をつけてくれ」とクレームをつけたことがあります。というのは、メールを探したり、整理したりするときには、件名をもとに行うからです。件名で内容がわからないと、お目当てのメールがなかなか見つからず、無駄な時間がかかります。つまり、件名のつけ方が悪いと受信者に迷惑がかかるのです。
>
> 　「有元です」のように自分の名前を件名に入れる人がよくいますが、名前はちゃんと「送信者」のところに出るのですから、わざわざ件名にする必要はありません。こちらが知りたいのは、何に関するメールかということです。同じ相手と複数の事項に関してメールをやり取りすることは多いのですから。
>
> 　また、「お久しぶりです」「こんにちは」といった件名のメールもよく見かけます。内容がただのあいさつであれば問題はないのですが、大事な仕事の話である場合も少なくありません。Subjectが"Hi" "Hello"のメールを送れば、それこそスパムに間違えられます。
>
> 　ある企業では社員のほとんどが、自分の名前やあいさつを件名にして、大事な仕事のメールを送ってくるので、社長に「お宅では、そのように指導されているのですか?」と問いただしたこともあります。

::: ひと目で具体的な内容がわかるように

　Subject Lineは、たいてい25～35字しか表示されないようになっているので、それ以内に収まるようにし、大事なことをなるべく前のほうに書きます。

　さらに、Subjectは、できるだけ具体的に書きます。Meeting（会議）よりも6/29 Meeting（6月29日の会議）、Invoice（請求書）ではなくInvoice#12345（請求書番号12345）と書くべきなのです。Informationのような漠然としたもの、Reply, Your E-Mailのように言わなくてもわかるようなものは避けましょう。

　また、メールの内容よりも、相手に要請する内容に重点を置いて書きます。たとえば、Announcement（お知らせ）よりも、Send Suggestions for Improvement（改良への提案を送信）のほうが、相手の注意を促せます。

::: メールを目立たせるコツ

　重要なメール、緊急のメールは、目立つように工夫しましょう。たいていのメールソフトには、重要度を示すツールがありますが、大して目立たないのであまり役に立ちません。

New Virus <Important> （新ウイルス　＜重要＞）
Revised Deadline ***URGENT*** （締め切り変更　＊＊＊緊急＊＊＊）
Tokyo Hotel Reservation [Response required by August 10] （東京ホテル予約＜８月10日までに要返答＞）

　ただし、Important（重要）、Urgent（緊急）といった通知は、本当に重要、緊急なときにだけ使います。いつも入れていると、「オオカミ少年」状態になりかねません。
　筆者は、質問に答えてほしい際には、質問であることが明白であるよう、Loan Application <Question>（ローン申請＜質問＞）といった表記をよく使います。

::: 長いメールは警告する

　長いメッセージを送るときは、Subjectにその旨を表示すると親切です。

1/20 Meeting Minutes <Long> （1月20日議事録＜長文＞）
Customer Complaints [Very Long] （顧客からの苦情＜非常に長文＞）

::: ひとつの件名にメール１通

　ひとつの件名に対して１通のメールが原則です。内容が異なるものは、別の件名のメールを作成して送付しましょう。複数の用件を含む長いメールを１通送るよりも、用件ごとに何通かに分けて、短いメールを送るほうが、双方にとって効率がよいでしょう。あとでメールを検索しやすいという利点もあります。

Subjectの例
＜質問を送るとき＞

Question(s) (about …) （＜…に関する＞質問）
Quick Question （簡単な質問）
Another Question （もうひとつ質問）
Inquiry (about Your Product) （＜貴社製品に関する＞問い合わせ）

＜依頼＞

Request for Information （情報求む）
Request for Link （情報求む）
Request for Permission （許可願い）
Permission for Publication （掲載許可願い）

＜見積もり・注文・出荷＞

Estimate （見積もり）
PO#12345 （注文番号12345）
Quotation Wanted （見積もり求む）
Invoice #12345 （請求番号12345）
Product A Shipment （製品Aの出荷）
Next Shipment （次回の出荷）
Product B ETD/ETA （製品Bの出航予定日／着岸予定日）
B/L #12345 （船荷証券番号12345）
Material C Supply （原料Cの供給）
Sample Shipment （サンプル送付）

＜価格＞・・・・・・・・・・・・・・・・・・・・・・・・・・・・・・・・・・・・・・

Product D Price（製品Dの価格）
New Price（新価格）

＜ファクス・手紙＞・・・・・・・・・・・・・・・・・・・・・・・・・・・・・・・・・

Your Fax of Today（本日付貴ファクス）
Your Letter of May 18（5月18日付の貴書）

＜会議＞・・・・・・・・・・・・・・・・・・・・・・・・・・・・・・・・・・・・・・

3/24 Meeting（3月24日の会議）
Today's Meeting（本日の会議）
1/14 Meeting Agenda（1／14会議の議題）
2/20 Meeting Minutes（2／20議事録）
3/30 Meeting Summary（3／30会議の要約）
4/11 Conference Call（4／11電話会議）

＜出張＞・・・・・・・・・・・・・・・・・・・・・・・・・・・・・・・・・・・・・・

My/Your Japan Trip（私／あなたの日本出張）
Itinerary（日程）
Hotel Arrangements in Japan（日本での宿泊手配）

＜採用＞・・・・・・・・・・・・・・・・・・・・・・・・・・・・・・・・・・・・・・

Your Application（貴殿の応募）
Your Resume（貴殿の履歴書）
Interview（面接）

＜相手からの返信を促す＞・・・・・・・・・・・・・・・・・・・・・・・・・・・・

Help Needed（助けを請う）
Opinion Wanted（ご意見求む）
Wisdom Sought（お知恵拝借）
Insight Sought（お知恵拝借）

＜相手の注意を促す、問題を伝える＞・・・・・・・・・・・・・・・・・・・・・・

Returned E-Mail（メールが戻ってきました）
Is your network down?（ネットワークがダウンしていますか）
Your VM is down（そちらのボイスメールがダウンしています）

＜お礼・お祝い＞・・・・・・・・・・・・・・・・・・・・・・・・・・・・・・・・・

Thanks!（ありがとう）
Congratulations!（おめでとうございます）

＜その他＞・・・・・・・・・・・・・・・・・・・・・・・・・・・・・・・・・・・・

Sales Report（売上報告）
Manufacturing Problem(s)（製造上の問題）
Complaint (about Your Customer Service)（貴社の顧客サービスに関する苦情）

License Agreement （ライセンス契約）
Amendment to Supply Agreement （供給契約補則）
HR Announcement （人事関連のお知らせ）
New Product Development （新製品の開発）
Magazine Interview （雑誌インタビュー）
How to Install Program X （プログラムXのインストール方法）

Product E （製品E）
Project F （プロジェクトF）
Company G （G社）

コラム **英語のメールは読まない日本人？！**

　日本国外では、日本語のOSを入れない限り、コンピュータは日本語環境ではありません。つまり、日本語を読んだり、書いたりできないということです（最近のブラウザは簡単に日本語表示もできるようになりましたが）。

　ノートPCを持っていなかったりして、日本語環境のコンピュータにアクセスできない場合、筆者は仕方なく、日本の仕事相手にも英語、またはローマ字表記のメールを送ります。すると、まったく返事をくれない人たちがいるのです。件名がアルファベットだと（日本語のローマ字表記でも）、はたからスパムだと思うのか、自分には関係ないと思うのか、メールを開けずに捨ててしまう人がいるということに気がつかされました（原稿を入稿したのに読んでもらえなかった、という苦い経験があります）。

　世界の大企業250社に、母国語以外の言語（スペイン語、フランス語、ドイツ語、ポルトガル語、イタリア語、日本語の中から選択）で問い合わせのメールを送って調査をしたところ、9割以上の企業が外国語によるメールの問い合わせに正しく返答できなかったという結果が出ています。7割近くの大企業は外国語による問い合わせメールに何の返答もしなかったというのです。

　国別に見ると、日本の企業は2000年に行われた1回目の調査では0％、2001年に行われた2回目の調査では2.5％で、両調査を合わせると7カ国中、最低でした。なお、日本語メールを受け取った外国企業の場合、メールが文字化けしていたので外国語のメールであることに気がつかなかったことが、返事をしなかった第一の要因です。

3）冒頭敬辞

::: 敬称のつけ方

　メールでは、改まった場合を除き、Dearを使わず、直接、Ms. BakerまたはJohnと名前で始めるのが一般的です。下記のように、名前の後ろにはコロン、またはカンマをつけます。

Mr. Anderson:

Thank you for your e-mail...

　Mr. Davidのように、ファーストネームに敬称をつける日本人が多いのですが、敬称はラストネームにつけます。David Pollack という人の場合、Mr. Davidではなく、Mr. Pollackです。

::: ファーストネームか？ ラストネームか？

　親しい相手であれば、ファーストネームで呼びかけてかまいません。また、Hello, Leilani や Hi, Ken と始めることもできます。

　アメリカ人は、初めての相手でもファーストネームで呼びかけてくる場合が、ほとんどです。筆者は、まったく知らない人にメールを送る場合、まずはラストネームで呼びかけます。返答で相手がこちらをファーストネームで呼んでくることが多いので、その後は、こちらも相手をファーストネームで呼ぶことにしています。取引先などの相手をファーストネームで呼ぶことに抵抗のある日本人は多いようですが、いつまでもラストネームで呼んでいると、わざと距離を置いているような印象を与えることもあります。相手に合わせるのが一番いいでしょう。

　ヨーロッパや南米、アジアはフォーマルなので、相手がファーストネームで呼びかけてくるまで、ラストネームを使ったほうが無難です。

::: 個人名がわからない場合

　個人名がわからない場合、Dear Sir(s) や Gentlemen などという男性に限られたものは使わず、Dear Sir/Madam とするか、Dear Friends、 Dear Colleagues、Dear Fellows、Dear Members、Dear Committee Members、Dear Project Team などとするほうがよいでしょう。特定の部門に送る場合は、Dear Customer Service Representative（顧客サービス部担当者）、Dear Human Resources Manager（人事課長）、Dear Marketing Director（マーケティング部長）とすることもできます。

　また、何もつけなくてもかまいませんし、Hi や Hello で始めてもかまいません。筆者は何もつけない場合が多いです。

> **コラム　　ニックネーム**
>
> 　英語では Robert は Rob や Bob、Richard は Rich や Rick などのように、ファーストネームにはたいていニックネームがあります。しかし、ニックネームを使うかどうか、またどのニックネームを使うかは、その本人が決めることです。相手の名前が David だからといって、勝手に Dave と呼んではいけません。「僕の名前は David だ。Dave とは呼ばないでくれ」という人もいるのです。また、ファーストネームではなくミドルネームを使っている人もいます。

::: 相手の性別がわからない

　初めてメールを出す場合で、相手の性別がわからない場合、間違った敬称をつけるよりも、Dear Pat Stevens というようにフルネームを使ったほうが無難です。

　男女ともに使われる名前には、下記のようなものがあります。

　Blair、Chris、Jan、Kim、Pat、Robin、Tony（女性の場合 Toni とつづることが多い）、Terry（Terri）、Tracy（Traci）など。Michael は一般に男子の名前ですが、女性の名前にもありますので、要注意です。

::: わかるときは必ず個人名を使う

　相手の名前を知っているにもかかわらず、「拝啓」のつもりなのか、Dear Sir/Madam を使う人がいます（相手の性別がわかっているのに Dear Sir/Madam と両方書いていたりします）。個人名がわかっている場合は、必ず名前で呼びかけます。個人名でなく Dear Sir/Madam で呼びかけると、丁寧などころか、定型文書のように冷たい機械的な印象を与えますし、「見知らぬ人から来た＝宣伝メール」と勘違いされて、読まずに捨てられてしまうこともあります。

　なお、日本人はTo Whom It May Concernを「関係者各位」と誤解してか乱用する傾向がありますが、To Whom It May Concernは、例えば不特定の相手向けに推薦状を書く際など、送付先が未定、不明の場合に限られます。相手が限定されている場合、相手の名前がわかっている場合には、絶対に使いません。

複数の相手に送る場合

　筆者は、議事録などを複数の人に送る場合などは、EveryoneやAllを使います。

コラム　形式にこだわりすぎの日本人

　クライアントや知人、英文ビジネスeメール講座の受講生からの質問や相談で多いのが、英文メールの書き出しはどのような敬称で始めるべきか、Dearはつけるべきかどうか、結辞には何を使うべきか、というものです。はっきり言って、そうした形式は重要ではないのです。受信者は、そんなことまでいちいちチェックしていません。

　こうしたどうでもいいことにばかり気を使って、メールがちゃんと書けていない場合がどれだけ多いことか！　いくら形式が完全でも、肝心の内容がうまく伝わらなければ、肝心のビジネス目的がまっとうされません。メールをDear...で始めたから契約がとれた、結辞を使わなかったからまとまるはずの話がまとまらなかった、などということはありません。大事なのはメールの中身であることを忘れずに！

4）本文

1行は70字以下にする

　最近のメーラーには、たいてい自動的にワードラップ機能（1行ごとに一定の文字数で折り返す機能）が備わっていますが、コンピュータ環境は人によって実にマチマチなので、1行の長さは65〜70字以下にしておいたほうが無難でしょう。

　自動改行しか入っていないと、相手のメールソフトではどこで改行されるかわかりません。自分の希望通りに改行が入るよう、適当に区切ってハードリターン（改行）を入れておいたほうがよいでしょう。

文字化けに要注意

Our address and phone number are as follows:
”ï—p,ªƒAƒ⎕ƒŠƒJ⎕ “‘à,Ì50⎕ “⎕ A70⎕ “‚Å,·
‚¤,Ì,¾©,ç⎕ A—¥ŽZ⎕ íŒ¸,É‹ê‚µ,ÞŠé‹Æ,É
⎕ A•iŽ¿‚à—D‚Ä,Ä‚¢,é,Æ,¢,¤⎕ BƒAƒ⎕

If you have any questions, please let me know.

Mitsuyo

「アメリカ企業に日本語でメールを送って問い合わせをしたが、返事が来ない」という相談を受けたことがあるのですが、返事が来ないのは当然です。先方が日本語を理解できるかどうか

以前に、日本語のメールは先方には文字化けメールとして届くのですから。

「自分のコンピュータ上で見えているから、当然、先方でも見える」と思ってしまうのか、日本語環境でしかコンピュータを使っていない人には、この点をなかなか理解してもらえないようです。

　英文でメールを書くときには、全角英数字、〒や℃などの特殊記号、①などの丸囲み数字、中ダク（・）は使わないこと。これらはすべて、日本語環境以外では文字化けします。＊や？、：、（　）、絵文字も全角で入力すると文字化けします。

　メールに限らず、ワードやエクセル、パワーポイントなどのアプリケーションでも、日本語環境でなくてもファイルを開くことはできますが、全角数字はすべて文字化けしてしまいます。日ごろから、「英数字は半角でしか打たない」という習慣をつけておいたほうがいいでしょう（日本のクライアントから届いた表やスプレッドシートなどを、アメリカ企業に提出する前にすべて半角数字で打ち直す、といった作業をよくやります）。

　なお、日本語のアクロバットで作ったPDFファイルは、たとえ英語の文章でも英語のアクロバットではちゃんと聞けない場合が多いので、要注意です。

　日本語と英語をひとつのメールに混ぜた場合も、日本語環境であればどちらも読めますが、英語環境では日本語の部分はすべて文字化けしてしまいます。

⠿ 強調したいとき

　強調したい部分は、下記のように大文字にするか、＊＊または＿＿で囲みます。

Please keep this CONFIDENTIAL. （これは極秘扱いにしてください）
This is for members *only*. （これは会員のみに宛てたものです）
I'll need the report by _10 a.m. Monday _. （報告書は、月曜午前10時までに必要です）

⠿ すべてを大文字・小文字にするのは避ける

　たまに、メールの文字をすべて大文字で打ってくる人がいますが、これは、声を張り上げて叫んでいるのと同じです。思わず耳（目？）を覆いたくなりますし、非常に読みづらいです。大文字の使用は、強調したい部分だけに限ります。

　これは、私が、実際に、あるアメリカ人から受け取ったメールです。

> MITSY,
> THANK YOU FOR THE MESSAGE.
> AS YOU'VE NOTICED, NOTHING HAS CHANGED ON THE GN-SITE, SINCE OUR LAST MESSAGE EXCHANGED; THE REASON IS THAT I'M STILL EXPECTING CERTAIN FEEDBACK FROM BILL. WHEN I HAVE IT, THE SITE AND THE ARTICLE FOR THE SITE WILL BE READY INSTANTLY.
> BEST REGARDS,
> JAMES
>
> （メッセージありがとう。ご覧のように、前回メッセージを交わしてから、ＧＮのサイトには何の変更もありません。というのは、まだビルからフィードバック待ちのためです。フィードバックをもらったら、サイトとサイトに関する原稿は、すぐに用意しますので。ジェームズ）

　と言って、小文字ばかりで書いたものも読みづらいものです。プロフェッショナルな印象を与えませんし、「私」という意のIが小文字のiになると、弱々しい印象を受けます。

　実は筆者の周りに、小文字ばかり使ってメールを書くアメリカ人が数人いるのですが、何か特別の理由があるのか尋ねたところ、いちいちシフトキーを押すのが面倒だからだそうです。

シフトキーを押す手間を惜しんだために、相手にメールを読んでもらえなかったり、悪印象を与えたりするというのは、いかがなものでしょうか。

> mitsy,
> thank you for the message.
> as you've noticed nothing has changed on the gn-site,
> since our last message exchanged; the reason is that I'm still expect-ing certain feedback from bill. when i have it, the site and the article for the site will be ready instantly.
> best regards,
> james

5) 結尾敬辞

　一般に、手紙で使われるSincerelyやVery Truly Yoursなどの改まった結辞は、あまり使われません。Thanks, Best Regardsなどの簡単なものを使います。日本人には「何かつけないといけない」と思い込んでいる人が多いようですが、何もつけなくても失礼にはあたりません。

Best Regards
Best Wishes
Regards
Thanks

Cheers （イギリス英語圏で用いられる）

Have a nice/good/great/wonderful day!
Have a nice/good/great/wonderful weekend!

Good luck!
All the best!
Continued success
Best wishes for continued success

⠿ 親しい相手に

Bye for now
Talk to you later
Talk to you soon
Take care

6) 署名 (signature)

　手紙にサインするように、メールにも最後に署名（Signature）を入れます。メールでは、自分の名前、メールアドレス、肩書や部署、会社名、住所、電話番号、ホームページのURLなどを書き込みます。たいていのメーラーでは、署名のファイルを自動挿入できるようになっています。

　なお、海外向けのメールでは、電話番号やファクス番号は国番号から始めるようにしましょう。

```
〜〜〜〜〜〜〜〜〜〜〜〜〜〜〜〜〜〜〜〜〜〜〜〜〜〜〜〜〜〜〜
Mitsuyo Arimoto    info@getglobal.com
GlobalLINK Consulting Group  http://www.getglobal.com
5001 Birch St., Newport Beach, CA 92660 U.S.A.
+1-949-851-8468  Fax +1-949-851-1938
```

　Signatureは、ビジネス用（会社の連絡先を書いたもの)、プライベート用、メーリングリスト用、国内用、海外用（半角英数字のみで表示）など、いくつかバージョンを作って用意しておくと便利でしょう。筆者はこの他に、著書の宣伝文が入ったものなど、10種類ほどのSignatureを使い分けています。

7) 添付ファイル

　添付ファイルの名前を日本語や全角の英数字でつけると、英語環境では文字化けするので、ファイル名は必ず半角の英数字でつけるようにしましょう。

　送付先が企業であれば、最近はたいていブロードバンドを使っているので、数MBのファイルを送っても問題はなくなりました。しかし、出張先からダイアルアップでメールを読む場合もありますので、大きなファイルは分けて送ったり、圧縮して送るなどの工夫をするべきでしょう。海外には、まだまだダイアルアップ環境で接続している人が大勢いるのです。大きなファイルを送る場合は、まず相手に送信してもいいかどうかを確認するのが一番です。

　また、頼まれもしないのに余計なファイルを送るのはやめましょう。ある企業のメールシステムは、返信の際、送られてきた添付ファイルをそのまま添付するように設定されているようで、同じ件でやり取りをしていると、同じファイルが何度も送られてきます。これは本当に勘弁してほしいです。

コラム　　こんな添付ファイルは大迷惑！

　天体写真が趣味の知人は、頼んでもいないのに自分が撮った写真（巨大なファイル）をよく送ってきました。事務所や自宅であれば、ブロードバンドなので問題ないのですが（どちらにしても開けずに捨てていましたが）、出張に行ったときはホテルの部屋などからダイアルアップで接続する場合がほとんどです。アクセスポイントから離れた場所にあるホテルなどでは、莫大な長距離電話代を取られる場合が多々あります。閉口した私は、「迷惑なので、写真を見せたいのであればウェブサイトに掲載し、リンクだけを知らせるようにしてはどうか」と提案しました。彼はその通り、サイトに写真を掲載しリンクだけを送ってくるようになりました。筆者はまったく興味がないので、やはり見ずに捨てています。頼まれもしないのに趣味のメールを送るのはやめましょう。

8) ネチケット

オフラインの世界にエチケットがあるように、ネット上にはネット上のエチケットがあり、これをnetiquette（net + etiquette）といいます。

一番大切なことは、コンピュータに向かっていても、その向こうにいるのは人間だということを忘れてはならないということです。とくに、海外とのやりとりの場合、文化、習慣、宗教、考え方などが大きく異なる相手とコミュニケートする可能性が高いわけですから、より一層の配慮が必要です。日本では失礼にあたらないことでも、他の国では失礼極まりないということも十分あります。

送る前に必ず読み直すこと

簡単に書けて、一瞬のうちに送れてしまうメールは、便利な反面、危険も伴います。送ってしまってから、「シマッタ！」と思っても後の祭り（実は筆者もよくやります）。

コンピュータに向かって書いていると、人間味のない、ともすればぶしつけなきつい口調（文調？）になることもあります。相手と面と向かって話をしているときには言わないようなことも、言ってしまったりするのです。特に母国語でない外国語で書く場合、言葉のニュアンスや含意がわからず、失礼な言い方になっているかもしれません。もし「表現がきついかもしれない」「こんなことを言っても大丈夫だろうか」と思ったら、同じことを相手に面と向かって言うかどうか考えてみるといいでしょう。

また、常に「このメールで何を達成しようとしているのか」を自問することが大事です。筆者は、苦情や反論のメールは、1日おいて頭を冷やし、再度読み直してから送るようにしています。また、見積もりなどのメールも、提出してしまってから価格や条件について後悔しないように、1日おいてから送るようにしています。

スペルチェック

最近のメーラーでは、自動スペルチェック機能がついているものが増えていますが、ついていない場合は、ワードなどのワープロソフトにコピー＆ペーストをして、スペルチェックをしてから送付すべきでしょう。

書き手が英語を母国語としていない場合は、相手も大目に見てくれるとはいえ、スペル間違いの多いメールはだらしない印象を与えます。

ウイルス対策

自分のコンピュータがウイルスに感染していることを知らず、いつまでも感染したメールをまき散らしている人がいるのは実に困ったことです。とくにビジネスメールで感染メールを送ると、個人の能力や会社の信用まで疑われます。

ウイルスはフロッピーなどを通じて感染するほか、ワードやエクセルなどマクロ（一種のプログラム）を含んだ文書ファイルを開けただけ、またウイルスが書かれたホームページを表示しただけでも感染してしまいます。メールで送られてきたファイルは、たとえ知り合いからでも、やたらに開けないことです。

一番の対策は、ウイルス対策ソフトをインストールし、受信メール、発信メールをすべてスキャンするように設定しておくことです。コンピュータウイルスがこれだけ蔓延した今、「ウイルス対策なしにメールを使う資格はない」といっても過言ではないでしょう。

なお、相手からのメール、添付ファイルがウイルスに感染している場合は、被害を最小限に食い止めるためにも、すぐに知らせてあげましょう。

すぐに返信する

　返事はなるべく1〜2日以内に送信します。メールはすぐに返信しないと、次々に届く受信メールに埋もれてしまいがちなのです。相手の質問や依頼にすぐに回答できない場合でも、先方のメールを受け取った旨、またいつごろ返答できるかを伝えることが大事です。皆さんも経験があるように、メールが途中でなくなることは珍しくなく、送信したメールは必ず相手に届くとは限らないのです。

　顧客、消費者などから大量の問い合わせを受信する場合、自動応答メールで、メールを受信した旨、伝えられるようにしておくべきでしょう。

　出張や休暇などで長期間メールが読めない場合も、やはり自動応答メールで、いつからいつまで不在で、いつ返信できるのかを伝えるようにしておくと親切でしょう。そうでないと、「緊急の用で何度もメールを送信しているのに返事がない。けしからん！」ということになりかねません（自動応答メールの問題は、スパム送信者にまで返事が届いてしまい、有効なメールアドレスであることを証明してしまうことです。筆者は自動応答メールを利用しない代わりに、どこに行ってもメールにはアクセスします）。

　また、送信者のメールをまったく引用せず、「了解しました」「それで結構です」といった返信を送ってくる人がたまにいるのですが、これでは何に了解したのか、何が結構なのかわかりません。私的メールならいざしらず、ビジネスメールでは「言った、言わない」が契約問題、訴訟問題にも発展しかねないのですから、全文でなくとも、少なくとも「何を了解したのか」がわかる部分だけでも、相手のメールを引用することが必要でしょう。

　また、相手のメールを全文引用した後に、一行、I agree.（同意します）などと書くのも禁物です。これでは何に同意しているかはっきりしないばかりか、相手に多くの不要な情報を送りつけていることになります。「これだけインターネットが普及していても、まだそんなメールの送り方をしている人がいるのか」と思う人もいるかもしれませんが、実際いるのです、身近なところにも。

プライバシー・著作権に注意

　人からもらったメールを引用したり、転送したりするときは、事前に本人の承諾を得ることが必要です。特に個人宛てにもらったメールをメーリングリストやニュースグループに無断で転載するのは禁物です。顧客からもらった賞賛の言葉などをウェブサイトに掲載する場合も同様です。

　著作権のあるものでも、一部引用して人に転送するのは許容範囲ですが、作品をすべて転載することは、著作権の侵害となります。引用する場合は、必ず出典を明らかにします。

　また、100％セキュア、プライベートなメールシステムというものはありません。たいていの場合、メール管理者がユーザーのメールにアクセスすることは可能ですし、社内のメールシステムであれば、会社側がモニターしている可能性もかなりあります。ときどき、勤めている会社に対する痛烈な批判を会社のメールで送ってくる人がいますが、「クビは大丈夫だろうか」と私のほうが心配してしまいます。他人（会社）に読まれて困るような内容のものは、（特に会社のメールからは）送らないことです。

迷惑メールは禁物

　スパムはたいていは宣伝メールですが、それ以外にも、偽ウイルス情報などがあります。ウイルス情報が届いた場合は、他人に転送するのではなく、IT担当者に連絡するか、ウイルス予防ソフト開発業者のサイトに行ってウイルス情報を確認しましょう。

　海外では、チェーンメールもよく見られます。「このメールを〇人に送ると、幸せになる、金持ちになる、難病の子どもを救える」といった内容のものです。中には大企業の名をかたっ

た場合もありますが、こうしたチェーンメールを転送するのは絶対にやめましょう。相手にとって迷惑なだけでなく、送信者の見識が疑われます。

あと、ジョーク集などを頼みもしないのにしょっちゅう送ってくる人もいますが、とにかく不要なメールは送らない、というのが鉄則です。

品のないジョークや画像を勤務先（日系企業）から送ってくるアメリカ人女性がいて、彼女のメーリングリストから名前を外してもらうように頼んだこともあります。仕事と関係のないメールは会社のメールを使って送らないようにすべきでしょう。彼女が送ってきたような内容のメールの場合、会社自体がセクハラ、その他差別の訴訟の対象となり得ます。

② ネットは国際社会

海外で「日本の常識」を振りかざしている日本人を見かけることがありますが、「常識」はその国の文化や習慣に基づいたもの。当然ながら、各国にはそれぞれの「常識」が根付いています。日本を一歩出れば、またネット上でほかの国の人と接すれば、自分が日ごろ当たり前だと思っていることが通じないことを認識しましょう。これは、異文化間コミュニケーションを成功させるための第一歩です。

特に、母国語でない外国語で文章を書く場合、言葉のニュアンスや含意がわからず、失礼な言い方になりかねないことに留意しましょう。極端な場合、「差別」で訴えられることもあるのです。

1）性別に注意

敬　称

女性の場合、Ms、Miss、Mrs.などがありますが、アメリカでは、女性の敬称には、Ms.を使うのが無難です。ただし、アメリカでもMrs.は頻繁に使われますし、アメリカ以外では、Ms.よりもMissやMrs.のほうが一般的です。もし先方がMissやMrs.を好むのであれば、そう指摘されてから変更すればいいでしょう。「独身であればMiss」と思い込んでいる日本人が多いのですが、相手が希望する敬称を使うというのが原則です。

例えば、自分がMs.を好むのに、相手がMiss.またはMrs.と呼びかけてきた場合には、最後に署名をするときに、(Ms.) Arimotoと書き添えます。

なお、男女にかかわらず、博士号を持った人には、Dr. Richardsonのように、Dr.を使います。

先ほども述べたように、男女どちらかわからない場合は、Dear Pat Shawのように、敬称をつけずに、フルネームを書きます。日本人は「呼び捨て」にはかなり抵抗があるようですが、アメリカなどでは手紙や封筒の宛名には敬称がついていないことが多く、失礼にはあたりません（p. 8参照）。

15

コラム　男性とは限らない

　筆者の名前（Mitsuyo）はoで終わるためか（スペインやイタリアの男性の名はoで終わるものが多い）、まだまだビジネス従事者は男性だと思い込んでいる人が多いためか、Mr. Arimotoと書かれた手紙などがよく届きますが、よい印象はもちません（「当方にはMr. Arimotoという名の人はいません」と送り返したこともあります。売り込みの電話でもよくあるのですが、"There's no Mr. Arimoto here."と言って切ることにしています）。日本の男性は特に、海外でsexist（性差別者）、male chauvinistic（男尊女卑）のレッテルを張られていることがあるので、女性への対応には十分注意するようにしましょう。

指示代名詞

　昔は、he、his、him、himselfという代名詞が男女を問わず総称として使われていましたが、今日では、性別が決まっていない指示代名詞は、he or she またはtheyを使います。（筆者はs/heもよく使います）。

Each employee must show his I.D. when he enters the building.
→ **Each employee must show his or her I.D. when he or she enters the building.**
（従業員は、各自、ビルに入る際に、身分証明所を提示すること）

　しかし、he or sheやhim or herを何度も繰り返すと、文章が煩雑になるので、heやsheを使わずに文章を書く方法もあります。

・指示代名詞を使わない
Each employee must show an I.D. when entering the building.

・複数にする
Employees must show their I.D. when they enter the building.

・Youを使う
You must show your I.D. when entering the building.
（ビルに入る際に、身分証明所を提示すること）

・名詞を繰り返し使う
Each employee must show the employee I.D. when entering the building.

・受動態を使う
I.D. must be shown at the entrance. （入口で身分証明所を提示すること）

性別を表す職名は使わない

　女性の社会進出が進んだ今、chairmanやbusinessmanのように-manで終わる単語を使うのは時代遅れです（もちろん、特定の男性を指している場合に使うのはかまいません）。次のように、性別を限定しない単語を用います。

businessman	→	**business person, business executive**
cameraman	→	**photographer**
chairman	→	**chair、chairperson**
Congressman	→	**Representative**（米国下院議員）、**Senator**（米国上院議員）
draftsman	→	**drafter**
fireman	→	**firefighter**
foreman	→	**supervisor**
mailman	→	**mail carrier**
man-hours	→	**work hours、human hours、hours of labor**
mankind	→	**humankind、humanity**
manpower	→	**personnel、employees**
policeman	→	**police officer**
postman	→	**mail carrier**
repairman	→	**service technician、repair person**
salesman	→	**salesperson、sales representative**（略してsales rep）
salesmen	→	**salespeople、sales representatives**
spokesman	→	**spokesperson**
stewardess	→	**flight attendant**

　日本語でも「女社長」「女医」などという表現がありますが、わざわざ「女〜」とつける必要はありません。必要がない限り、その人の性別にはふれないことです。

Our female manager will be visiting you.　→　**Our manager will be visiting you.**
（当社の女性マネジャーが訪問します）　　　　　　（当社のマネジャーが訪問します）

female engineer	→	**engineer**
woman doctor	→	**doctor**
lady driver	→	**driver**

　女性に「若い」「きれい」「チャーミング」といった形容詞をつける必要はありません。性別にかかわらず、ビジネスの世界で人の容姿に言及するのは適切ではありません。一歩間違えば、セクハラとなります。

charming secretary	→	**secretary**
young woman	→	**woman**
pretty woman	→	**woman**

　下記のように、管理職や招待客はすべて男性であるかのような表現にも注意します。

managers and their wives（マネジャーおよび夫人）
　→ **managers and their spouses**（マネジャーおよびその配偶者）
guests and their wives（招待客および夫人）
　→ **guests and their spouses**（招待客およびその配偶者）

　また、日本でも30代、40代のいい大人をつかまえて「女の子」と呼ぶ人たちがいますが、成人した女性に対してgirlを使うのは禁物です。our girls（当社の女の子たち）は、性別にふれる必要があるのなら、our female employees（当社の女性社員たち）とし、ふれる必要がなければ、our employees（当社の社員）で十分です。

コラム　セクハラに注意

　アメリカで、人事面接の際に、応募者の男性に"You're cute."（あなた、カワイイわね）と言った日本人女性がいます。

　セクハラで訴えられるのは男性だけではありません。大手米企業で50人以上の米国人部下を持つ友人（日本人女性）は、クビにしようとしていた男性社員からセクハラで訴えられそうになったことがありました──クライアントと食事をしている際、彼女が彼に対し意味ありげな仕草をした、と人事部に訴えたのです。彼女にはまったく身に覚えがなく、これはクビを回避するための男性側の先取防衛手段でした。というのは、セクハラ苦情の後、この男性社員をクビにしたり、異動させたりすると、"報復"と見なされるので、会社側はもう彼をクビにすることができないからです（実は、その会社は昔、セクハラ苦情を申し立てた元社員の女性に、報復のため敵対的な職場環境を助長したと訴えられ、8000万ドル支払ったことがあるのです）。

　真実がどうであれ、会社としては裁判沙汰にはしたくありません。その数カ月前にも、女性社員が男性社員をセクハラで訴え、会社が1800万ドルの賠償金を支払ったところです。「会社を守るために、反対に自分がクビを切られるかもしれない」と彼女は心配していました。幸い、成績のいい彼女はクビにはならずに済みましたが。

　この会社では、部下の女性に皆の前で"You shouldn't be wearing such a low-cut blouse."（そんな胸元の開いた服を着てくるべきではない）と注意した男性が、セクハラでクビになっています。その男性は、「そうした服装は職場にはふさわしくない」と言いたかったのかもしれないのですが、考慮されるのは、発言者の意図ではなく、受け手の受け取り方（胸元を見つめられた）なのです。

　ほめ言葉ならいいだろうと、"You're looking good."（すてきだね）、"You have nice legs."（きれいな足だね）などと容姿に言及するのは厳禁です。"That's a nice dress."（すてきな服ですね）、"That looks good on you."（それ、お似合いですね）のように服装をほめるのも、立場や状況にもよりますが、避けたほうが無難です。

2）　その他の差別表現に注意

　こうした配慮は、性別だけでなく、年齢、人種、障害の有無などにも必要です。個人の人種、民族、障害の有無には、必要でない限り言及すべきではありません。

　例えば、下記のようなメールが残っていれば、別件で雇用差別などで訴えられたときに、差別的慣行があったという証拠となり得ます。

> Isn't the rent lower because it's a poor, predominantly black area?
> Can we get qualified applicants there?
> （貧しい、主に黒人が住む地域だから家賃が安いんじゃないのか？
> その地域で要件に見合った応募者が集まるのか？）

　日本の某テレビ番組で、「黒人シェフ」という言い方をしていましたが、白人やアジア人シェフが出演したときには「イタリア人」、「台湾出身」という言い方をしていたのに、どうして黒人のときだけ肌の色に言及するのでしょうか。

　また、日本では、長年日本に住んで日本語がペラペラな場合でも、他国出身者を「外人」という表現で形容したりしますが、日本に住む外国人は「外人」という言葉を排他的な表現として嫌う人が多いことを忘れずに。とにかく海外では「日本人は差別的」というイメージが浸透しており、自分にその気はなくても、そう解釈されるという場合があるので、細心の注意を払ったほうがよいでしょう。

　メールのように記録の残る媒体での発言は、差別などで訴えられたときに証拠となります。日本在住でも、アメリカに拠点のある企業であれば、訴訟の対象とはならない、とは限りません。

　英語圏では、非差別的表現を politically correct （PC） expressions と呼び、注意を払っています。

black salesperson （黒人の販売員）　→　**salesperson** （販売員）
older manager （年配のマネジャー）　→　**manager** （マネジャー）
blind speaker （盲目の講演者）　→　**speaker** （講演者）
short teacher （背の低い教師）　→　**teacher** （教師）

障害を持った人の表現には、下記のような politically correct の表現があります。

blind　→　**visually impaired/challenged、 a person with visual impairments** （視聴障害者）
deaf　→　**hearing impaired/challenged、 person with hearing impairments** （聴覚障害者）
dumb　→　**speech impaired/challenged、 person with speech impairments** （発話障害者）
handicapped　→　**disabled, physically challenged, person with a disability** （身体障害者）

コラム　　質問内容に注意

　出会い系サイトならわかりますが、ビジネスメールでは"How old are you?"（年はいくつです？）、"What is your height and weight?"（身長と体重は？）、"Are you good looking?"（容姿端麗ですか？）、"Are you married?"（結婚していますか？）、"Do you have a boyfriend (girl-friend)?"（彼氏〈彼女〉はいますか？）といった質問は絶対にするべきではありません。"Are you black?"（黒人ですか？）、"Are you white?"（白人ですか？）なども同様です。

　アメリカから日本に向かう飛行機の中で、日本人の乗客が客室乗務員にぶしつけに"Are you Japanese-American?"（あなたは日系アメリカ人ですか？）と聞いていましたが、乗務員は苦虫をかみつぶしたような表情で、その問いには答えませんでした。たぶん、その日本人乗客は英語を練習したかっただけなのでしょうが、見ず知らずの人に、大勢の人の前で人種や民族性を尋ねるのはとても失礼なことです。私がその乗務員であれば、"I'm a human being."（私は人間です）とか、"It's none of your business."（アンタの知ったことじゃない）と答えていたでしょう。

　日本に住む外国人の間でも、電車の中などで突然、見知らぬ日本人に"How old are you?"、"Are you married?"などと聞かれて面食らい、同じような体験の繰り返しにへきえきする人たちが多いようですが、オンラインの世界でも同じです。英語を練習したいのなら、相手のプライバシーに触れないような質問を考えましょう。

　宗教も非常にセンシティブなテーマなので、避けたほうが無難です。世界中で宗教の対立による数々の紛争が起こっているのを見ればわかるように、宗教というのは戦争に発展しかねないほど複雑なテーマなのです。"Are you Muslim?"（イスラム教徒ですか？）、"Do you believe in God?"（神を信じますか？）などという質問はしないことです。（どうしても知る必要があれば、"Do you believe in any particular religion?＜特定の宗教を信じていますか？＞といった聞き方をします）。

　知り合ったばかりの人、とくに仕事相手に、個人的なことは聞かないというのが鉄則です。

③ 効果的なメールの書き方

1) 英文メールの組み立て方

　これは日本語でも同じですが、メールを書く前に、まず下記の3点を明確にする必要があります。
（1）なぜそのメールを書かなくてはならないのか
（2）誰に対して書くのか
（3）そのメールによって相手に何をしてほしいのか

　これらが明確になったら、そのメールで伝えたい主要なポイントを見極め、大事な用件を先に書きます。そして、そのポイントを裏付ける事実や実例を挙げます。相手から返事、何らかの行動を求める場合はその旨を冒頭で伝えます。最後に繰り返し促してもいいでしょう。できるだけ具体的に返答してほしい日付を伝え、相手が反応をするためのインセンティブを与えましょう。

2) 簡潔でインパクトのある英文を書くコツ

▒ すぐに用件に入り、大事なことから先に書く

● 時候のあいさつや近況報告などを長々と書かず、すぐに用件に入り、大事な事項から書きます。メッセージが長くなり、読み手が画面をスクロールしなければならない場合でも、一番大事な部分は初めの画面に表れるようにしましょう。手紙と同じように、「拝啓」や「前略」から始まり、時候のあいさつを書く人がときどきいますが、これは日本語のビジネスメールでも不適切です（このような人のメールはたいてい長く、毎回4、5スクロールくらいしないと全文が読めません）。

● 「お世話さまです」「お疲れさまです」で始まるメールが日本では実に多いのですが、こうした決まり文句も必要ありません。（送信するメールはすべて、ああいう書き出しになるようフォーマットを設定してあるのではないか、と筆者は疑っています）。

● 日本ではメールの冒頭で名乗る人が多く、それをルールとしているメーリングリストもありますが、初めてメールを送る相手でもないかぎり、海外宛てのメールでは、冒頭に自分の名前を書く必要はありません。

＜悪い例＞・・・・・・・・・・・・・・・・・・・・・・・・・・・・・・・・・・
Hello, this is Koji Tanaka from ABC Company.
Thank you for your continuous patronage.
It's been hot and humid here.
I hope you're having a nice summer in Ottawa.
Regarding the proposal, I discussed it with my boss.

＜よい例＞・・・・・・・・・・・・・・・・・・・・・・・・・・・・・・・・・・
I discussed the proposal with my boss.

▒ 段落は短く

● 改行のない長いテキストは、ひと目で読む気がなくなります。画面をスクロールしなくても読める文量で、3段落以下が理想的です。できるだけ小さな段落に分けるのもポイントで

す。たとえ１つのまとまった考えでも、長くなりすぎたときは段落を分けましょう。

▚▚▚ 箇条書きにする

● 同じ段落にバラバラの考えが入っている場合、箇条書きにすると読みやすくなります。その場合、文章（動詞）と句（名詞句）を混ぜず、どちらかに統一します。
● 日本語環境で入力した中黒（・　bullet）は、日本語環境以外では文字化けしますので、ハイフン（-　hyphen）、アスタリスク（*　asterisk)を使います。

＜悪い例＞・・・・・・・・・・・・・・・・・・・・・・・・・・・・
-Compile Data
-Data Analysis
-Write a Report.
ではなく、

＜よい例＞・・・・・・・・・・・・・・・・・・・・・・・・・・・
-Compile Data
-Analyze Data
-Write a Report

または
-Data Compilation
-Data Analyzing
-Report Writing

● 順番を強調したい場合は番号を使います。ただし、番号は半角で入力することを忘れずに。

How to install the browser （ブラウザーのインストール方法）
1) Insert CD-ROM into your disk drive. （CD-ROMをディスクドライブに挿入）
2) Click on the Start icon and select Run. （スタートをクリックして、ランを選択）
3) Type d:/setup.exe and click OK. （d:/setup.exeとタイプし、OKをクリック）
4) Follow the on-screen instructions to install the browser.
（画面上の指示に従い、ブラウザーをインストールする）

● メッセージが長い場合は各パラグラフに表題（heading）をつけます。

<Newspapers>

<Magazines>

コラム　"スパゲティメール"は禁物！

　シリコンバレーでソフト開発会社を経営していた日本人の知人は、ダラダラとつながったメールを「スパゲティメール」と称し、社員に「スパゲティメールを書かないように」と強く指導していたそうです。彼は「スパゲティメールを送ると、相手からもスパゲティメールしか返って来ないんだよな」というのですが、まさにその通り！

　筆者のクライアントに、すごいスパゲティメールを書く人がいます。いつもは簡潔なメールを書くアメリカ人も、Ａさんに返信するときは、なぜかスパゲティメールになってしまいます。しかも、Ａさんに聞きたいことには、１つとして満足のいく答えが返ってきません。

　ダラダラと書かれているのでポイントがわかりにくい、というのが原因です（何が質問かということすらわからない）。そもそも、そのようなメールは、開けた途端に読む気がなくなります。

　筆者は、そんなＡさんの英文メールをアメリカ人に送るときには、事前に編集するようにしています。

　まずは段落を分け、各文をなるべく短く切ります。さらに、複数のテーマにわたる場合は、数通のメールに分けます。編集後、Ａさんのメールはだいたい３分の２から半分の量になります（それだけ余計なことが書かれているということ）。

　Ａさんは、日本語でもやはりスパゲティメールです。こういう人は、英語力うんぬんの前に、文章力、コミュニケーション力に問題があります。「相手が返事をくれない」「英語が通じなかったのか」と悩む前に、まず自分のコミュニケーション力を見つめ直すべきでしょう。

⁝⁝⁝ 返事をもらうには？

　「メールを出したのに返事が来ない。英語が通じなかったのだろうか…」という声をよく聞きます。すでに説明したように、ダラダラとした文章を書くと、ポイントがぼやけて要点が相手に伝わらなくなります。実際、何が質問なのか、何を依頼しているのかがよくわからない文章をよく見かけます。

　用件は何なのか、相手にどうしてほしいのか、いつまでに必要なのかを明確に述べることがポイントです。なぜそれが必要なのか、なぜ急いでいるのかも添えて、相手の行動を促すといいでしょう。

●返事がほしい旨、冒頭に明記する。文章の終わりに繰り返してもよいでしょう。
●なるべく一言で答えられるように質問し、肯定文ではなく疑問形で尋ねます。

I'd like to know when you can send.　（いつ発送してもらえるのか知りたかったのです）
　→ **When can you send it?**　（いつ発送してもらえますか？）
Let me know whether you can make the deadline or not.
（締め切りに間に合うかどうか知らせてください）
　→ **Can you make the deadline?**（締め切りに間に合いますか？）

●いつまでに返答が必要か、具体的な日時を明記します。

Pls let me know by Monday at 9am, Japan Time.
（日本時間の月曜午前９時までにお知らせください）
I need your response no later than October 8, JST.
（日本時間の１０月８日までに連絡をください）

●相手が返答するのに十分な情報を提供します。
●期日までに回答がもらえないと、どのような不都合が起こるのかをつけ加えます。
●迅速な返答に前もって感謝する、または期待を述べます。

.... Thank you for expediting the process. （進行を早めてくれてありがとう）
.... We welcome your contributions. （ご貢献いただければ幸いです）

⋮⋮⋮ 簡潔な表現を使う

冗長な表現は避け、なるべく簡潔な表現を使います。 1語で表せるものはわざわざ長い表現は使う必要はありません。 また、名詞よりも動詞を使ったほうが、インパクトが強くなります。

perform analysisではなくanalyze、make a decision ではなくdecide、make a choiceではなくchoose、place emphasis onではなくemphasizeを使いましょう。

It was found that...、It was believe that...、It should be noted that...、It is recommended that...、It is imperative that...、It must be remembered that...といったitで始める文章では、大事なものはthat以下のため、たいていit... thatを省いて簡素化することが可能です。There is/are も意味のない弱い表現ですので、アクティブな動詞を使って書き直しましょう。

It is our belief that... （我々の信じるところは…）
→ **We believe that...** （…と信じています）
It is with regret that this letter is written to inform you...
（遺憾ながら、貴殿に…をお知らせするために本状をお送りする次第です）
→ **I regret to inform you...** （遺憾ながら、… をお知らせします）
According to the study, it was revealed ...
（調査によって…であることが判明した）
→ **The study revealed...** （調査によって…が判明した）
There are some stores that discount the price.
（価格を値引きする店がいくつかあります）
→ **Some stores discount the price.** （価格を値引きする店があります）

＜悪い例＞ ･････････････････････････････････
We conducted an investigation on the accident
and we had a discussion about the preventive measure.
I'd like to bring to your attention that safety is the top priority in our plant.

＜よい例＞ ･････････････････････････････････
We investigated the accident and discussed the preventive measure.
I'd like to remind you that safety is the top priority in our plant.
（事故について調査し、防止策について話し合います。当プラントにおいては安全が第一であることを改めて述べておきたいと思います）

＜悪い例＞ ･････････････････････････････････
It is with regret that we have to inform you that MX123 has been found defective.
There are some parts that could create a fire hazard.
It is our belief that we should supply only products of the highest quality.
May I ask that you return the product to us at your earliest convenience?

＜よい例＞・・・・・・・・・・・・・・・・・・・・・・・・・・・・・・・・

We're sorry to inform you that MX123 has been found defective.
Some parts could create a fire hazard.
We're committed to supplying only products of the highest quality.
Could you please return the product to us as soon as possible?

（遺憾ながら、MX123に欠陥がありましたことをお知らせいたします。火災の誘因となる危険を伴う部品があります。当社では最高品質の製品を提供することに全力を尽くしています。すぐにご返品いただけないでしょうか）

::: 古めかしい表現は避ける

　悪い例のように、海外との書簡のやりとりが「コレポン」と呼ばれていたひと昔前のビジネスレターで使われたような古めかしい表現を使っている日本企業は結構多いのです。こうした表現は、カビがはえ、ほこりをかぶっているような印象を与え、とくにメールでは不適切です（ヨーロッパやアジアでは、アメリカよりも古めかしい表現が使われることが多いのですが、ネイティブスピーカーが使っているからといって必ずしも模範的表現とは限りません）。

　acknowledge receipt of...（受け取りました）、attached please find...（添付しました）、be advised that...（お知らせ申し上げます）といった冗長な表現は避け、received、attachingなどの簡潔な表現を使いましょう。Please kindly send it backのように使われるkindlyも一部の国ではまだまだ使われていますが、不要です。

＜悪い例＞・・・・・・・・・・・・・・・・・・・・・・・・・・・・・・・・

We acknowledge receipt of your order.
Attached please find our shipping schedule.
Be advised that shipment will be made in poly drums.
Thank you for your kind business.

＜よい例＞・・・・・・・・・・・・・・・・・・・・・・・・・・・・・・・・

Thank you for your order.（または **We received your order.**）
I'm attaching shipping schedule.（または **Shipping schedule is attached.**）
Shipment will be made in poly drums.
Thank you for your business.

（ご注文ありがとうございます。発送予定を添付いたしました。ポリドラムで出荷します。お取引いただき、ありがとうございます）

acknowledge receipt of...（～を拝受）　➜ **received, Thank you for**
attached hereto（ここに添付しましたのは）　➜ **attached, (I'm) attaching**
attached please find（添付しましたので、査収ください）　➜ **attached, (I'm) attaching**
be advised that...（お知らせ申し上げます）　➜ 不要
if you will be kind enough to...（ご親切にも…していただけるなら）　➜ **please**
pursuant to your request（ご依頼に従い）　➜ **at your request**
Please don't hesitate to call me.（ご遠慮なくお電話ください）　➜ **Please call me.**

::: できるだけ簡単な単語を使う

　難しい単語は避け、できるだけ簡単な単語を使います。日本人を含め、英語を母国語としない人のほうが、辞書で調べた難しい単語を使う傾向があります。
　「悪い例」にあるconcerningやregardingは、たいていの場合、aboutやonで間に合います。informやadvise, notifyは、日本人に一番乱用されている単語ではないかと思いますが、

これらの単語は論文や報告書ならともかく、日常のメールではフォーマルすぎ、硬すぎます。tell、say、let me know などで十分です。

<悪い例> ・・・・・・・・・・・・・・・・・・・・・・・・・・・・・・・・・・・・・・

We've changed the product design in conformity with your request.
Please notify me of your frank opinion concerning the new design.
We thank you for your attention to this matter and your prompt reply would be appreciated.

<よい例> ・・・・・・・・・・・・・・・・・・・・・・・・・・・・・・・・・・・・・・

We've changed the product design at your request.
Please let me know what you think of the new design.
I look forward to hearing from you soon.

(ご要望の通り製品の設計を変更いたしました。新デザインの感想をお聞かせください。すばやいご返事をお待ちいたします)

文の構成を簡単に

　文章はできるだけ単文（ひとつの主部とひとつの述部から成る）を使いましょう。接続詞などで文章をつないで、ひとつの文に複数の考えを入れるのではなく、ひとつの文にはひとつの考えだけを入れるようにしたほうがわかりやすい文章が書けます。

　日本語では1文だからといって、それを英語でも1文で表現しなければならないということはありません。ひとつひとつの文章や単語を日本語から英語に置き換えるのではなく、伝えたい内容を置き換えるようにしましょう。日本語は短い文章を並べると稚拙な印象を与えますが、英語では短い文章のほうが好まれます。とくにメールは、話し言葉に近いため、各文が短いほうが読みやすいのです。

　日本人が書いた英文には、下記の悪い例のようなまどろっこしいものが多く見られます。文法的には間違っていないのですが、ややこしくて何を言いたいのかが伝わりにくいのです。

　日本語の文章をいったん作成してから英語に翻訳すると、単語は英語でも日本語の論理で書かれているため、本来、意図するところが伝わらなかったり、誤解を招く場合があります。初めから英語で書き始めるのが理想ですが、「日本語でしか考えられない」というのなら、日本語の単語をいちいち英語に置き換えるのではなく、伝えたい内容を英語で伝えるには、どう表現すればいいかを考えましょう。

　また、「失礼のないように」と気にするあまり、不必要な前置きを入れたり、遠回しな表現を使うために、ダラダラとした文章になり、何を言いたいのかが相手に伝わらない、というのも日本人の英文にありがちです。いったん英文を書き終わったら、カットできるような表現はないか、何度も推敲してみましょう。

May I ask that you return the attached form by Friday.
→ **Please return the attached form by Friday.**
(添付の用紙を金曜日までに返信してください)
We postponed the event. The reason is that...
→ **We postponed the event because...**
(…のため、イベントを延期しました)

<悪い例> ・・・・・・・・・・・・・・・・・・・・・・・・・・・・・・・・・・・・・・

I sent you an e-mail which showed their forecast for next quarter.
I intend to have a negotiation regarding the price next week

and I also want to ask them the possibility of changing the terms.
I'd like to ask you to wait to finalize your production plan for a while.

＜よい例＞・・・・・・・・・・・・・・・・・・・・・・・・・・・・・・・

I e-mailed you their forecast for next quarter.
I'm going to negotiate the price and the terms next week.
Could you wait before finalizing your production plan?

(次の四半期の予測をメールしました。来週、価格と諸条件について交渉します。生産計画を完成させるのを待っていただけますか)

::: ケーススタディ

　悪い例は、実際に筆者の友人が書いた英文を少し贅肉をそぎおとし、編集したものです。たった1行で言えることを数行にわたって書いているのがわかると思います。

　I will inform you... というのは、「ファクス番号をお知らせします」を直訳したのでしょうか。この表現では、「後日連絡する」という意味に読めるのですが、その後すぐに番号を伝えています。それなら、My fax number is... で十分です。

　「国番号をつけて、市外局番の0は省く」などというややこしい説明をせずに、よい例のように海外からのダイヤルの仕方を伝えるほうが親切です。常に日本に電話をしている人でなければ、日本の国番号が81だということなど知りません。

　余計なことが書いてあればあるほど、伝えたいポイントがボヤけてしまうことがおわかりいただけたでしょうか。

＜悪い例＞・・・・・・・・・・・・・・・・・・・・・・・・・・・・・・・

I will inform you of my fax number.
Please send the documents to me by fax.
My fax number: 03-1234-5678
When you dial the number, please add the country code and omit the first 0.

＜よい例＞・・・・・・・・・・・・・・・・・・・・・・・・・・・・・・・

Please fax me the documents at +81-3-1234-5678.

(81-3-1234-5678までその書類をファクスしてください)

::: 表現はポジティブに！

　なるべく否定的な表現は避け、ポジティブな表現を使いましょう。たいていの人はポジティブなトーンに好意的に反応するものなので必要な反応を引き出しやすいのです。「できないこと」よりも、「できること」「（これから実際に）すること」に焦点を絞ります。

　never、not、none や下記のようなネガティブな表現はできるだけ避けます。

- **You failed to let us know...** (...をお知らせいただけませんでした)
- **That was the wrong strategy.** （戦略が間違っていました）
- **Unless you pay on time...** (期日どおりにお支払いいただけなければ)
- **The error was yours.** （ミスを犯したのはそちらです）
- **You claim that the shipment was late.** （荷物が遅れたとおっしゃいますが）
- **You neglected to maintain accurate records.** （あなたは正確な記録の維持を怠りました）
- **Lack of management support resulted in the project failure.**
　（経営陣によるサポートが得られず、プロジェクトは失敗しました）

ネガティブ

I can't attend the meeting.
（会議には出席できません）

→ **I wish I could attend the meeting.**
（会議に出席できればよかったんですが）

We can't ship your order until April 20.
（4月20日までにご注文品を発送できません）

→ **We'll ship your order on April 20.**
（ご注文品は4月20日に発送します）

We can't complete the report without further information from you.
（さらに情報をいただけないと報告書を完成できません）

→ **We can complete as soon as we receive further information from you.**
（さらに情報をいただき次第、報告書は完成できます）

We can't pay the bill until November 11.
（11月11日まで請求書は払えません）

→ **We'll pay the bill in full by November 11.**
（請求額は11月11日までに全額支払います）

We hope you'll make your payment on time.
（期日どおりのお支払いをお願いします）

→ **We look forward to receiving your payment.**
（お支払いを楽しみにしております）

相手を責めないようにする

You made an error in your report.
（あなたは報告書でミスを犯しました）

→ **There was an error in the report.**
（報告書にミスがありました）

You didn't make your payment on time.
（あなたは期日どおりに支払いを行いませんでした）

→ **The payment was not received on time.**
（支払いは期日どおりに行われませんでした）

ケーススタディ

　これは、海外との小中学生交換プログラムに関するファシリテーターのメールですが、先方のリーダー兼ホスト先（ジャニス）が一人住まいの女性なので、リーダーには女性を希望するという依頼に対し、男性リーダー（健）が選ばれたことを伝える返信です。

　ネガティブな例は日本人によく見られる謝罪中心の英文ですが、希望をかなえられなかったこと、できなかったこと、マイナス面ばかりに触れています。

　一方、ポジティブな例では、選ばれた男性リーダーが、どれだけ優秀で適任者かに焦点を絞っています。相手に売り込んだり、相手を説得したりする場合には、相手にとってのプラス面を強調し、ポジティブなメールを送ることが成果を得る秘訣です。

＜ネガティブ＞・・・・・・・・・・・・・・・・・・・・・・・・・・・・・・・

We had a meeting tonight and unfortunately a male candidate was chosen.
I'm sorry we cannot find a female leader
I hope this is not too much inconvenience.
Thank you for your understanding.

（今夜、ミーティングが開かれ、残念ながら、男性の候補者が選ばれました。女性のリーダーを見つけられず、申し訳ありません。このことで多大なご迷惑をおかけしなければいいのですが。ご理解に感謝します）

＜ポジティブ＞・・・・・・・・・・・・・・・・・・・・・・・・・・・・・・・

The meeting was very successful and although we tried to be sensitive to Janice's request for a female partner, Ken, the male candidate who was chosen, is exceptional.

He immediately gained the trust and confidence of the parents—he has experience facilitating interchanges and has traveled abroad extensively. Please assure Janice that because she got along so well with Ichiro, I'm confident she will embrace Ken.

The group's optimism restored and everyone is anxious to move forward.

（ミーティングはとてもうまくいきました。女性のパートナーを、というジャニスのリクエストには配慮しましたが、選ばれた健という男性はすばらしい人です。

健はご親御さんの信用と信頼をすぐに勝ち取りました。彼は交流のファシリテーターを務めた経験があり、海外旅行の経験も豊富です。ジャニスには、一郎とあんなにうまくやっていたのだから健ともうまくやっていけるはずだ、と伝えてください。

グループには楽観的な雰囲気が戻り、皆、前に進みたがっています）

自分（I）中心ではなく、相手（You）中心に

　I want…、We need…、I can't…、We think…、Our… のように「私（我々）」ばかり並べ立てるのではなく、You'll find…、You'll notice…、You'll see…、You'll enjoy のように"You"を使って相手中心の表現を使いましょう。

＜悪い例＞・・・・・・・・・・・・・・・・・・・・・・・・・・・・・・・・・・
I am unable to handle your inquiry, so I've forwarded it to our sales manager, Shigeo Matsuura. I'm sure he'll be able to handle it.
（貴殿のお問い合わせは私には処理できませんので、営業マネジャーの松浦重雄に回しました。松浦のほうで処理できるはずです）

＜よい例＞・・・・・・・・・・・・・・・・・・・・・・・・・・・・・・・・・・・
Thank you for your interest in our products. The attached brochure should answer many of your questions. If you'd like more information, please contact our sales manager, Shigeo Matsuura, at shigeo@getglobal.com.
（当社の製品にご関心をお寄せいただきありがとうございます。同封したパンフレットにて、ご不明の点の多くはご理解いただけるかと思います。さらに詳細をお求めの場合は、営業マネジャーの松浦重雄、shigeo@getglobal.comまでご連絡ください）

　特に売り込みの文章では、相手にとってどれだけのメリットがあるかを示した相手の視点が必要です（ただし、クレーム処理などの文書では、Youではなく、I/We中心にする必要があります）。
　Iで始まる文章は、下記のようにYouで始まる文章に書き直すことができます。

I'd like to tell you about our product.
（弊社の製品について説明したいのです）

→ **You can learn more about our product at www.getglobal.com.**
（弊社の製品についての詳細はwww.getglobal.comでご覧いただけます）

I think this is a great opportunity for you.
（これはあなたにとってすばらしいチャンスだと思います）

→ **How can you pass on an opportunity like this?**
（このようなチャンスをお見逃しなく！）

We approved your application.　　　　　　→ **Your application has been approved.**
（われわれはあなたの申請を認めます）　　　　　（あなたの申請は受理されました）

　文章を書き終えたら、I、my、me（またはwe、our、us）とYou、yourが何回出てくるか数えてみるといいでしょう。Iで始まる文ばかり並んでいれば、一部書き直すことをお勧めします。

::: WeとIを上手に使い分ける

　Weを使うべきか、Iを使うべきかは、ネイティブスピーカーでも迷うところですが、基本的に会社の代表として接するとき、フォーマルなトーンを伝えたいときにはweを使い、個人の意見や感情を伝えたいとき、フレンドリー、インフォーマルなトーンにしたいときにはIを使います。

We are pleased to announce the promotion of Mari Abe to assistant manager.
（阿部真里のアシスタントマネジャーへの昇進をお知らせします）
I'm happy to hear that you have been promoted to assistant manager.
（アシスタントマネジャーに昇進されたと聞いて喜んでいます）

　たとえば、We cannot fill your order immediately.（ご注文品をすぐに納品することができません）でWeを使うのは、"会社として"納品ができないからです。個人で商売しているのであればIでかまいません。
　個人的に「残念に思う」という感情を述べたければIを使い、ビジネスライクに会社の代表として遺憾を述べたいのならweを使うといいでしょう。

We regret that we cannot accept the return.
（返品をお受付できないことを遺憾に思います）
I am sorry that your inquiry was not handled properly.
（お客さまのお問い合わせがちゃんと処理されず、申し訳ありませんでした）

　またフォーマルなトーンにしたいときには、短縮形は使わず、I am、you are、it isとし、インフォーマルなトーンにしたいときには、I'm、you're、it'sのように短縮形を使うと会話をしているような感じになります。

3）日本人が間違えやすい点

　日本人が書いた英語のメールを受け取っているうちに、日本人が犯しやすい共通の間違いがあることに気がつきました。ここでは、実際に受け取ったメールをもとに、日本人が意味やニュアンスを理解せずに誤ってよく使っている英語の表現を解説します。

　ソフトに装備されているスペルチェック機能のおかげでスペルミスはある程度防げるようになりましたが、スペルをちゃんと（？）間違えてほかの単語としてつづっていると見つかりません。また、日本語版のプログラムに入っている英語のスペルチェック機能は語彙も限られており、あまり頼りになりません。やはり、自分の目でチェックするのが一番です。

　また、日本で氾濫している和製英語は、英語圏では通じなかったり、本来の英語の意味とは違っていたりする表現がたくさんあるので、注意が必要です。

::: 単語の使い方の間違い

▼please

please＝「～してください」と丸暗記し、pleaseをつければていねい表現だと思っていると大間違いです。たしかに「～をしてください」という意味でも使われますが、使い方によっては事実上、命令となります。

＜悪い例＞ ・・
I'd like your permission to link our home page to yours. Please respond promptly.

＜よい例＞ ・・
I'd like your permission to link our web page to yours. I look forward to your favorable reply soon.
（こちらのホームページからそちらのホームページにリンクを張らせてください。良いお返事をお待ちしています。）

　Please respond/reply promptly.を使う日本人が多いのですが、上記のようにこちらからの依頼に対し、「すぐに返事をください」（実質的には「すぐに返事をしなさい」という命令）と言うのは横柄に聞こえます。

　何度も催促しているのに返事がなかったり、いつも返事が遅れがちな相手であれば、このような口調もあり得ますが、初めて出すメールやこちらから依頼をする場合には強すぎます。

　普通に「返事をください」という場合には、下記のような表現が使えます。
I look forward to hearing from you soon. （すぐにお返事をいただけるのをお待ちしています）
I hope to hear from you soon. （すぐにお返事をいただけるのをお待ちしています）

　なお、ある期日までに返事が必要な場合は、具体的な日にちを提示するべきです。
　I'd appreciate it if you could respond by February 8. （2月8日までにご返事いただければありがたいです）

　ちなみに、please ＝「どうぞ」と誤解して、pleaseを連発する人がいますが、たとえば、何かを手渡すときに「どうぞ」という場合はHere it is.やHere you go.であり、pleaseではありません。

▼request, ask

＜悪い例＞ ・・・・・・・・・・・・・・・・・・・・・・・・・・・・・・・・・

This is a request for a sample. We ask you to send it as soon as possible.

＜よい例＞ ・・・・・・・・・・・・・・・・・・・・・・・・・・・・・・・・

Could you send us a sample by next week? （来週までに見本を送っていただけますか）
または
We'd like a sample. I'd appreciate it if you could send it by next week.
（見本をいただきたいのですが、来週までに送っていただけると幸いです）

　多くの日本人はrequestやaskを「お願いします」という意味で使っているようですが、英語では、I ask／request you to ...のような表現は通常しません。
× May I request a sample?
× May I request you to send me a sample?
× I ask you to give me your address.
○ **Could you (please) give me your address?**
○ **May I have your address?**

　requestは日本語の「リクエスト」とはニュアンスが異なり、日本語の「リクエスト」をそのままrequestで置き換えられる場合は稀です。
× This is a request of an appointment at your company.
○ **I'd like to make an appointment to visit your company.**
　（貴社を訪問するアポを取りたいのですが）
○ **I'd like to visit your company.** （貴社を訪問したいのですが）

　たとえば、ホテルなどで禁煙室を頼むときは下記のような表現を使います。
× I'd like to request a non-smoking room.
○ **I'd like a non-smoking room.** （禁煙室をお願いします）
○ **Can I get a non-smoking room?** （禁煙室をお願いできますか）
○ **Could you give me a non-smoking room?** （禁煙室をお願いできないでしょうか）

　なお、requestはaskよりフォーマルで、ビジネス文書ではあまり使われず、会話ではまず使われることはありません。
　また、demandは「要求」であり、
　We cannot accept your demand.は「そちらの要求には応じられません」
　We cannot accept your request.は「そちらのご依頼には応じられません」
という意味で、requestとdemandでは、要求度のレベルがまったく違います。

▼want, need, require

＜悪い例＞ ・・・・・・・・・・・・・・・・・・・・・・・・・・・・・・・・

I want to visit your company and I really want to see you. I need to know if I can visit you by next week.

＜よい例＞ ・・・・・・・・・・・・・・・・・・・・・・・・・・・・・・・・

I'll be in San Jose the week of May 4. I'd like to schedule an appointment for that week if you are available. I'd appreciate it if you could let me know by next week.

（5月4日の週にサンホゼに滞在しますので、ご都合がよければその週にアポイントを取りたいのですが。来週までにお知らせいただければ助かります）

　親しい相手であれば、最後の文は下記を使えます。

Could you let me know by next week?
　さらに親しい相手には
Will you let me know by next week?

　I want to... というのは非常にぶしつけで、場合によっては幼稚に聞こえます。ビジネス文書ではI'd like to...を使うべきでしょう。
　I need...というのは、自分のニーズを前面に押し出し、使い方によっては命令口調になります。
　I need your report by Monday. は上司が部下に対して使うのなら適切ですが、そうでなければ、下記のような表現を使います。

Can I have your report by Monday?
Is it possible to have your report by Monday?
（月曜日までに報告書をいただけますか）

　何度も催促しているのにもらえない場合には、I need...でもかまいません。

　下記の順で命令度が増します。（ていねいさの度合いが低下します）。

Could you please fill it out?
Would you please fill it out?
Please fill it out.
You need to fill it out.
You must fill it out.

　requireの誤用も多く見られますが、requireを下記のような形で使うことはありません。

× I require your report by Monday.
× I require you to send me your report
○ **You are required to sign up online.** （オンラインで登録する必要がある）
○ **Advance payment is required.** （前払いが必要である）
○ **The law requires that you report any accident to the government agency.**
（事故はすべて政府当局に報告することが法律で義務付けられている）
○ **We require every applicant to submit a recommendation letter.**
（応募者は全員、推薦状を提出する必要がある）

　また、requireはneed よりさらに要求度が高くなります。

▼**you'd better, should**
＜悪い例＞・・・・・・・・・・・・・・・・・・・・・・・・・・・
He wants to know everything. You'd better send him a copy.

32

（何でも知りたい人だから、彼にコピーを送るべきだ。送らないとだめだ）

＜よい例＞

He wants to be on top of everything.　You may want to send him a copy.
または
He wants to be on top of everything.　You probably want to send him a copy.
（すべて把握していたい人だから、彼にコピーを送ったほうがいいかも）

　You'd better...は「〜したほうがよい」であると説いた英語の教科書や参考書がいまだにありますが、これは誤訳で、「〜しなさい。さもないと（何らかのマズイ状況が起こる）」というニュアンスです。またYou'd betterには緊迫性が含まれています。
　You should send him a copy.はYou'd better... ほど強くないにしても、やはり命令であり、上司が部下に対して使うのならかまいませんが、同僚や友人に対して使う場合は注意が必要です。
　こうした表現は、顧客に対してはまず使いません。

× You should return the product.（返品すべきだ）
× You have/need to return the product.（返品すべきだ）
○ **Could you please return the product?**（返品していただけますか）

　命令ではなく提案であれば、下記のような表現が使えます。

You may want to send him a copy.（彼にコピーを送っておけばいいかもしれませんね）
I think you should send him a copy.（彼にコピーを送ったほうがいいと思います）
(I think) It'll be better to send him a copy.（彼にコピーを送ったほうがいいと思うけど）
Wouldnt' it be better to send him a copy?（彼にコピーを送ったほうがいいんじゃないの？）
If I were you, I'd send him a copy.（私だったら、彼にコピーを送るけど）

▼confirm
　「confirm＝確認する」と丸暗記し、日本語の「確認する」をすべてconfirmで置き換えている人たちが実に多く、日本企業や団体のホームページでも、目に余るほど誤用されています。confirmは「○○がそうであることを認める」という意味で、下記のように使われ、相手の確認作業を要します。

-**Please confirm your reservation.**（予約の確認を入れてください）
-**Please confirm my reservation.**（私の予約が入っていることを確認して知らせてください）
-**Can you confirm the price?**（この価格でいいかどうか知らせてください）

　ですから、下記のような意味ではconfirmは使えないのです。

「そちらに出したメールが戻って来たのですが？　メールアドレスを確認してください」
× The e-mail I sent you came back.　Please confirm the address.
　（「そのアドレスが正しいということを確認して知らせてください」という意味）
○ **Please make sure the address is correct.**
○ **Please be sure that is the right address.**

「発注される前に在庫があるかどうかご確認ください」

× Please confirm product availability before you place an order.
○ **Please make sure the product is available before you place an order.**

「お使いになる前に使用法をご確認ください」
× Please confirm how to use before you use it.
○ **Please be certain that you know how to use it before you do.**
○ **Please read the instructions before you use it.**

　日本語の「確認する」は、英語ではconfirm、check、verifyなどいろいろな意味があります。

▼expect
＜悪い例＞・・・・・・・・・・・・・・・・・・・・・・・・・・・・・・・・
We expect you to come to Japan this summer.　We're expecting you to let us know your plan as soon as possible.
(この夏、日本に来るように。できるだけ早く予定を知らせるように)

＜よい例＞・・・・・・・・・・・・・・・・・・・・・・・・・・・・・・・・
I hope to see you in Japan this summer.　Please let us know as soon as possible about your plans.
(この夏、日本で会えるといいのですが。予定をできるだけ早く知らせてください)

　中学・高校の英語教育の弊害で、「expect＝期待する」と丸暗記し、expectをhopeと同じように使っている人が多いのには困ったものです。(辞書にも間違った記載が多々ありますし、大学の英語の教授でさえ間違って使っています)。
　expectは「当然、起こるものと思う」という意味であり、使われ方によっては「当然のこととして要求する」という意味になります。

　I hope to hear from you.（ご返事をいただけるといいのですが）
は、こちらの希望を伝えるものですが、
　I expect to hear from you.（ご返事は当然いただけるものと思っています）
は「ちゃんと返事をください」という相手に対する要求であり、Please respond.よりも高圧的なのです。
　上司が部下にI expect you to be there tomorrow.（明日、そこに行っているように）と言うことはあっても、反対に部下が上司に使う表現ではありません。
　ちなみに、I'm expecting him at 3 pm.といえば、「3時に彼が訪れる予定だ」ですが、I'm expecting.だけなら「妊娠している」という意味になるので注意しましょう。

▼insist
＜悪い例＞・・・・・・・・・・・・・・・・・・・・・・・・・・・・・・・・
You're insisting that our product does not meet your specifications, but it does.
(あなたは当社の製品がそちらの仕様に合っていないとしつこく言い張られますが、合っています)

＜よい例＞・・・・・・・・・・・・・・・・・・・・・・・・・・・・・・・・
You said our product does not meet your specifications, but our records show it does.
(当社の製品がそちらの仕様に合っていないとのことですが、記録によると合っています)

insist ＝「主張する」と丸暗記して使っている人が実に多いのですが、英語でinsistといえば「言い張る、強く要求する」という意味で、かなり強い口調になります。上記の間違った例は、「仕様は合っているのに、いちゃもんをつけている」というニュアンスです。

I insist that you get back to me tomorrow.（明日、返事をもらわないと困る）

They insisted that the payment be made by wire.（支払いはどうしても電信でなければならないと言われた）

また、どちらが支払うかでもめた場合などに、

Please let me treat you today. I insist.（今日はおごらせてください。ぜひとも）

という使い方もできます。

「〜とおっしゃいますが」「〜とのことですが」という意味であれば、普通の文章ではsayで間に合います。

In your last e-mail you said you haven't received the shipment yet, but...

（この前のメールで、まだ荷物を受け取っていないとおっしゃっていましたが）

「述べる」「主張する」という意味では、state、contend、maintainなどの表現がありますが、報告書や論文には適するものの、メールや手紙で使うには硬すぎます。

claim も「主張する」という意味ですが、「事実はその主張とは違う」という意味合いがあるので、上記のような例では不向きです。とくにYou claim...は、「証拠もないのに、そっちが勝手にそう言っているだけ」という意味で、裁判で使われるのならともかく、通常のビジネスシーンでは使いません。

× You claim that you never received the merchandise.
（品物を受け取っていないと根拠もなく主張されているようです）

▼care vs. mind
＜間違った例＞・・・・・・・・・・・・・・・・・・・・・・・・・・・・・・・・

We received your e-mail that shows the itinerary change. We don't care about it.
（日程変更を示すメールを受け取りました。そんなのどうでもいいです）

＜よい例＞・・・・・・・・・・・・・・・・・・・・・・・・・・・・・・・・・・・

We received your e-mail about the itinerary change. We don't mind the change.
(That will be fine with us.のほうが自然)
（日程変更に関するメールを受け取りました。変更はかまいません）

日本語にするとどちらも「気にする」になるからか、careとmindを混同して使っている人が目につきます。I don't care.といえば「どうでもいい」という意味で、I don't mind.「かまわない」とは意味がまったく違います。

I don't care if you stay.（いようがいまいが、どうでもいい）

I don't mind if you stay.（いてもかまいません、いてもいいですよ）

We don't care what they say.は「何を言われようがかまわない」、Who cares?といえば「そんなこと誰も気にしない。そんなことどうでもいい」という意味です。

We don't care about the cost.は「コストは気にしない。コストはどうでもいい」という意味ですが、aboutの後ろに人やfor＋物が来ると意味が違ってきます。

I care about you.（あなたのことが好きだ）
I don't care for it.（それは好きではない）
Would you care for a cup of coffee?（コーヒーはいかがですか？）
前置詞ひとつで意味が変わってくるので注意しましょう。

▼matter, situation

＜悪い例＞・・・・・・・・・・・・・・・・・・・・・・
We haven't heard from you about this matter. Please let us know your situation as soon as possible.

＜よい例＞・・・・・・・・・・・・・・・・・・・・・・
We haven't heard from you about the program change. Please let us know by Friday what you're going to do about it.
（プログラム変更に関して連絡をいただいていません。どうされるつもりなのか、金曜までにお知らせください。）

　matterやsituationを乱用する人がいますが、こうした表現は非常にあいまいで何を指すのかが明確ではありません。できるだけ具体的な事項を示すようにしましょう。

× Thank you for your e-mail explaining your situation.
○ **Thank you for your e-mail about the distribution.**
（配送についてのメール、ありがとうございます）
× We are concerned about the situation.
○ **We are concerned that the shipment hasn't arrived yet.**
（荷物がまだ届かないのを懸念しております）

　Let us know your situationは、「そちらの状況をお知らせください」の直訳なのかもしれませんが、英語ではこうした言い方はしません。Let us knowの後は、具体的に知りたい内容を示すべきです。
「状況」＝situationと丸暗記、直訳するのはやめましょう。

「ホテルや飛行機などの予約状況」
× reservation (booking) situation
○ **availability**
「卒業生の就職状況」
× employment situation of graduates
○ **graduate employment**

　また、下記の場合、situationやconditionは必要ありません。

× The manager was not aware of the deteriorating sales situation.
○ **The manager was not aware of the deteriationg sales.**
（マネジャーは売上げが下落しているのに気がついていなかった）
× We tried to eliminate hostile conditions between the companies.
○ **We tried to eliminate hostility between the companies.**
（会社間の敵対心をなくそうとした）

▼I'm sorry

謝罪好きの（？）日本人は、I'm sorry.を連発する人が多いのですが、これは日本語で「すみません」というところをすべてI'm sorry.で置き換えているのが原因のひとつです。日本語の「すみません」は、状況と使い方によって、英語のI'm sorry. Excuse me. Thank you.にあたります。

＜悪い例＞・・・

I'm sorry that I could not respond sooner. I was out of town last week. I'm attaching the information you requested. I'm terribly sorry I couldn't send it by Friday. I'm sorry if this has caused you inconvenience. I'm really sorry.

（すぐにご返事できず申し訳ありません。先週は出張しておりました。ご要望のありました資料を添付します。金曜日までにお送りできず本当にすみません。ご迷惑をおかけ致しました場合はご容赦ください。本当に申し訳ありません。）

＜よい例＞・・・

I'm sorry that I could not respond sooner. I was out of town last week. I'm attaching the information you requested. I hope the delay has not caused you serious inconvenience. If you need additional information, please let me know.

（すぐにご返事できず申し訳ありません。先週は出張しておりました。ご要望のありました資料を添付いたしました。この遅れが大きなご迷惑をおかけしていなければいいのですが。さらに資料が必要でしたらお知らせください）

謝罪をする際にI'm sorry.を並べ立てても、「姿勢が低く、丁寧だ」などという解釈はしてはもらえません。けげんに思われるか、自信のない人と映るだけでしょう。本当に謝罪が必要な場合でも、初めと終わりだけで十分です。それよりも、問題解決のために、どのように対応するのか、という行動に焦点を絞るべきなのです。

また、I apologize for my poor English.や I hope you'll understand my poor English.という必要もありません。もし不安なら、英語が得意な人に書いてもらったり、ネイティブスピーカーに見てもらったりして、意味が通じることを確認してから送るべきでしょう。意味が通じないかもしれないメールを送るのは、双方にとって時間の無駄ですし、プロフェッショナルなイメージを与えません。

▓ 婉曲すぎる表現

＜悪い例＞・・・

It would be difficult for us to discount the price... Thank you for your understanding.

＜よい例＞・・・

We are unable to discount the price... If we can be of help in any other way, please let us know.

（値引きはできません。何かほかの形でお役に立てることがありましたら、お知らせください）

＜悪い例＞は日本語の「割引に応じるのは難しい（＝割引には応じられない）」という表現を直訳したものと思われます。しかし、これでは「難しいけどできる」のか「できない」のかがはっきりせず、相手にまだ交渉の余地があると期待をもたせてしまう可能性があります。できない場合は、はっきりとできない旨、伝えましょう。
下記のような表現も同様です。

× Please understand that your proposal is difficult to accept.

（ご提案は受け入れるのは難しいことをご理解ください）

　悪いニュースを伝えるときにトーンを和らげたければ、下記のようにunfortunatelyやI'm afraidを使うことができます。

Unfortunately, we are unable to accept your proposal.
（残念ながら、ご提案を受け入れることはできません）
I'm afraid we cannot accept your proposal.
（残念ながら、ご提案を受け入れることはできません）

　Thank you for your understanding.は決して間違いではありません。ネイティブスピーカーも利用する表現です。しかし、日本人の場合、「ご理解ありがとうございます」という意味で乱用する人が多いのです。
　相手に譲歩や無理な依頼をしているのでなければ、こうした表現は必要ではありません。それよりも、＜よい例＞で紹介した表現や下記のような表現を使ったほうがポジティブな印象を与えます。
I hope it'll be a satisfactory solution for you. （これが貴殿にとって満足のいく解決策でありますよう）
Thank you for the opportunity to serve you. （ご奉仕する機会をいただき、ありがとうございます）

文法上の間違い
▼although
＜間違った例＞・・・・・・・・・・・・・・・・・・・・・・・・・・・
The merchandise arrived damaged. Although we'll accept it at a discount.
（商品が着いたときに破損していました。値引きをしていただければ受け入れますが、….)

＜正しい例＞・・・・・・・・・・・・・・・・・・・・・・・・・・・
Although the merchandise arrived damaged, we will accept it at a discount.
（商品は着いたとき破損していましたが、値引きしていただければ受け入れます）

　althoughをbutやhoweverと同じように、＜間違った例＞のように使っている人がいますが、althoughは単文では使われません。＜よい例＞のように複文でのみ使われます。つまり、although… に対し、かかる文が必要なのです。

Although the payment was late, no penalty was charged.
（支払いが遅れたが、罰金は課されなかった）

　下記のようにalthoughの文が後に来てもかまいません。
No penalty was charged although the payment was late.

　althoughはthoughで置き換えることもできますが、thoughのほうが口語的です。口語（メールも含む）では、thoughは文の最後に持ってきて、次のような形でも使われます。

I didn't buy it, though. （買わなかったけど）

　日本語の「〜だが」をすべてbutやhoweverに置き換えて、butやhoweverでいっぱいの文章を書く人もいますが、日本語の「〜だが」は逆説とは限りません。英語に訳せば「and」の

場合もありますし、接続詞は必要のない場合も多いのです。日本文で接続詞を使っているからといって、英文で接続詞を使わなければならないことはないのです。伝えるべきは、あくまでもメッセージの中身であることを忘れずに。

▼appreciate

<間違った例>・・・・・・・・・・・・・・・・・・・・・・・・・・・・・・・・・・・・

I appreciate you for giving me a quick response.... I appreciate you if you answer my question.

<正しい例>・・

I appreciate your quick response.... I'd appreciate it if you'd answer my question.
（迅速なご返答に感謝します。質問に答えていただければありがたいです。）

　<間違った例>のように、appreciateの後に人を持ってくる人が多いのですが、appreciateの後ろに来るのは感謝する内容であり、人ではありません。
　人が来る場合には、下記のようにその人の行為が来ます。
I appreciate your giving me the opportunity.（チャンスをいただけて感謝します）

　下記のような表現もできますが、上記とは意味が違います。
I appreciate you for who you are.（あなたのありのままがいいと思う）

　また時制によって意味が違ってくるので気をつけましょう。すでに起こったことに対して感謝をするのであれば現在形を使いますが、依頼をする場合（〜していただければありがたい）は未来形でなければなりません。

I appreciate your help.（お手伝いいただいて感謝します）
I'd appreciate your help.（お手伝いいただけるとありがたいです）

　なお、感謝を伝えるには、thank, appreciate以外に下記のような表現があります。
I'm thankful/grateful to you for your generosity.（貴殿の寛大なお取り計らいに感謝いたします）
It was very nice of you to send me an extra copy.（もう１部お送りいただき、ご親切に）

▒ ケーススタディ

　下記の悪い例は、実際に著者の友人が書いたものですが、典型的な日本人の英文といえます。
　①は主語が長すぎます。②はsituation, circumstancesなどが使われ抽象すぎて意味を成しません。③はexpectの使い方が間違っています。④はalternationの使い方が間違っているのですが、「変更」という意味であればchangeで十分です。わざわざ難しい単語を使って間違いを犯す必要はありません。⑤はフォーマルすぎます。

<悪い例>・・・

①The e-mail telling that ABC was not able to renew their liability insurance and hence has had to cancel all programs for the coming summer was transferred to me through XYZ.

②We are very worrying about your situations under the circumstances.

③ Our delegates expect yours to come to Japan this summer very much.

④ If you have some alternations in your program, please let us know them as soon as possible.

⑤ Your prompt response would be appreciated.

＜よい例＞

XYZ forwarded to me the e-mail telling that ABC was not able to renew their liability insurance and therefore they had to cancel all programs for the coming summer.

We are concerned as we are very much looking forward to welcoming your delegates in Japan this summer. If there are any changes in your program, please let us know as soon as possible.

I look forward to hearing from you very soon.

(XYZからABCが損害賠償保険を更新できず、それため今度の夏のプログラムをすべてキャンセルせざるを得ない、と書かれたメールが転送されてきました。

貴代表をこの夏日本にお迎えするのを大変楽しみにしておりましたので、とても心配しております。もしプログラムに何か変更がありましたら、すぐにお知らせください。

ご連絡をお待ちしています）

CHAPTER

1

ビジネスメール

問い合わせ

ホームページを通じていろいろな国から問い合わせが来ますが、一言「資料を送ってください」と書いただけのものも多く、対応に困ってしまいます。自分自身のことを説明し、先方のことをどのように知ったかを伝えることは、的確な返事を送ってもらうのに最低限必要です。

Subject: Your Consulting Service

I visited your web site. We are ABC Graphic Design Studio, a web design company in Osaka, Japan. Pls see attachment for more info about our company.

Until now we have worked mostly in the local market, but now we're planning to expand internationally and we need an experienced consultant to assist us. Please let us know if you can provide the following services, and if so, the cost.

1. Finding new customers in the U.S.
2. Identifying key partners.

We look forward to hearing from you.

 件名：貴コンサルティングサービス

貴社のウェブサイトを拝見しました。弊社は日本の大阪にあるABCグラフィックデザイン・スタジオといいます。当社に関する詳細に関しては、添付資料をご覧ください。

今まで、ほとんど地元の仕事をやってきましたが、国際的に拡大する計画で、お手伝いいただける経験豊富なコンサルタントを必要としています。下記のサービスを提供いただけるかどうか、またその場合、費用をお知らせください。

１．米国での新規顧客の紹介
２．主要提携先探し

お返事をお待ちしています。

Useful Expressions

I read about your company in the March issue of Export/Import Africa.
Export/Import Africa誌の3月号で貴社について拝見しました。

We found your name in the World Supplier Directory.
世界供給業者総覧で貴社の名前を拝見しました。

We manufacture air conditioners in Japan and are interested in purchasing your filters. Do you have a distributor in Japan?
日本でエアコンを製造していますが、貴社のフィルターの購入に興味があります。日本に代理店はお持ちですか？

We are seeking an agency for marketing and sales of these products in Russia.
ロシアでこれらの製品をマーケティング・販売するために、現在、代理店を探しているところです。

We manufacture dental equipment for export mainly to North America and Europe. We are interested in finding a local distributor or partner for the Asian market.
当社は歯科用機器を製造し、現在、主に北米、ヨーロッパに輸出していますが、アジア市場に進出し、代理店か提携先を探したいと考えております。

We visited your web site and are very interested in your marketing service. I'd appreciate it if you could send us further information.
貴社のウェブサイトを拝見し、貴社のマーケティングサービスに非常に興味があります。さらに詳しい資料を送っていただけるとありがたいです。

We are interested in importing VPN routers. Please send us your product catalog along with your export price list.
VPNルーターを輸入したいと思っています。製品カタログを価格表と一緒に送ってください。

I'd appreciate it if you could send us some company information at:
〜まで貴社の資料をお送りいただければ幸いです。

I would appreciate any information you can send us.
送っていただける資料は、すべて送っていただけるとありがたいです。

Could you send us some information about your company (service)?
貴社（のサービス）について資料を送っていただけますか？

If you have other information about your service, I'd like to receive it. Do you have a web site?
貴社のサービスに関しほかに資料があれば、いただきたいのですが。ウェブサイトはお持ちですか？

If you cannot supply this technology, could you possibly direct us to someone who can?
もし貴社でこの技術を供給できない場合、どこかできるところをご紹介いただけませんでしょうか。

問い合わせへの返事

問い合わせに感謝して資料を送る場合は、その旨を伝えます。簡単に売り込み文句を添えるといいでしょう。最後に返事を待っていることも伝えます。

Subject: X1000

Thank you for your e-mail.

We'll be happy to supply X1000. Attached are the product and price sheets.

If you have any questions, please let me know.
We look forward to your order.

 件名：X1000

メールをありがとうございます。

ぜひX1000を供給させていただきたいと思います。製品説明書と価格表を添付します。

ご質問があれば、お知らせください。ご注文いただけるのを楽しみにしています。

Subject: RE: Distributor in Japan?

Thank you for your e-mail.

Yes, we have a distributor in Japan, Toyo Kaisha in Osaka.
The contact there is Mr. Hasegawa. I have forwarded your request to him, so he will get in touch with you shortly.

＊contact 連絡をする相手、担当者

 件名：RE: 日本に代理店は？

メールをありがとうございます。

はい、日本に代理店がございます。大阪にある東洋会社です。
担当者は長谷川氏です。貴殿のご要望を先方に転送してありますので、長谷川氏からまもなく連絡があると思います。

Useful Expressions

Thank you for your inquiry. We are sending you our company information by mail. You should receive it by the end of next week.
お問い合わせありがとうございました。当社の資料を郵送します。来週末までには、そちらに着くと思います。

Thank you for your inquiry about our marketing service.
当社のマーケティングサービスに関するお問い合わせありがとうございます。

I'll be happy to send you our brochure and newsletter.
喜んで弊社のパンフレットとニュースレターをお送りします。

We are pleased to learn of your interest in our products.
当社の製品にご関心をいただき、うれしく思います。

If you can tell us your requirements in detail, we'll be happy to send you a proposal.
詳しいご要件をお知らせいただければ、ぜひプロポーザルをお送りしたいと思います。

You will be receiving a copy of our LDF catalog soon.
弊社のLDFのカタログがまもなくお手元に届くはずです。

Today I mailed our company catalog.
本日、弊社の会社カタログを郵送しました。

We would love to work with you.
ぜひお取引させていただきたいと思います。

To place an order, or for additional information, please e-mail me any time.
ご注文いただく場合、またはほかに資料がご必要な場合は、いつでもメールでご連絡ください。

We will be pleased to answer any questions you may have about our products.
弊社製品に関してご質問があれば、何なりと喜んで答えさせていただきます。

I look forward to serving your connector needs.
貴社のコネクターのニーズにご奉仕させていただけるのを楽しみにしております。

資料・見本送付のお礼

資料を受け取ったら、ちゃんと着いたことを一報するのがエチケットであり、円滑なコミニュニケーションを図るコツでしょう。

Subject: RE: X1000

Thank you for your product and price sheets. After we review them, we will get back to you.

 件名：RE: X1000

製品説明書と価格表をありがとうございます。検討後、連絡します。

Useful Expressions

Thank you for your quick response.
迅速なご対応、ありがとうございます。

. . . .

We received the sample of AX100 today. Thank you.
本日、AX100の見本を受け取りました。ありがとうございます。

. . . .

The information has been forwarded to our Purchasing Manager and you should hear directly from him.
資料は購買課長に回しました。直接、課長から連絡があるでしょう。

. . . .

We appreciate your interest in working with our firm and look forward to keeping in contact.
当社との提携にご関心いただき感謝いたします。今後もやりとりさせていただくのを楽しみにしております。

. . . .

 # 資料送付後のフォローアップ

相手からの連絡がない場合、資料がちゃんと届いたかどうか、質問やほかに必要な資料はないかなどを問い合わせると同時に、取引の可能性を探るとよいでしょう。

Subject: Company Catalog

I just wanted to see if you received the company catalog I mailed last week.

If there is any other information I can provide to facilitate your presentation to your boss, please let me know.

 件名：会社カタログ

先週、郵送した会社カタログが届いたかどうか確認したいと思いました。
上司の方に提案されるにあたり、もし提出すれば役に立つ資料が他にあれば、お知らせください。

 ## Useful Expressions

I'm writing to make sure that you received the catalog I sent on June 15.
6月15日にお送りしたカタログが無事にお手元に届いたかどうかを確かめるためにメールを送付しました。

I will be happy to answer any questions you may have and explain the unique features and benefits of this product.
もしご質問があれば喜んでお答えしますし、本製品のユニークな特徴や利点をぜひ説明したいと思います。

If you have questions or concerns that are not covered in the material I sent you, please feel free to contact me.
お送りした資料の中でカバーされていない質問や疑問がありましたら、ご遠慮なく連絡してください。

If there is any other way I can be of service to you, please contact me any time. I'm here to help you.
他にご奉仕できることがありましたら、いつでもご連絡ください。いつでも応じさせていただきます。

Please let me know what other information you need to make a decision.
決断を下すにあたり、他に資料が必要であればお知らせください。

I'll be back in touch in a couple of weeks to see which model best suits your needs.
どのモデルが一番お客さまのニーズに合うかを確かめるのに、2〜3週間後にまた連絡します。

売り込み（特定の相手に送信）

初めての相手にメールを送る場合は、どこで先方のことを知ったか簡単に書きます。自社の製品やサービスを説明する際には、それが相手にどのようなメリットをもたらすかを強調します。

Subject: Possible Collaboration for Japan

I enjoyed your article, Cataloging in Japan, in the March issue of Export Today. I thought we might be able to collaborate on marketing for the Japanese market.

We are a consulting firm based in Tokyo, specializing in the facilitation of business between U.S. and Japanese companies. We provide US corporations with effective marketing communications tools for the Japanese market: creating brochures, catalogs and web sites in Japanese, for instance. You can learn more about our services at www.getglobal.com.

We are currently targeting U.S. mail-order companies for our Japanese web site service. We can create Japanese web pages for mail-order companies who are targeting Japanese consumers.

If you are interested, I'd love to hear from you.

 件名：日本に向けた協力の可能性

『エクスポート・トゥデイ』の3月号で貴殿の書かれた記事「日本での（通販）カタログビジネス」を楽しく拝見しました。日本市場へのマーケティングに関し、協力できるのではないかと思いました。

当社は、日米企業間のビジネス促進を専門とする東京のコンサルティング会社です。当社では、日本市場向けに効果的なマーケティングツールをアメリカ企業に提供しており、パンフレット、カタログ、ウェブサイトなどを日本語で作成しています。当社のサービスについてはwww.getglobal.comをご参照ください。

現在、日本語ウェブサイトサービスを米国の通販会社に向けてマーケティングしています。日本の消費者をターゲットにしている通販会社向けに日本語のウェブページを作成させていただきます。

ご興味あれば、ぜひお返事をいただきたく思います。

Useful Expressions

We received your name and address from Ms. Mitsuyo Arimoto with GlobalLINK.
貴社の名前と住所をグローバルリンクの有元美津世氏からいただきました。

Mr. Yoshida with Apple Bank said you might be interested in our line of products. If you are interested, I'd be more than happy to send you our latest catalog.
アップル銀行の吉田氏に、貴社が弊社の製品にご興味があるかもしれないとお聞きしました。よろしければ、弊社の最新のカタログを喜んで送付させていただきます。

Thank you for stopping by our booth at the International Trade Show last week.
先週、国際見本市で当社ブースにお立ち寄りいただきありがとうございました。

I understand that you are considering the purchase of a new printing machine.
貴社では、新しく印刷機械の購入をお考え中と伺っております。

Our system will save you $3,000 in monthly electricity bills.
当社のシステムをお使いいただければ、毎月、電気代を3000ドル節約できます。

Best Company can help you create a sustained, competitive advantage in the Japanese market.
ベストカンパニーは、貴社が日本市場で優位に立ち、その立場を保つのをお手伝いします。

Thank you for allowing us to evaluate your needs and for considering our product.
弊社に貴社のニーズを検討させていただき、また当社の製品をご検討いただき、ありがとうございます。

We appreciate the opportunity you've given us to learn more about your organization.
貴社に関して学ばせていただくチャンスをいただき、感謝します。

We are eager to make you a satisfied user.
貴社に満足したユーザーになっていただきたいのです。

I'd be very interested in discussing how your company can benefit from our service.
当社のサービスが貴社にとっていかに有益かを説明させていただきたく思います。

I'd appreciate the opportunity to discuss how we can work together.
両社がいかに協力できるかを話し合うためのチャンスをいただければありがたいです。

We look forward to doing business with you.
お取引させていただけるのを楽しみにしています。

We look forward to serving your storage needs.
貴社のストレージのニーズにお役に立てることを楽しみにしています。

I'll be calling you next week to follow up on my e-mail.
メールをフォローするため、来週、電話させていただきます。

売り込み（不特定多数に送信）

スパムは歓迎されませんが、関心を示した相手や既存の顧客、知り合いなどに売り込みメールを送ることはできます。まず読み手の注意を喚起して関心をひきつけた後、相手にとってのメリットを強調し、最後に何らかの行動を促します。

Subject: The Japanese Broadband Market Digest

GlobalLINK's monthly Japanese Broadband Market Digest brings you the latest information on the Japanese broadband market, ranging from DSL and cable to fiber optics and wireless data. The Digest updates industry executives on market developments to ensure success in the Japanese IT market.

The Digest can be customized to meet the needs of individual clients. The Digest is available online in PDF format or by e-mail in Word format. A sample digest is available at www.getglobal.com.

GlobalLINK has a proven track record in providing customized reports on the Japanese broadband market to leading U.S. technology vendors, helping them to succeed in the Japanese market. GlobalLINK also has been providing customized research on U.S. e-business and telecommunications markets to a number of leading Japanese companies and organizations for the last ten years.

To learn more about our Japanese Broadband Market Digest, please visit www.getglobal.com.

＊update　最新情報を伝える　　proven track record　折り紙付きの実績

 件名：日本ブロードバンド市場ダイジェスト

グローバルリンクの月刊日本ブロードバンド市場ダイジェストは、DSLやケーブルから光ファイバーやワイヤレスデータまで、日本のブロードバンド市場に関する最新情報をお届けします。ダイジェストは、業界のエグゼクティブの皆さまが、日本のIT市場で成功を収められるよう、常に最新の市場動向をお伝えするものです。

ダイジェストは個々のクライアントのニーズに合わせてカスタマイズ可能です。オンラインでPDFフォーマット、またはメールによりワードフォーマットでお届けします。ダイジェストの見本はwww.getglobal.comでご覧いただけます。

グローバルリンクは、主要米国技術ベンダー企業に日本のブロードバンド市場に関するカス

タムレポートを提供し、日本で成功を収めるお手伝いをしてきました。またグローバルリンクでは、過去10年、何社もの主要日本企業・団体向けに、米国のEビジネスや通信市場に関するカスタム調査を行ってきた実績もあります。

日本ブコードバンド市場ダイジェストに関する詳細は、www.getglobal.comをご覧ください。

Useful Expressions

Japan Molding has been a world leader in the plastic molding industry for over 50 years.
ジャパンモールディングは、50年以上も、プラスティック成型業界で世界的リーダーの地位を保ってきました。

· ·

ABC International has helped thousands of companies dramatically increase their sales.
ABCインターナショナルは、何千という企業が劇的に売上を伸ばすお手伝いをしてきました。

· ·

It is this experience that has helped many businesses just like yours run smoother and more efficiently.
この経験により、貴社のような多くの会社がより円滑により効率的に運営するお手伝いをしてまいりました。

· ·

We are confident that the level of productions our system can supply are second to none.　　　　　 ＊ second to none　比肩するもののない、人後に落ちない
当社のシステムが供給できる生産レベルは、無比に等しいと自信を持っています。

· ·

This directory is the key reference guide for both financial and non-financial organizations worldwide that are interested in capturing market share in Japan.
この便覧は、日本で市場シェアを得ようという世界中の金融および非金融機関にとって主要な参考ガイドです。

· ·

This directory is a must that provides you with all the relevant information.
この便覧は、関連情報をすべて提供する、なくてはならないものなのです。

· ·

This program is designed to provide special assistance to small business owners.
このプログラムはスモールビジネスの経営者を特別にサポートするためにつくられています。

· ·

Our packaged service appeals to small- to mid-sized overseas technology vendors starting in Japan.　　　 ＊ small- to mid-sized　中小規模の
当社のパッケージサービスは、日本進出を図る海外の中小技術ベンダーの皆さまに人気があります。

· ·

We tailor our seminar so that it'll be best suited to the customer's requirements.
当社では、お客さまのご要望にぴったり合うよう、セミナーをカスタムメードします。

· ·

If you are interested, please e-mail me for more information or visit www.getglobal.com.
ご興味があれば、さらに詳しい資料をお送りしますので、私までメールをお送りくださるか、www.getglobal.comをご覧ください。

· ·

売り込みに対する返答

下記は、売り込みのメールに対し質問をする際のメールです。断る場合、すでに取引関係がある相手、または将来につなぎたい相手には、その理由を書いて返事をしておいたほうがいいでしょう。

Subject: Questions about Your Service

Thank you for the information about your service.

We are interested in the following service and would like further information:
· Mail Forwarding
· Answering Service
· Bank Account Setup

<Questions>
1) Is there a set-up fee for the answering service?
2) Can we choose our own bank or do we have to use yours? If so, which one do you use?

We look forward to hearing from you.

---

* set-up fee　設置費用、初期費用

 件名：貴サービスに関する質問

貴社のサービスに関し情報をありがとうございます。

下記のサービスに興味があり、詳細をいただきたいと思います。
・郵便転送
・留守番電話サービス
・銀行口座開設

＜質問＞
1）留守番電話サービスに対しては、初期開設費がかかりますか？
2）銀行はこちらで選べるのか、それともそちらの銀行を使わないといけないのですか？その場合、どの銀行を使っていますか？

お返事をお待ちしています。

Useful Expressions

We are interested in learning more about your service. Please send us your proposal.
貴社のサービスについてさらにお知らせいただきたいと思います。プロポーザルをお送りください。

We're very interested in learning how you can help us launch our new product in Canada.
カナダで当社の新製品を発売するのにどうご支援いただけるか、お知らせいただきたいと思います。

We are very interested in penetrating the U.S. market and understanding how you could help in that endeavor. ＊endeavor 試み、努力
米国市場への参入に非常に興味があり、それに関し、貴殿にどのようにお手伝いいただけるかを知りたいと思います。

Would you please send me a proposal for how you would assist us in penetrating the Mexican marketplace?
当社のメキシコ市場参入をいかにご支援いただけるかという提案書を送っていただけますか。

We would be glad to meet with your local representative. Please have them contact us.
貴社の現地の代理人（店）とお目にかかりたいと思います。こちらまで連絡してもらってください。

I'm sorry, but we are not interested in the proposed project at this time.
残念ながら、現在、お申し出のプロジェクトには興味がありません。

At the moment, we are not focusing on South America. I may contact you if that changes.
現時点では当社は南米には力を入れていません。状況が変われば、連絡させていただくかもしれません。

We have no need for your system.
当社には貴社のシステムに対するニーズがありません。

We are happy with our current supplier.
既存のサプライヤーに満足しています。

取引・提携の申し込み

ホームページを通じ、世界各国から取引・提携申し込みのメールが届くようになりました。取引・提携を申し込む際には、自社でなく、相手にとって、それがどれだけの利益をもたらすかを強調します。相手がアメリカ企業の場合、創業何年といった伝統や資本金などよりも、売上、市場シェア、技術力などの実績を強調したほうが効果があります。

Subject: Possible Licensing–MMF

I visited you in Italy and discussed MMF business in 1999 when I was with XYZ Corporation. (XYZ used to supply finished products to your company.)

Would you be interested in a licensing arrangement in which you manufacture finished products while we supply technology and raw materials?

If you are not the right person to discuss licensing, could you please pass this e-mail to the appropriate party or let me know whom to contact?

Thank you for your consideration. I look forward to hearing from you.

---

* right person　適任者、担当者

 件名：MMFライセンスの可能性

XYZコーポレーション在職中、1999年にイタリアで貴殿を訪問し、MMFビジネスの話をさせていただきました。（XYZは貴社に最終製品を供給していました）。

当社が技術と原料を供給し、貴社が最終製品を製造するというライセンス契約にご興味ありますか？

もしライセンスの話をするのに貴殿が適任者でなければ、適任者にこのメールを転送していただくか、どなたに連絡すべきかをお知らせいただけませんか？

ご検討いただきありがとうございます。お返事をお待ちしています。

Useful Expressions

I'm writing to inquire about a possible joint development arrangement between Best Technologies and World Corporation.

ベストテクノロジーズ社とワールドコーポレーションの間で共同開発が可能かどうかを打診するためにメールを差し上げています。

Now we are seeking overseas partners to serve their clients who wish to develop their businesses in Japan.

弊社では、現在、日本でのビジネス開発を希望するクライアントをお持ちの外国の提携企業を探しています。

We are interested in licensing your coating technology. If you are interested, I would like to visit you and discuss it on my next trip to the U.S.

貴社のコーティング技術をライセンスしていただきたいと思います。ご興味あれば、次回米国出張の際に、お目にかかって相談したいと思います。

We are interested in an OEM arrangement with you. Please let me know if you would be interested.

貴社とのOEM契約に興味があります。ご興味あるかどうかお知らせください。

The collaboration will enhance our product offerings and improve our respective access to necessary complementary technology.　　＊complementary　補完する

この協力によって、提供できる製品群が強化され、両社にとって必要な補完技術へのアクセスが容易になるでしょう。

This strategic partnership will improve the global competitiveness and operational efficiency of both companies.

この戦略的パートナーシップによって、両社の世界的競争力と業務効率が向上するでしょう。

The joint development will accelerate the creation of new products.

共同開発によって、新製品の開発が加速されるでしょう。

This technology-sharing alliance will give both of us the opportunity to enhance our existing products.

この技術共有提携は、両社の既存製品を向上させるチャンスとなると思います。

Would you please let me know if you are interested in some form of cooperation?

何らかの協力にご興味があれば、お知らせいただけませんでしょうか。

We are attaching some information about IST. I hope it will give you a picture of our organization and an idea of possible ways we can work together.

ISTに関する資料を添付します。これで、弊社の概要、どのようにご協力させていただけるかをわかっていただければと思います。

If you're interested in discussing the possible partnership, I'm ready to visit California for further discussion.

提携の可能性にご興味があれば、さらなる話し合いのためにカリフォルニアを訪問する用意があります。

取引・提携の申し込みへの回答

すぐに返答ができない場合は、後日回答する旨を伝えます。できるだけ具体的な日にちを挙げるようにしてください。検討のために資料が必要であれば、請求します。

✉ **[REPLY 1]**

Subject: RE: Possible Licensing–MMF

Thank you for your proposal about the licensing. Yes, I remember seeing you back in 1999.

I'm going to discuss it with our department head and will get back to you by next week.

 件名：RE: MMFライセンスの可能性

ライセンスのご提案をありがとうございます。はい、1999年にお目にかかったのを覚えています。

この件で部長と相談し、来週までに回答します。

✉ **[REPLY 2]**

I discussed the possible licensing with our department head and we're very much interested in the arrangement you proposed.

I'll be waiting to hear from you about how we can proceed.

 部長とライセンスの可能性を相談しましたが、ご提案のライセンスに非常に興味があります。

どのように話を進めるのか、貴殿からのお返事をお待ちしています。

Useful Expressions

Thank you for your interest in the possible joint venture between our two companies.
両社の間でのジョイントベンチャーの可能性に対するご関心をお寄せいただきありがとうございます。

It certainly presents new opportunities for us and that's something we would like to look into.
確かに当社にとって新しいチャンスをもたらしますし、検討してみたいと思います。

Could you please send me an outline of the joint efforts you are picturing?
あなたがお考えの協力関係の概略を送っていただけませんか。

We would like to further explore the project with you and welcome your visit.
プロジェクトを貴社と共にさらに検討したいので、貴社の訪問を歓迎します。

We need to discuss it at the directors' meeting.
取締役会議で話し合う必要があります。

It needs to be discussed with all the departments involved.
全関係部署と話し合う必要があります。

It will be about two weeks before we can give you an answer. I will get back to you by June 30.
決定するのに約2週間必要です。6月30日までに返答します。

Please give us a month to explore the proposed opportunity.
お申し出の機会を検討するのに、1か月いただきたいのです。

I hope this opportunity will develop into a mutually beneficial relationship.
これが、両社にとって有益な関係に発展することを祈ります。

We look forward to being able to pursue the opportunity in the near future.
近い将来、ご提案に応じさせていただければと思います。

取引・提携の申し込みを断る

まず申し出に対して感謝し、理由とともに断りを告げます。将来の協力への可能性や希望を述べ、ポジティブに結びます。

Subject: RE: Possible Licensing—MMF

Thank you for the sample and relevant information.

It was immediately passed on to our parent company, ABC Corporation, for consideration there. Unfortunately, they decided that the product isn't feasible because the costs are considerably higher while the performance is similar to competitive products in the market.

I hope we'll find an opportunity to collaborate in the future.

 件名：RE: MMFライセンスの可能性

サンプルと関連資料をありがとうございます。

すぐに親会社のABCコーポレーションに転送し、検討してもらいました。残念ながら、性能は市場の競合品と同レベルですが、コストがかなり高いため、同製品は実現不可能であるという決断がくだされました。

将来、別の機会で協力できることを祈ります。

Useful Expressions

We appreciate your interest in the possible partnership with us.
当社との提携の可能性に対しご興味をお持ちいただき感謝します。

I'm sorry, but we have come to the conclusion that we are unable to pursue the licensing arrangement at this time.
残念ながら、現時点では、ライセンス契約は行わないという結論に達しました。

I'm afraid we have to turn down your proposal.
残念ながら、貴提案をお断りしなければなりません。

Unfortunately, ABC is not interested in the proposed project at this moment because we are not focusing in that area.
残念ながら、ABCでは、その分野には力を入れていないので、今現在、お申し出のプロジェクトには興味がありません。

We already have a partner in Saudi Arabia.
サウジアラビアにはすでにパートナーがいます。

We are not interested in the Australian market at this time.
オーストラリア市場には、今のところ興味がありません。

The sale of your products in Japan will require approval from the Ministry of Health, Labour and Welfare. This will require substantial time and financial resources. We are not ready to make that kind of commitment at this time.

＊substantial　相当の、かなりの、financial resources　費用

貴製品の日本での販売には、厚生労働省の許可が必要です。それを得るには、かなりの時間と経費がかかります。今の時点では、弊社では、そうした投資をする用意がありません。

We are concerned that we may have difficulties in gaining market acceptance.
市場に受け入れられるかどうかが心配です。

You probably are aware that your parent company and our parent company compete in the resin market.
多分ご承知のように、貴社の親会社と弊社の親会社は、樹脂市場で競合しています。

We regret not being able to give you a more favorable reply.
もっと色よい返事ができず、遺憾に思います。

Thank you for your interest in our company and best wishes with your venture.
弊社にご関心をお寄せいただきありがとうございます。貴事業の成功を祈ります。

引き合い・見積もり依頼

数量、購入条件、建値、通貨、支払条件などをできるだけ具体的に記載します。

Subject: NMF

We would like an official quote on the following two orders:

Product: NMF
Price: CIF Japan preferred (Bill quoted $2,000/MT FOB Montreal
　　　　Port)

1) Qty: 1 Drum (sample order)
2) Qty: 5MT/quarter

Pls e-mail or fax your quote to +81-3-3123-4567. Thank you.

訳

件名：NMF

下記の2注文に対し正式な見積もりをいただきたいと思います。

製品：NMF
価格：できればCIFで（ビルからはFOBモントリオール港で$2000/MTの見積もりをもら
　　　いました）
1)　数量：1ドラム（サンプル注文）
2)　数量：四半期ごとに5ドラム

見積もりをメールか81-3-3123-4567にファクスしてください。ありがとうございます。

Subject: TMU

We're interested in the following product. Could you please quote
us the FOB price?

Product: TMU
Qty: 200 units
Ship to: Japan

If you have any questions or need additional information, please
let me know. I look forward to hearing from you.

件名：TMU

下記の製品に興味があります。FOB価格をもらえますか？
製品： TMU
数量： 200個
出荷先： 日本
質問があれば、またはさらに必要な情報があれば、お知らせください。お返事をお待ちしています。

Useful Expressions

We'd like a quote on the following.
下記に対して価格を提示してください。

We'll need 400 pieces of CFS. Could you please make your best offer FOB any European port?
CFSが4000個必要です。ヨーロッパのどの港でも結構なのでFOBでベストオファーを出してください。

Also, could you provide bulk costs? We are interested in 30MT kg of EMP-300 and 2MT of EMP-500. These amounts would be distributed over a 12-month period starting in January of 2005.
バルクの場合の価格もお知らせいただけますか。EMP-300が30トン、EMP-500が2トンで、2005年1月から開始し、12カ月の期間にわたってこれを分散させるつもりです。

Could you quote your translation fee for a 35-page patent application from Japanese into English? Sample pages are attached. The translation needs to be delivered by July 23.
35ページの特許申請書を日本語から英語に訳すのにいくらかかるか見積もっていただけませんか。見本ページを添付します。翻訳の納期は7月23日です。

If a volume discount is available, please indicate that.
数量ディスカウントがあれば、それも提示してください。

Please also let us know the delivery time and payment terms.
納期と支払条件もお知らせください。

We need a firm quotation by Tuesday.
火曜までに確定価格が必要です。

The work must be completed by the end of November.
納期は11月末です。

Please e-mail or fax your offer to the following:
貴社のオファーをメールかファクスで下記までお送りください。

見積もり・条件の提示

数量、納期、納入方法、建値、通貨、支払条件などを提示します。オファーに期限や条件をつける場合は、それも明記します。

Subject: Quote for MEP

We are pleased to quote as follows:

    Product: MEP-300
    Price: $19.95/kg CIF Dallas Airport, Duty Unpaid
    Quantity: 18kg (1 can)

    Product: MEP-500
    Price: $23.10/kg CIF Dallas Airport, Duty Unpaid
    Quantity: 288kg (16 cans@18kg)

Delivery: Can be shipped the week of May 20 with ETA the week
            of May 27.
Payment: Wire transfer 15 days after receipt

We look forward to receiving your order soon.

 件名：MEPの見積もり

下記のとおり喜んで価格を提示します。

製品：MEP-300
価格：$19.95/kg CIF ダラス空港（関税未払い）
数量：18kg（1缶）

製品：MEP-500
価格：$23.10/kg CIF ダラス空港（関税未払い）
数量：288kg（18kg×16缶）

納品：5月20日の週に出荷可能。ETA5月27日の週
支払：受領後15日電信振込み

ご注文をお持ちしております。

Subject: Translation Estimate

Thank you for sending me the sample pages for an estimate. I'll be happy to estimate as follows:

Table of Contents: 438 words
Typica Pages: 8760 words
Heavy pages: 1500 words
Exhibits: 1386 words
Total: 12084

Rate: 20 yen/word

Estimated Cost: 241,680 yen

Estimate is subject to the amount of formatting required as well as the final word count. Client is liable for the per word rate for the total of all words translated.

Delivery: April 3, 2005, 5 p.m., JST by e-mail in Word file

Thank you for your consideration. I look forward to working with you.

＊ subject to …を条件として   liable 責任がある

 件名：翻訳見積り

見積もりのために見本ページをお送りいただきありがとうございました。下記のとおりお見積もりします。

目次：　　　　　438 語
平均的ページ：　8760語
語数の多いページ：1500 語
添付資料：　　　1386 語
合計：　　　　　12084語

料金：　　一語につき20円

見積料金：　　241,680円

料金は、必要なフォーマットの量や最終的な語数によって変わります。クライアントには、翻訳されたすべての単語に対し、一語あたりの料金をお支払いいただきます。

納品：2005年4月3日　日本時間午後5時、ワードファイルをメールにて

ご検討いただきありがとうございます。お仕事させていただけるのを楽しみにしています。

Useful Expressions

We are pleased to quote you as follows:
下記のとおりお見積もりします。

Terms:　　　　　FOB Kobe
Shipment:　　　　Within 30 days after receipt of L/C
Payment Terms: Irrevocable L/C at sight in US dollars
条件：　　FOB 神戸
出荷：　　L/C 受領後30日以内
支払条件：US ドル取消不能L/C 一覧払い

The price will be 30,000 yen/kg or $277.77/kg (based on 108 yen/kg)
価格は3万円/kg、$277.77/kg（レート108円/kgベース）

The total fee and expenses for the LED research project will be as follows:
LED 調査プロジェクトの料金および経費合計は、下記のとおりとなります。

Our minimum order is 1MT.
当社のミニマムオーダーは、1MTです。

50% of the total quoted fee is due upon signing the agreement. The remaining will
be invoiced upon completion of the project.
契約書締結時に、見積もり料金総額の半分をお支払いいただきます。残りはプロジェクトの完了とともに、
請求させていただきます。

One third of the total fee is required as a deposit.
料金総額の3分の1が前金として必要です。

We'll ship your order upon receipt of your payment in full.
ご注文の品は、料金を全額受領次第、出荷します。

We can deliver the product by May 31.
製品は5月31日までにお届けできます。

The PO should be addressed to:
注文書は下記あてにお願いします。

We offer you the following subject to our final confirmation.
当社の最終確認を条件に下記をオファーします。

This quotation is valid until February 4, 2005.
この見積もりは、2005年2月4日まで有効です。

注文

必ずメールを保管し、相手から注文の確認を受け取ります。

Subject: CML Orders

We need to place two orders for CML. I'll be faxing you these two POs.

PO# 10302 6MT delivery 3-25-05
PO# 10303 6MT delivery 4-3-05

Please confirm receipt of the POs. Thanks.

 件名：CML注文

CMLの注文を2本入れないといけないので、下記注文書2枚をファクスします。
PO# 10302 6MT 納品 3-25-05
PO# 10303 6MT 納品 4-3-05
注文書を受領したら連絡してください。ありがとう。

Useful Expressions

I'm attaching our Purchase Order I-432.
注文書I-432を添付します。

This is to confirm our order as follows:
注文を下記のとおり確認します。

We are pleased to accept your offer as follows:
貴社のオファーを下記のとおり、受諾します。

This is to confirm our acceptance of your counteroffer of November 17.
これは、11月17日付貴カウンターオファーの受け入れを確認するものです。

We will accept your offer if you can ship by the end of January.
1月末までに出荷していただけるなら、オファーを受け入れます。

We will be ordering 10MT early next week for Dec. delivery.
12月納品で、来週早々10MT注文します。

注文承諾・確認

注文したつもりが相手には届いていなかった、ということも起こります。メールにしろファクスにしろ、注文書を受け取った後は、必ず受領の確認を送っておきましょう。

Subject: RE: CML Orders

We received your PO #10302 and 10303.

PO# 10302 (6MT) will leave our plant on Feb. 20.
PO# 10302 (6MT) will leave our plant on March 10.

We'll get back to you with the ship's ETDs and ETAs next week.

訳 件名：CML注文

貴注文書番号10302と10303を受け取りました。
PO# 10302（6MT）は、2/20に弊社工場から出荷。
PO# 10303（6MT）は、3/10に弊社工場から出荷。
船のETD（出港予定日）、ETA（着岸予定日）については、来週、連絡します。

Subject: Your PO for FXG

We haven't received the revised PO yet. We can't ship your order until we receive it. Please fax it at 81-3-1234-5678.

訳 件名：貴社FXG注文書

改訂した注文書をまだ受け取っていません。受領するまで注文を発送できません。
81-3-1234-5678までファクスしてください。

 **[REPLY]**

We just faxed a copy of the PO. Please confirm receipt.

訳 今、注文書のコピーをファクスしたところです。受領をご連絡ください。

Useful Expressions

Thank you for your order of August 10 for AX100.
8月10日付AX100のご注文ありがとうございます。

We appreciate your first order with World Electronics.
ワールドエレクトロニクスへの初めてのご注文感謝いたします。

We will confirm your order as follows:
貴注文を下記のとおり確認します。

This is to confirm your order placed by fax on March 3.
これは3月3日にファクスにていただいたご注文を確認するものです。

Your order will be shipped next week.
ご注文品は、来週、出荷します。

Delivery is scheduled for October 15.
納品は10月15日の予定です。

Thank you for choosing Japan Plastics for your plastics needs.
貴社のプラスティックニーズに関しジャパンプラスティックスをお選びいただき、ありがとうございます。

We appreciate your confidence in our products.
弊社の製品をお選びいただいたことに感謝いたします。

We haven't received your PO1234. Pls resend.
貴社の注文番号1234を受け取っていません。再送してください。

MK10 and AF500 are available for immediate shipment, but MD40 won't be available until after Nov. 10. Should we ship MK10 and AF500 first?
MK10とAF500はすぐに発送できますが、MD40を用意できるのは11月10日を過ぎてからになります。MK10とAF500を先に出荷しましょうか？

Please ship the materials that are available.
今あるものを出荷してください。

注文（引き合い）を断る

まず注文または引き合いに対する謝意を述べ、製造中止、在庫がない、すでに代理店があるなど、辞退しなければならない理由を説明します。どこに行けばその商品が得られるかについての情報も提供するといいでしょう。条件次第では応じられる場合は、それを伝えます。最後は、将来への取引につながるような文章で終えます。

Subject: PME

Thank you for your inquiry about PME.
Unfortunately, we do not have any inventory right now.
It'll be available by mid-July. We'll let you know as soon as it's ready for shipping.

FYI, we have GMA in stock and it can be shipped right away.
If you're interested in GMA, pls let me know.

Thank you again for your interest in our products.

 件名：PME

PMEに対する引き合いをありがとうございます。
残念ながら、現在、在庫がありません。
7月中旬になればできますので、出荷できるようになればすぐにお知らせします。

ご参考までに、GMAであれば在庫があり、すぐに出荷可能です。
GMAにご興味があれば、お知らせください。

当社製品へのご関心に改めて感謝します。

Subject: RE: ACF Supply

We aren't accepting any new inquiries or orders right now even for research purposes because of a super-tight supply situation.

The supply is supposed to remain tight throughout 2005, but I'll be happy to let you know when our supply situation improves.

件名：RE: ACF供給

供給が非常にタイトなため、現在、研究目的でも、一切新規引き合いまたは注文を受け付けていません。

供給は2005年を通じてタイトであると思われますが、供給状態が緩和次第、ぜひお知らせしたいと思います。

> We have an exclusive licensing relationship with another company and the relationship does not allow us to work with ABC.
>
> However, the scope of the relationship may change in the future. When that happens, we will certainly let you know.

＊exclusive　独占的な

 他社と独占ライセンス契約を交わしており、ABC社と取引することができません。

しかしながら、将来、その取引内容が変わることもあり得ます。そうした際には、必ずお知らせします。

Useful Expressions

Sorry, we do not produce surfactants.
すみませんが、当社では界面活性剤は作っていません。

Unfortunately, we have an exclusive agent in Singapore.
残念ながら、シンガポールには総代理店がございます。

If you are interested in purchasing from them, you are welcome to contact them. Their name is ABC Trading and their number is 6123-4567.
もしそこからの購入にご興味があれば、ぜひ先方にご連絡ください。代理店の名前は、ABC トレーディングで、電話番号は6123-4567です。

We do not sell directly to consumers.
当社では消費者への直販は行っておりません。

I appreciate your inquiry, but we do not carry that item.
お引き合いには感謝しますが、当社では、その商品は扱っておりません。

The product has been discontinued.
その製品はもう販売（生産）していません。

All we can supply right now is a sample for evaluation. We cannot supply 2000 lb.
現在、供給できるのは評価用サンプルのみです。2000lb.は供給できません。

I'm sorry that CX200 is no longer available. However, we offer the following product that could substitute it.
申し訳ありませんが、CX200はもう販売しておりません。しかしながら、代替となる下記の製品を提供しています。

I'm sorry, but we will not be able to meet the delivery date because our plant will be closed for the entire month of August for a semi-annual inspection. We will be happy to deliver in October.
申し訳ありませんが、半年に一度の検査のため、8月いっぱい工場が閉まりますので、納期に間に合いません。10月でよければ、喜んで納入させていただきます。

We cannot meet your request price, which is 25% lower than our list price.
当社の定価25%引きのそちらの指し値では応じかねます。

Your offer is appealing, but right now we are not ready to expand to Eastern Europe. When we are ready, we'd like to contact you.
お申し出には非常に興味をそそられるのですが、今すぐには、東欧に進出する準備ができていません。準備ができましたときに、あらためてご連絡したいと思います。

If we can be of service to you in other ways, please let us know.
もし他にお役に立てることがありましたら、お知らせください。

We appreciate your interest in our products.
当社の製品にご関心をお寄せいただき感謝いたします。

Thank you for your continued interest in our products.
弊社の製品に変わらぬご関心をお寄せいただきありがとうございます。

We look forward to being of service to you.
将来、ご奉仕させていただけるのを楽しみにしております。

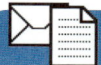

交渉（価格・その他条件）

条件はあいまいにしておかず、すべて明確にしておくことが重要です。契約を交わす前に、納得のいくまで協議、交渉をしておきましょう。

Subject: LDMX

We are still interested in getting a sample of LDMX, which you offered. The price we can accept is in the area of US$35/kg. Anyway, the first priority is to test the performance of the monomer. Please send a 1kg sample to my attention.

 件名：LDMX

お申し出のLDMXのサンプルには、今も興味があります。受け入れ可能な価格はUS$35/kgです。いずれにせよ、最優先すべきはモノマーの性能を試験することです。1kgのサンプルを私宛てに送ってください。

✉ *[REPLY]*

Unfortunately, a price of less than $45/kg is impossible, but we'll send you a sample for your evaluation anyway.

 残念ながら、$45/kg未満の価格は不可能です。いずれにせよ、評価していただくためにサンプルを送付します。

In your e-mail of 3 March you quoted US$45/kg as the lowest price possible. Can you explain the increase to US$52/kg FOB Japan within just two months?

I would immediately place an order for 500 kg for US$45/kg in order to make a first test batch of a 5MT emulsion. If this trial works, we could consider buying up to 25MT per year. Please let me know.

3月3日の貴メールでは、最低可能価格は＄45/kgとのことでしたが、2か月も経たないうちにＦＯＢ日本価格がなぜUS＄52/kgに上昇したのでしょうか？

5トンのエマルションの試作第1弾を作るために、価格がUS＄45/kgであれば、500kgすぐに注文したいと思います。これがうまく行けば、年間最高25MTの購入を検討します。お知らせください。

 **[REPLY 2]**

No, the $45 figure was "mentioned" in my e-mail of January 21. It was not an official quote. An official quote was never made because an order quantity was never specified.

The price depends on the quantity as well as the potential for future growth. With your indication of an annual purchase of 25MT, we'll reconsider the price. We'll get back to you within a couple of days.

 いいえ、1月21日付の私のメールでは、＄45という数字を述べただけで、正式な価格提示ではありませんでした。注文量が具体的に示されなかったため、正式な価格提示はまだしていません。

価格は数量および将来の成長の可能性によります。年間購入量25MTとのことですので、価格を再検討します。1両日中に回答します。

Subject: Research Project

Regarding the proposed project on the new applications of your technology, we are very concerned about the time constraint and the quality of work (which might suffer due to the time constraint). We'd like to discuss the scope of work and your expectations for this project.

I'd also like to discuss the retainer agreement in connection with future projects.

＊time constraint　時間的制約　　scope of ...　…の範囲

件名：調査プロジェクト

ご提案の貴社技術の新規アプリケーションに関するプロジェクトに関して、当社では時間の制約と仕事の質（時間の制約のために犠牲になるかもしれない）について非常に心配しております。仕事の範囲とこのプロジェクトに対する貴社のご要望について話し合いたいと思います。

また、将来のプロジェクトに関する顧問契約についても話し合いたいのですが。

Subject: Our Offer for XYZ

The offer we made to you on July 13, 2005 expires on Sept. 2, 2005. However, you can extend this offer for fifteen (15) days with a small charge of 3%. The new offer will be US$9,888.00, valid until Sept.17, 2005.

Please let us know if you'd like to extend the offer.

＊ valid until ...　…まで有効な

 件名：XYZのオファー

2005年7月13日に提示したオファーは2005年9月2日まで有効です。しかしながら、わずか3％でこのオファーを15日延長することができます。あらたなオファーはUS＄9,888で、2005年9月17日まで有効です。

オファーを延長されるかどうかお知らせください。

Useful Expressions

We would like to work out an arrangement in which you are compensated for by receiving a percentage of the negotiated deal.
報酬は、交渉した額の歩合を受け取っていただくという形を取りたいと思います。

I believe this structure of compensation will offer you the greatest amount of revenue.
この報酬方法であれば、貴殿に最高の収入を提供することができると思います。

If you agree to this arrangement, I believe we can move forward very quickly.
こうした形で合意していただけるなら、迅速に前に進められると思います。

Is there a volume discount?
数量割引はありますか？

A volume discount is available for an order of 10,000 pieces or larger.
数量割引は１万個以上の注文に対して適用されます。

I'd like to make you a counteroffer of 300 yen per piece.
一個あたり３００円のカウンターオファーを申し入れます。

We usually work for a 10% commission, no less.
当社のコミッションは通常１０％で、それ以下ではお引き受けしていません。

The 8% commission will barely cover our expenses. We'll need at least 10%.
８％のコミッションでは経費がカバーできるかできないかです。少なくとも１０％は必要です。

Our royalty to other licensees is 5%. We cannot accept a lower rate.
他のライセンシー（被許諾者）へのロイヤルティは５％です。これ以下ではお受けできません。

We'd like to have the payment terms changed from 15 days after sight to at sight.
支払条件を一覧後１５日から一覧払いに変えていただきたいのです。

For international transactions, we accept only an L/C or prepayment.
海外との取引では、L/Cまたは前払いのみお受けしています。

I'm sorry, but we cannot accept cash on delivery for international shipment.
申し訳ありませんが、海外への出荷には代金引換渡しはお受けできません。

We'd like a CIF Yokohama price instead of the FOB price.
FOB価格ではく、CIF横浜価格を出していただけますか。

Is there any way the order can be delivered within two weeks?
注文品を何とか２週間以内に届けていただくわけにはいきませんでしょうか

出荷についてのやりとり

出荷関連でトラブルは起こりやすいので、お互いに納得が行くまで話を詰め、密に連絡を取り合うことが重要です。

Subject: Air Freight

Can you give us an estimated cost in case we decide to air freight the PO10302?

Thanks.

 件名：空輸費

注文番号10302を空輸した場合の費用の見積もりをもらえますか。

ありがとう。

✉ *[REPLY]*

Here's the estimated air freight cost for 6,600 kg of GX100,

1,782,000 yen = approx. $15,000
incl. inland transportation from Seattle to Charlotte

Customs clearance on Fri
6-7 days to Charlotte (1 flight a week)

There will be a fuel charge of 79,200 yen = $660

Or we recommend shipping 3MT by air and 3MT by ocean. Then the air freight cost will be about half.

 GX100, 6,600 kgの空輸費用見積もりは下記の通りです。

178.2万円＝約15000ドル
シアトルからシャーロットまでの国内輸送を含む

金曜に通関
シャーロットまで6、7日（週に1便）

燃料費79,200円=660ドルがかかります。

または空輸で3MT、船で3MT出荷されることをお勧めします。そうすると空輸費は約半分ですみます。

[REPLY to REPRY]

Thanks. We will advise if we need to go this route.

I agree that we would air only 3MT. We should have a decision by the end of next week or the beginning of the following week.

 ありがとう。この方法で行く必要がある場合、連絡します。

3MTだけ空輸するというのに賛成です。来週終わりか、その翌週の初めまでには決められるはずです。

Useful Expressions

If you decide to air freight, please let us know by March 29. Otherwise, the material will be sent to the port.
空輸する場合は、3月29日までに知らせてください。そうでなければ、原料は港に送られます。

There's an option to air freight partially instead of the entire 4MT.
4トンすべてではなく、一部空輸するオプションもあります。

Just talked with ABC Cargo, but they have not received any documents re shipment. Can you have them sent again. I don't think the paperwork is being sent as we have requested or it would have already been there.
今、ABCカーゴと話したところですが、出荷に関する書類を一切受け取っていないとのことです。再送してもらえますか？ お願いしたとおりに書類が送られていないようです。そうでなければすでに着いているはずなので。

Re our PO#10302 for 24 drums of AC: half of order (12 drums) needs to be shipped by air asap and advise ship date. Remaining 12 drums by ocean asap.
注文番号10302，ＡＣの24ドラムの件：注文の半分（12ドラム）はできるだけ早く空輸の必要あり。出荷日を連絡してください。残りの12ドラムはできるだけ早く船で。

出荷通知

通関業務などがスムーズに進むよう、先方に要求されなくても、出荷通知はすべきでしょう。

Subject: Aug. Shipment <PO11366>

The PO11366 (2MT) will ship as follows:

ETD Japan   July 31
ETA Vancouver Aug.18

It should arrive at your plant by Aug. 24.

Thank you for your business.

訳 件名　8月の出荷＜注文書番号11366＞

注文書番号11366（2MT）は下記のとおり出荷します。

ETD　日本　　　　7/31
ETA　バンクーバー　8/18

貴工場には8月24日までに着くはずです。

お取引いただき、ありがとうございます。

Useful Expressions

Just wanted to make sure B/L# TYLA 4197565 is arriving in Charleston as scheduled.
B/L番号TYLA 4197565が、予定通りチャールストンに着くことを確認したいと思いました。

Just to let you know the shipment is arriving in Houston by the 24th, as scheduled, according to ABC Express.
ABCエキスプレスによると、積荷は、予定通りヒューストンに24日までに到着することをお伝えしたいと思いました。

Your Purchase Order #12345 was shipped by air yesterday.
貴注文番号12345は、昨日、空輸にて出荷しました。

Please acknowledge your receipt.
到着をご通知ください。

We shipped the following to you last week.
下記を先週出荷しました。

You should receive it by the end of the week. Please let me know when you do.
週の終わりまでに届くはずです。受け取られたら連絡ください。

Your order was shipped on Wednesday. The estimated arrival time in Hong Kong is Sept. 2です。
ご注文の品は、水曜に出荷されました。香港への到着予定日は、9月2日です。

All the shipping documents have been forwarded to your freight forwarder, Best Agent.
船積書類はすべて、貴社のフレイトフォワーダー、ベストエージェント宛てに送付しました。

Attached are the shipping documents for the shipment that is scheduled to arrive at Savannah on April 30 (PO10736).
添付したのは、4月30日にサバナに到着予定の積荷（注文番号10736）の船積書類です。

着荷の確認

荷物が届いたら、ひと言その旨連絡しておくと不用なトラブルを避け、円滑なコミュニケーションにつながるでしょう。

Subject: Aug. Shipment <PO11366>

The shipment arrived at our plant this morning. Thank you.

 訳   件名：8月の出荷〈注文書番号11366〉

今朝、当工場に荷物が届きました。ありがとうございました。

Useful Expressions

Thank you for the shipment.
出荷ありがとうございました。

....

The shipment just arrived at Fukuoka and will clear customs this afternoon.
荷物が福岡に着き、今日午後、通関の予定です。

....

Thank you for your prompt delivery as usual.
いつもながらの迅速な出荷に感謝します。

....

I just wanted to make sure you got the OT300.
OT300がちゃんと届いたかどうかを確かめたかっただけです。

....

Has the shipment arrived yet?
荷物は、まだ着いていませんか？

....

If you don't receive the shipment by Friday, please let me know.
金曜までに荷物が着かなければ、連絡してください。

....

支払いの催促（初回）

期日までに支払いが行われない場合、まずは、通知程度のfriendly reminderを送ります。それでも支払いが行われない場合は、Second Noticeを送り、何度か連絡しても応答、支払いがない場合、Final NoticeまたはFinal Demandを送ります。当然、口調は次第に強くなります。最終通達は、メールでなく、証拠文書として郵送するほうが適切ですが、一応、メールで送る場合も想定して文例を紹介します。

Subject: Payment <Invoice #12345>

This is just to remind you that your payment on invoice #12345 was due May 1. As of today (May 15), we have not received it.

If you have any questions about the invoice, please let us know. If payment has been made, please disregard this e-mail.

Thank you for your business.

 件名：お支払い（請求書番号12345）

これは、請求書番号12345の支払期日が5月1日であったことをお知らせするものです。5月15日現在、お支払いいただいておりません。

請求書について何かご質問がありましたら、お知らせください。もしお支払いいただいているなら、このメールは無視してください。

お取引いただきありがとうございます。

Subject: Payment for Invoice #98760

We have yet to receive a payment for Invoice #98760. It has been more than 15 days after receipt.

Could you look into this, please?

 件名：請求書番号98760のお支払い

請求書番号98760に対し、まだお支払いいただいておりません。荷物到着後、すでに15日以上が経っています。

この件を調べていただけませんか？

 **[REPLY]**

The invoice went to the wrong address (Chicago office). Then it was forwarded to me last Monday. I okayed payment and sent it on to Gail Witherspoon, Accounts Payable, last Monday. I will check on the payment tomorrow.

 請求書が間違って（シカゴ事務所に）送られたのです。それで、先週の月曜に私のほうに転送されてきました。支払いを許可して、支払担当のゲイル・ウィザースプーンのほうに、先週の月曜中に送ったのですが。支払いがどうなっているのか、明日、チェックします。

Useful Expressions

This is a friendly reminder about an overdue invoice.   * overdue　期日の過ぎた
未払い請求書があることのお知らせです。

. . . .

This is just to let you know that your account is past due.   * past due　期日の過ぎた
これは、支払いの期日が過ぎていることをお知らせするものです。

. . . .

Our records show that your payment is not up to date.
当方の記録によりますと、貴社からのお支払いが遅れております。

. . . .

This statement shows an overdue balance.
明細書によると、支払期日を過ぎた残金があります。

. . . .

Just a reminder that your payment of $10,000 is overdue.
1万ドルの支払いが、期日を過ぎていることをお知らせするものです。

. . . .

We are writing to remind you of an unpaid balance of 400,000 yen on your account.
40万円が未払いであることをお知らせするためにメールをお送りします。

. . . .

Our invoice number 12345 for $9,800 has not been paid yet.
9,800ドルの請求書番号12345が、まだ支払われておりません。

. . . .

Please ensure that overdue invoices are paid without further delay.
支払期日を過ぎた請求書が、これ以上遅延なく支払われますよう、お願いします。

. . . .

支払いの催促（2回目以降・最終通達）

二度目の通知では、すでに支払期限超過の通知を送っていることを明記します。しつこく催促したり、「支払わないのなら返品しろ」と迫るより、「事情があるのなら相談に乗る」と返答を促したり、支払いへの期待をポジティブに伝えるほうが効果的です。最終通達は本来、証拠文書として受け取り証明付きで郵送すべきです。

Subject: Payment <Invoice #12345>

We sent you an e-mail about the overdue payment on May 16, but we haven't received the payment yet.

If there is any reason you cannot make the payment, please let us know. We may be able to work something out.

We value and appreciate your business and look forward to your payment soon.

 件名：お支払い（請求書番号12345）

5月16日に支払期限超過のメールをお送りしましたが、まだお支払いいただいていません。

お支払いいただけない理由がありましたらお知らせください。解決に協力できるかもしれません。

お取引に感謝するとともに、近々にお支払いいただけるのをお待ちしています。

Subject: Final Notice

We have sent you several e-mails and letters about your overdue account for the last couple of months, but we have not had a response from you.

This is our final request for payment of the overdue balance of $10,000 on your account. If your payment in full is not received by Aug. 31, we will have no choice but to turn your account over to our collection agency.

We look forward to your prompt payment.

件名：最終通知

過去2か月間、期日を過ぎた支払いに関し、何度かメールと手紙を差し上げましたが、貴社からお返事をいただいていません。

これは1万ドルの未払い分の支払いをお願いする最後の通知です。8月31日までに全額お支払いいただけなければ、この件は回収業者に回すより他ありません。

すぐにお支払いいただけますようお願いします。

Useful Expressions

It was due May 19 and is now overdue 60 days.
5月19日が支払期限でしたが、すでに期限を60日過ぎています。

We have received no response from you to our recent e-mail asking for payment.
先日、お送りした支払いに関するメールに関し、ご返答をいただいておりません。

We faxed you a copy of the invoice on November 18, but it is still unpaid.
11月18日に請求書のコピーをファクスしましたが、まだお支払いいただいておりません。

Your bill of $1000 is now overdue 60 days. Please remit your payment in full within 10 days.
1000ドルの請求書は、すでに60日支払いを超過しております。10日以内に全額お支払いください。

If there is any difficulty or specific situation we should be aware of, we would like to know.
もし何か問題があったり、特別な状況があれば、お知らせいただきたいです。

We might be able to work out a payment schedule suitable to your needs.
そちらのご都合にあった支払計画を立てることができるかもしれません。

In order to avoid account suspension, please review your records and make sure that the past due invoices are paid without further delay.
お取引の停止を避けるために、そちらの記録を調べていただき、未払いの請求書を、これ以上の遅延なく、お支払いください。

If we do not hear from you within five days, your file will be turned over to our legal department. Please help us avoid that.
5日以内にお返事がなければ、貴社のファイルは法務部に回すことになります。そうしなくてもよいようご協力いただけるようお願いいたします。

Your bill of $1000 is now overdue 90 days. Please remit $1000 in full by December 1.
1000ドルの請求書は、支払期日を90日過ぎています。12月1日までに1000ドルを全額送金ください。

Despite our numerous requests, we have not been successful in collecting the outstanding balance due from your company.
何度も催促申し上げましたが、貴社より未払い分を集金できておりません。

This is our final request for payment of the overdue balance of 400,000 yen on your account.
これは、40万円の未払い分の支払いをお願いする最後の通知です。

If your payment in full is not received by April 20, your file will be turned over to our legal department.
4月20日までに全額お支払いいただけなければ、貴社のファイルは法務部に回すことになります。

If full payment is not received within the next 15 days, we will have to suspend your account and turn it over for collection.
ここ15日以内に全額お支払いいただけなければ、お取引を停止し、回収に回さなければなりません。

Please help us avoid turning to legal action.
法的手段に頼らなくてもよいようご協力ください。

 **契約書に関するやりとり**

アメリカでは特に、契約書が非常に重んじられます。当事者間を何度も行き来して、修正が行われるのが常です。

Subject: Amendments

I'm attaching
1) Draft of the Amendment to the License Agreement
2) Amendment to the NDA–the original has been mailed to Bob

＊ NDA　機密保持契約（non-disclosure agreement）

 件名：補則

下記を添付します。
1）ライセンス契約補則のドラフト
2）機密保持契約への補則：原本はボブに郵送しました。

 **[REPLY]**

Thanks for the amendments. We'll review and respond.

＊ amendments　補則、修正条項

 （2本の）補則をありがとう。検討して返答します。

Subject: NDA

We would like to make the changes indicated in the attached NDA. The changes, as you will see, only state that if the information is already public or becomes public through no fault of ABC Corporation, we are not bound to keep it secret.

If acceptable, have execution copies sent to my attention and we will get the signature on this end.

件名：機密保持契約

添付の機密保持契約書に示したように変更を加えたいと思います。変更は、ご覧のように、情報がすでに公知であったり、ＡＢＣコーポレーションの過失に依るところなく公知になった情報は、機密保持の義務はないというだけのものです。

これでよければ、私まで署名用のコピーを送ってください。こちら側の署名を得ます。

Subject: NDA

What is the status of the revised NDA?

We need to have that in place for next week and I would like a little time to review the agreement that comes back to make sure that everything is acceptable. When do you think we can see at least an electronic version of what is proposed?

 件名：機密保持契約

NDA改訂版の件は、どうなっていますか？

来週には用意できていないといけないのですが、（その前に）そちらから返ってくる契約書を見直して、すべて受け入れ可能なことを確かめるのに少し時間がほしいのです。そちらの提案バージョンの少なくとも電子版を見られるのはいつになると思いますか？

 ✉ *[REPLY]*

The NDA hasn't been approved by our legal department yet. We'll try to e-mail it to you by Tue.

 機密保持契約書は、まだ法務部の認可が降りていません。火曜日までにメールで送るようがんばります。

Subject: NDA

In order for Mr. Bando to sign the NDA, official approval needs to be obtained from our parent company, which will take about a month. i.e. it cannot be done by July 12.

Our understanding is that this meeting will be only preliminary. So we'd rather discuss things that do not require an NDA.

＊i.e. すなわち、言い換えれば（＝that is）

 件名：機密保持契約

坂東氏が機密保持契約に署名するには、親会社から正式な許可を得る必要があり、約1か月かかります。つまり、7月12日までにはできないということです。

私の理解では、今回の会議は予備的なものであり、機密保持契約を必要としない事項を話し合えればと思います。

Subject: Second Amendment

Eventually we want to renew the entire Agreement, but for now we want to create the second Amendment covering the following items:

1) Company name: ABC → NeoABC
2) Addition of XZ200
3) Conditions of Sale: 1. Incoterms　Incoterms 1990 → Incoterms 2000

 件名：第二補則

最終的には全契約書を更新したいのですが、とりあえずは下記の項目をカバーした第二補則を作成したいと思います。

1）会社名：ABC→ネオＡＢＣ
2）XZ200の追加
3）販売条件：1. インコタームズ　インコタームズ1990→インコタームズ2000

My assistant, Christine Smith will be forwarding to you a confidentiality agreement within a couple of days. If you could supply whatever comments or changes you deem necessary by Tuesday, July 3, I will be sure to have it completed by the time we arrive. The confidentiality provisions will apply to issues associated with the manufacturing process.

訳 アシスタントのクリスティーン・スミスが2，3日以内に機密保持契約を転送します。7月3日火曜までに、必要と思われるコメントまたは変更をお知らせいただければ、我々が到着するまでに（契約書を）用意しておきます。機密保持規定が必要なのは、製造工程に関する事項です。

Frankly speaking, the suggested revision is not acceptable to us. If you insist on this change, we may be forced to ask for the removal of your exclusive right in France. We feel it's unfair that ABC can buy from anyone while we can sell only to ABC.

We're ready to sign the 1st Amendment if 2(c) is not included.

訳 率直に言って、ご提案のバージョンは弊社では受け入れられません。この変更がどうしても必要だとおっしゃる場合、フランスでの貴社の独占権の剥奪を強いられるかもしれません。ABC社は誰からも購入できるのに、当社はABC社にしか販売できないというのは不公平だと思います。

2(c)が含まれなければ、第一補則にはすぐに署名できます。

Useful Expressions

Thank you for the draft of the Agreement. I'd like to have the following changes made.
契約書のドラフトをありがとうございます。下記の変更を加えていただきたいと思います。

I'm attaching the Sales Agreement revised by our counsel.   * counsel　顧問弁護士
当社の顧問弁護士によって修正された販売契約書を添付します。

Based on our discussion at the meeting of last week, attached is a revised draft of the License Agreement.
先週の会議での話し合いに基づき、ライセンス契約の改訂版ドラフトを添付します。

All the changes discussed have been made.
話し合われた変更は、すべて加えました。

Please have it reviewed by all those concerned and if it meets with your approval, please print out two copies, sign both and send them to us for our signature.
関係者全員に検討していただき、承認が得られれば2部印刷して、両方に署名をし、こちらの署名のために送付してください。

Regarding the Agreement, I incorporated the changes you requested except that I took out the entire article about Deposits and Expenses at your request.
契約書に関しご依頼の変更は加えましたが、ご依頼どおり前金と経費に関する条項はすべて削除しました。

If you want to make further changes to the Agreement, please e-mail the revision.
契約書をさらに変更したい場合は、変更点をメールでお送りください。

We'd like to have the following sentence replaced with "subject to the other party's prior written consent."   * prior written consent　事前の書面による承認
下記の文を、「もう一方の当事者の文書による事前承認を条件として」と差し替えていただきたいです。

The provision for Licensor's liability is not consistent with 5.2 (Limitation of Liability) in the Agreement.   * liability　補償責任、賠償責任
ライセンサーの補償責任に関する規定が、契約書の5.2（責任の限定）と矛盾します。

We will accept your counterproposal for payment terms. Please revise the Agreement accordingly.
支払条件に関する貴社のカウンタープロポーザルを受け入れます。契約書をそのように修正してください。

We cannot sign the agreement unless the arbitration clause is added.
仲裁条項が加えられない限り契約書に署名できません。

We agree to all the revisions but the following:
下記を除いて、変更点すべてに同意します。

We look forward to receiving your comments on the proposed Agreement.
提案した契約書に関するコメントを楽しみにしています。

返事を促す

送ったメールに対して返事が来ない場合、初めはメールがちゃんと届いているかどうか確認する口調で催促するといいでしょう。サーバのトラブルなどで相手にメールが届かないこともあるからです。さらに、いつまでに返事が必要なのか、具体的な日時を提示し、所定の日時までに応じてもらえない場合、どのような悪影響が出るかを伝えると説得力があります。何度催促しても返事がない場合は、断固とした表現を使ってかまいません。

Subject: Agreement

I sent you e-mails on May 1, 5 and 10, asking you to review the attached agreement, but I haven't heard from you. Did you get any of my e-mails?

The agreement needs to be finalized by the end of the week, so could you pls respond by tomorrow?

 件名：契約書

5月1、5、10日にメールを送って、添付の契約書に目を通すようにお願いしましたが、返事をもらっていません。私のメールは届きましたでしょうか？

契約書は週末までに完成させる必要があるので、明日までに返事をもらえますか？

Useful Expressions

I just wanted to make sure you received my e-mail of Oct. 25 since I haven't heard back from you yet.

10月25日付の私のメールを受け取っていただいたかどうか確認したいのですが。まだ、お返事をいただいていないので。

I sent several messages asking for your answer, but I haven't had any response. I'm wondering if my messages haven't reached you. If you have received them, could you please let me know?

回答をいただくために何度かメッセージをお送りしたのですが、お返事をいただいていません。ひょっとしてメッセージが届いてないのでしょうか。もし届いていれば、知らせていただけますか？

I've been trying to get hold of you the last three weeks, but haven't been able to.

過去3週間、貴殿と連絡を取ろうとしていますが、取れません。

I'm still waiting for your answer about the timing of supply.

供給時期について、まだご返答を待っています。

Have you had any feedback on our request for supply increase?

供給増のリクエストに対して何かフィードバックはありましたか？

Any word on the progress of the project?

プロジェクトの進展に関して何か知らせは？

I need your answer by Friday. Please respond.

金曜日までに回答が必要です。お返事ください。

I hate to rush you, but I need to know by tomorrow.

急がせたくはないのですが、明日までに必要です。

メール受信の通知

質問や依頼に対する回答を即座に送れない場合でも、すぐに返信を出して相手のメールを受け取った旨を伝え、いつまでに返答するか具体的な日時を伝えておきましょう。相手も安心し、しばらくは催促も来ないはずです。

Subject: RE: Model Change

We received your question about the model change. Unfortunately, Ms. Sasaki is out of town.

I'll have her contact you as soon as she returns on April 21. In the meantime, if there's anything I can do for you, please let me know.

 件名：RE: モデルチェンジ

モデルチェンジに関する質問を受け取りました。あいにく佐々木は出張中です。

4月21日に戻りましたら、すぐに連絡させます。それまで、私のほうでできることがありましたら、お知らせください。

Subject: RE: Complaint

Thank you for your e-mail. It has been forwarded to our customer service department. They will respond to you within 48 hours.

Thank you for contacting GlobalLINK.

 件名：RE: クレーム

メールをありがとうございます。貴メールは顧客サービス部に転送されました。部のほうから48時間以内に返答があるはずです。

グローバルリンクにご連絡いただき、ありがとうございます。

Useful Expressions

I'm swamped right now, but I'll get back to you by the end of the week.
今、手が離せないのですが、週末までには返答します。 ＊swamped とても多忙な

I'll look into it and get back to you early next week.
調べて、来週早々には返答します。

I'm traveling now and will have to gather my files before I can answer your question. I will work on it after I get back to my office early next week.
今、出張中で、ご質問に答える前にファイル（情報）を集める必要があります。来週早々、会社に戻ってから作業します。

He is out of town and won't be back until next Friday. I'll make sure that he responds to your e-mail as soon as he returns.
彼は出張中で、来週、金曜日まで戻りません。戻り次第、貴メールに返答するように念を押します。

I forwarded your message to our sales department.
貴メッセージは営業部のほうに転送しました。

Toshio Kato, our Business Development Director, will get back to you within a couple of days.
事業開発担当部長の加藤俊夫のほうから、2、3日以内に連絡します。

If you don't hear from him within a couple of days, please contact me again
もし2日以内に連絡がなければ、再度、私に連絡してください。

自動応答メール

毎日、大量のメールが届く部署では、下記のような自動応答機能を使って対処するといいでしょう。

Subject: Your E-mail to Grobal LINK

Thank you for contacting GlobalLINK. Your message has been received and a customer service representative will be responding to you within 24 hours.

 件名：グローバルリンクへの貴メール

グローバルリンクにお問い合わせいただきありがとうございました。お客さまのメッセージを受け取りました。24時間以内に顧客サービス担当者が返答いたします。

Subject: Your Inquiry

GlobalLINK Member Services has received your email inquiry and looks forward to responding to you as soon as possible.

Our staff is available to respond to your inquiries during regular business hours, Monday through Friday, 9am to 5pm (JST), excluding holidays. Generally, you can expect to receive a personal email response from us within two business days. We appreciate your patience while awaiting our response.

Please do not reply to this email. Replies to this email will not be processed and will not receive a response.

Thank you again for contacting GlobalLINK and we look forward to assisting you with your question!

＊JST　日本標準時（＝Japan Standard Time）

 件名：貴質問

グローバルリンク・メンバーサービスでは、お客さまのメールでのお問い合わせを受け取り、できるだけ早く返信させていただけるのを楽しみにしています。

当社のスタッフは、休日を除き、月曜から金曜、午前9時から午後5時（日本標準時間）までの通常営業時間内に、お客さまのお問い合わせにお応えしています。通常、2営業日以内に、個々のお客さま向けの返信メールがお手元に届きます。返信をお待ちいただき感謝いたします。

このメールには返信しないでください。このメールへの返信は処理されず、返答されません。

グローバルリンクにお問い合わせいただき、重ねてありがとうございます。お客さまのご質問に回答させていただくのを楽しみにしています。

 ## Useful Expressions

We appreciate your taking the time to contact us online.
オンラインでわざわざお問い合わせいただき、ありがとうございます。

This message is automatically generated to confirm that your e-mail to GlobalLINK customer support was received.
このメッセージは、お客さまのグローバルリンク顧客サービスあてメールを受信したことをお知らせするために自動作成されたものです。

This response is to acknowledge receipt of your email.
この返信は、お客さまのメール受信をお知らせするものです。

You should receive a personalized response within 24 hours.
お客さまにあてた返信が24時間以内に届くはずです。

We have received your e-mail, and you should be receiving a response within 1 to 2 business days
お客さまのメールを受け取りました。1、2営業日以内に返信が届くはずです。

The ABC.com Online Response team is on hand seven days a week from 8am to 9pm, JST.
ABCドットコム・オンライン返信チームは、週7日午前8時から午後9時（日本標準時間）まで待機しています。

While we strive to answer all the messages within 48 hours, during periods of a high volume, we are not always able to reach that goal. We appreciate your patience.
すべてのメッセージに対し、48時間以内に返答するよう努力をしますが、非常に大量のメッセージを受け取った場合には、それを必ずしも守ることができません。お待ちいただき感謝します。

催促する

約束の期日を過ぎても依頼した見本や資料がもらえない場合は、期待や感謝を前面に出して、催促を続けます。「困ります」を連発して非難がましいトーンするのではなく、もらえないとプロジェクトに悪影響を与える、取引が続けられないといったように緊急性を伝えます。

Subject: Mr. Martin's Picture

We haven't received the picture from Mr. Martin yet. Could you send it to me at sample@getglobal.com by Monday, the 24th? Otherwise, we'll have to print the story without his picture.

If you can't send it by Mon for any reason, pls let me know ASAP.

Thanks for your help.

 件名：マーティン氏の写真

マーティン氏から、まだ写真を受け取っていません。24日月曜までにsample@getglobal.comまで送っていただけますか？　そうしないと、同氏の写真なしに記事を載せざるを得ません。

何らかの理由で月曜までに送っていただけない場合は、至急知らせてください。

お手伝いいただき、ありがとう。

Useful Expressions

I just wanted to check the status of the product samples—have they been shipped yet?
製品サンプルの状況をチェックしたいのですが、すでに発送されましたか？

As of today, we haven't received the sample of MT100. I hope it's on its way here.
今日現在、MT100のサンプルをまだ受け取っていません。こちらに向けて出荷中だといいのですが。

We are anxiously waiting for your proposal.
プロポーザルをいただけるのを、首を長くして待っています。

I need the data to finish my report, which is due Wednesday. I'd appreciate it if you'd send it to me by Monday.
報告書を仕上げるのに、あのデータが必要です。締め切りは水曜です。月曜までに送っていただけると助かります。

I'm leaving town on Tuesday. Is there any way you could fax me the evaluation results for our samples by the end of the week?
火曜から出張に出ます。今週末までに当方のサンプルの評価結果をファクスしていただくわけにはまいりませんか。

Thanks for expediting the process!
進行を早めてくれてありがとう！

Thank you for making this happen on time.
期日どおりの実施を可能にしてくれてありがとう。

I look forward to receiving the price list by Fri.
金曜までに価格表を受け取れるようお待ちしています。

誤解を解く

メールの相手が英語を母国語とする人とは限りません。英語の使い方が間違っている場合もあるでしょうし、こちらの意図することが伝わらなかったり、相手の言うことを勘違いすることもあるでしょう。相手を非難したり、気分を害したりしないように気を配りながら、同時に、お互いの意志の疎通がはかれるよう、はっきりと意志を伝える必要があります。

Subject: Shipment

>I received Product A and C. As I said before, please do not send
>A and C together.

I think there's some misunderstanding here.

What you had told me was not to send Product A and B together.
That's why I sent A and C together. So should I not send A and B
or A and C together? Can you clarify?

 件名：出荷

>製品AとCを受け取りました。以前、お伝えしたようにAとCは一緒に送らないでください。

ちょっと誤解があるようです。

以前、お聞きしていたのは、AとBを一緒に送らないようにということで、AとCを一緒に送ったのは、そのためです。ということは、AとBも、AとCも一緒に送ってはいけないのですか？　はっきりしてもらえますか？

Useful Expressions

For which purchase order was the shipment?
出荷は、どの注文書に対応したものですか？

I'm not quite sure what you meant by "short list". Can you explain?
おっしゃるshort listというのが、どういう意味なのかよくわかりません。説明していただけますか。

I don't think I got my point across in my last e-mail. The record before March 2004 is not available online. That's why I'm asking. I need the detailed session activity for December 2003 and January 2004.
前回のメールで私の意図がご理解いただけなかったようです。2004年3月以前の記録は、オンラインでは閲覧できないのです。お願いしているのはそのためです。2003年12月と2004年11月のセッション活動詳細が必要なのです。

Thank you for answering my question, but what I wanted to know was how to get connected on my notebook, not on my desktop.
質問に答えていただいてありがとうございます。しかし、私が知りたかったのは、デスクトップではなく、ノートブックからのつなぎ方です。

I guess I didn't phrase my question right. Let me rephrase it.
質問の仕方が悪かったようですね。聞き方を変えます。

In your last e-mail, you said you are not sure if the machine is working fine. Which machine are you talking about?
この間のメールで、機械がちゃんと作動していないとのことでしたが、どの機械のことですか？

I want to make sure we're talking about the same version.
お互いに同じバージョンのことを話していることを確認したいです。

アポを取る

面会したい理由を述べ、日時と場所を提案します。日時は、相手の都合を考慮し、できれば2案以上提案します。相手に準備しておいてほしいものがあれば、それも伝えます。

Subject: Our Visit

We would like to visit with you to discuss the future supply of BXC in late Jan. or early Feb. (I'm available only after Jan. 25.)

We'll need to invest $1MM or more in order to increase manufacturing capacity and need to make sure that enough demand is there.

Pls let me know which week looks good for your people.

訳 件名：訪問

今後のBXCの供給を話し合うために、1月下旬か2月上旬に訪問したいと思います。（私が都合がつくのは1月25日以降だけです）。

製造キャパを増やすには100万ドル以上投資する必要があり、十分な需要があることを確認しなければなりません。

貴社の方々はどの週がご都合がいいかお知らせください。

 *[REPLY]*

How about the week of 2/12?

Tentatively attending for ABC Corporation would be B. Kenton, D. Landon, B. Naza and me. Please advise as soon as possible so we can assure availability of everyone.

Thanks,

訳 2月12日の週はどうですか？

今のところ、ABCコーポレーションから出席するのは、B・ケントン、D・ランドン、B・ナザと私です。全員出席できるよう、できるだけ早く知らせてください。

ありがとう。

Useful Expressions

We would like to visit with you the week of July 3 to further discuss our joint project. Please let me know what day will be the best for you.
共同プロジェクトの件で7月3日の週に貴社に伺いたいと思います。ご都合のよい日をお知らせください。

We are very interested in continuing our discussions about opportunities in this field, possibly in person. May we set up a meeting either in Japan or Germany?
この分野での機会について、できれば実際にお会いして話し合いをぜひ続けたいと思います。日本かドイツでミーティングを設定させていただいてよろしいでしょうか？

We think it will help the discussion if we visit you for a face-to-face meeting at this point.
この時点で貴社を訪問し、実際に会ってミーティングをしたほうが、話し合いがはかどると思います。

About the July visit for further discussion on our project, please coordinate through Ms. Aoyama.
プロジェクトの打ち合わせのための7月の訪問に関して、青山さんと調整してください。

September 25, 26 and 27 would be fine with us.
9月25〜27日でこちらはかまいません。

Our preference is March 25 and 26.
当方の希望は3月25日と26日です。

Will this work for you?
この日程で大丈夫ですか？

Would you let me know when and where would be convenient for you?
都合のよい日時と場所を知らせてくれませんか？

If this date is not good for you, please let me know when would be a good time. I'll adjust my schedule accordingly.
この日がよくなければ、いつがよいかを知らせてください。それに合わせてスケジュールを調整します。

We would appreciate it if you could schedule a plant tour for one day and a meeting for the other day.
1日をプラントツアーとし、もう一日を会議でスケジュールを組んでいただければありがたいです。

I need to buy an air ticket by this Friday, so please confirm our appointment by Wednesday, your time.
この金曜までに航空券を買わなければならないので、そちらの水曜までにアポイントの確認をください。

It's such a short notice, but are you available tomorrow?
非常に突然ですが、明日お目にかかれますか？

I have communicated the meeting dates to several World associates and am waiting for a reply.
ワールドの同僚数人に会議の日程を伝え、返事を待っているところです。

アポを変更する・断る

予定の変更はできるだけ早く伝えます。アポの申し入れを断る場合は、その理由を説明し、代替策があれば提案します。

Subject: Itinerary Change

In trying to meet Dave's schedule needs, now we are planning to fly from Shanghai to Tokyo the afternoon of June 6 (Sunday). We would like to meet with you on the 7th instead of the 8th. We'll leave Narita on the 8th at 2:10PM.

Sorry for the constant changes. Hope this is not a problem. I'm pretty sure there will be no more!

 件名：日程変更

デイブのスケジュールに合わせるために、6月6日（日）の午後、上海から東京に飛ぶつもりです。お目にかかるのは、8日ではなく7日にしたいのですが。我々は8日午後2時10分の飛行機で成田を発ちます。

変更続きですみません。問題でなければいいのですが。もうこれ以上変更はないと思います！

Subject: Nov. 8 Appointment

I'm sorry, but I have to cancel my 11/8 appointment. I have to leave town for an emergency at one of our plants. I'll get back to you to reschedule.

 件名：11月8日のアポイント

申し訳ありませんが、11月8日のアポイントをキャンセルしなければなりません。工場で緊急事態のため、出張することになりました。アポイントを取り直すために、後で連絡します。

Useful Expressions

Is there any way we can move our lunch appointment from Tue to Wed?
昼食のアポを火曜から水曜に移すわけにはいきませんか？

Can we start at 10 am rather than 1 pm? I have a conflict.
午後１時ではなく午前10時から始められませんか？　スケジュールがかちあっているんです。

Most of us will be out of town during that week. Mid September will be better for us.
その週は、私たちのほとんどが不在です。９月中旬のほうが都合がいいです。

I'm sorry to inconvenience you, but I need to postpone our appointment until next month.
ご迷惑をかけて申し訳ありませんが、アポイントを来月まで延期しなければなりません。

Mr. Hattori won't be available to make the trip before December 15, so we will have to visit with you in January.
服部氏は、12月15日までに出張ができませんので、訪問は１月まで待たなければなりません。

We will let you know as soon as we decide on the date.
日にちが決まり次第、お知らせします。

I'm sorry, but I'm fully booked that week.
申し訳ありませんが、その週は、スケジュールがいっぱいなのです。

Honestly speaking, I think it's rather premature to meet at this time and we should probably wait until the end of July.　＊premature　早すぎる、時期尚早な
正直言って、今、ミーティングをするのは、ちょっと時期早尚だと思います。７月末まで待ったほうがいいと思います。

I'm not the right person for you to see about that product. You may want to contact Ms. Yoshida at yoshida@getglobal.com.
その製品について面会するのに、私は適任者ではありません。吉田さん yoshida@getglobal.comに連絡してみてください。

You probably should see someone from Overseas Sales. I'll have someone from the department contact you.
海外営業部の者に会われたほうがいいと思います。部の者から連絡させます。

出張の手配

ホテルの予約など出張の手配を依頼するときは、日程などできるだけ詳しい情報を提供します。もし予算があれば、それも伝えるべきでしょう。感謝の意も忘れずに。手配を頼まれた場合は、できるだけ早く返事をします。空港まで出迎える場合は、待ち合わせ場所を明確にし、会えるのを楽しみにしていることを伝えます。

Subject: Hotel Arrangement

Would you make hotel reservations for us?

We are looking for a reliable yet reasonably priced hotel, $200-250/night. We will need 3 rooms checking in Sun, June 6, and checking out Wed, June 9.

I'd appreciate it if you could provide us with room rates and confirmation numbers.

 件名：ホテル手配

ホテルの予約をしていただけませんか？

信頼できて、料金の妥当な一泊200〜250ドルくらいのホテルを探しています。6月6日(日)にチェックインし、6月9日(水)にチェックアウト、3部屋が必要です。

料金と予約番号をお知らせいただけると助かります。

 **[REPLY]**

I'll be happy to make hotel reservations for you. Would you like to be in a certain area of Tokyo (i.e. Shinjuku, Roppongi, Shibuya, etc.)?

 喜んでホテルの予約をお手伝いします。東京でご希望の地域はありますか（新宿、六本木、渋谷など）？

Useful Expressions

Could you please arrange accommodations for me?　＊accommodations　宿泊施設
ホテルを予約していただけませんか？

I would prefer either Hilton or Hyatt.
ヒルトンかハイアットを希望します。

Could you arrange transportation from the airport to the hotel?
空港からホテルまでの交通手段を手配していただけますか？

Could you please reserve a smoking single room at the Intercontinental?
インターコンチネンタルで喫煙のシングルを一室取っていただけますか？

My budget for accommodations is $250/night.
宿泊の予算は、一晩250ドルです。

Is there any hotel you can recommend near your office?
貴社の近くでお勧めのホテルはありますか？

What is the taxi fare from the airport to your office?
空港から御社までタクシーに乗ると料金はいくらくらいですか？

What is the best way to get to downtown Osaka from Kansai Airport?
関空から大阪の中心地まで行くにはどのように行くのが一番ですか？

We've reserved two single rooms at Hotel Okura for two nights.
ホテルオークラで2泊シングルを2室予約してあります。

You need a whole day to visit our plant, which is 2-hour train ride away from Osaka. To visit both plant in Wakayama and headquarters in Osaka, you'll need at least three days, including the day of arrival.
工場は大阪から電車で2時間かかり、訪問するのに丸一日必要です。和歌山の工場と大阪の本社の両方を訪問するには、到着日を入れて、最低3日は必要です。

Attached is the map from your hotel to our office.
ホテルから当社までの地図を添付しました。

No reservation is necessary for the train. You can buy train tickets right before you get on the train.
電車は予約の必要はありません。乗る直前に切符を買えば大丈夫です。

On October 5, we will pick you up at Narita. We'll be waiting for you right outside of customs.
10月5日は成田までお迎えにあがります。税関を出たところで待っています。

We'll meet you at the baggage claim area.
バゲージクレームでお目にかかります。

105

予定の確認

出張・訪問日が近づいたら、相手に改めて確認を取ったほうがいいでしょう。

Subject: Our July Visit

We have decided to stay overnight in Tokyo and leave Tuesday, July 27, on a noon flight. This should give us plenty of time to meet with you on the afternoon of Monday, July 26, and even have dinner.

We will be staying at the Imperial Hotel. We have a 9 am meeting with another company that will likely include lunch. The location of this meeting is not finalized so we may just return to the hotel afterward.

訳 件名：7月の訪問

東京に一泊して7月27日火曜に正午の便で発つことにしました。これで7月26日月曜午後にゆっくりお目にかかれますし、夕食をご一緒させていただくことも可能です。

帝国ホテルに滞在します。9時に他社と会議がありますが、多分、昼食を共にすることになると思います。会議の場所はまだ決まっていませんが、会議の後はホテルに戻るかもしれません。

[REPLY]

I think leaving on Tuesday is an excellent idea.

We'll pick you up at the hotel. How about 2pm? It takes less than 10 minutes to our office.

What would you like to have for dinner—Tempura, Sukiyaki, Shabu-Shabu or Sushi?

 火曜日に発つというのは素晴らしい考えだと思います。

ホテルまでお迎えにあがりますが、2時でどうですか？　弊社までは10分足らずです。

夕食は何がよろしいですか —— 天ぷら、すき焼き、しゃぶしゃぶ、おすし？

✉ [REPLY to REPLY]

2pm on Monday, July 26 is fine.

I like Sushi, but I think my associates would prefer Tempura.

Thanks for your help!

 7月26日月曜2時で結構です。

私はすしが好きなのですが、同僚たちは天ぷらのほうがいいでしょう。

お手伝いありがとう！

Subject: Our July 26 Meeting

We are finalizing meeting schedules for our trip to Europe and would like to get a list of attendees for our afternoon meeting. As you're aware, I will be accompanied by Haruyoshi Gotanda, Manager, Specialty Chemicals, and Muneo Iida, Technical Manager.

We will be arriving in Helsinki on Sunday, July 25, in late afternoon and staying at Scandic.

 件名：7月26日会議

ヨーロッパ出張の会議スケジュールを最終調整しているところですが、午後の会議の参加者リストをいただけますか？　ご存じのとおり、私は、スペシャルティ化学品課長、五反田春義と技術課長の飯田宗雄とともに伺います。

7月25日日曜午後遅くにヘルシンキに着き、スキャンディックに滞在します。

[REPLY]

From ABC, the following people will be attending the July 26 meeting:
· Mamoru Tanaka, Manager, Engineering
· Takumi Kanazawa, Engineer, Engineering
· Ichiro Honda, Asst. Manager, Overseas Sales

Mr. Tanaka and Mr. Kanazawa have been involved in the product development for about 5 years. Mr. Honda handles shipping to Finish Technologies

We anticipate a casual meeting over dinner.

訳 ABCからは、下記の一行が7月26日の会議に参加します。
　・エンジニアリング課長、田中守
　・エンジニアリング課エンジニア、金沢巧
　・海外営業課長、本田一郎

　田中と金沢は製品開発に関わって約5年になります。本田は、フィニッシュ・テクノロジーズへの出荷を担当しています。

　打ち合わせはディナーをはさんでカジュアルに行うつもりです。

Diane Nelson and I look forward to meeting with you tomorrow, Saturday, February 8, at 11:00 a.m. at the airport. Please let me know your airline and flight number.

訳 ダイアン・ネルソンと私は、明日、2月8日土曜午前11時に空港でお目にかかれるのを楽しみにしています。航空会社とフライト番号を教えてください。

 [REPLY]

Tomorrow I'm arriving at 10:50am by Reno 689. If you can pick me up, please wait in the car outside. I'll meet you at the curb outside of Terminal A. I don't have check-in luggage, so I'll come out right away.

＊curb　歩道の縁石

明日、午前10時50分にリノ689便で着きます。もし出迎えてもらえるなら、外で車の中で待っていてください。ターミナルＡを出たところの道路わきでお会いしましょう。チェックイン荷物はないので、すぐに出ていきます。

Useful Expressions

I would like to confirm our meeting of February 8.
2月8日のミーティングの確認です。

This is to confirm our visit on Tuesday, July 18. Would 10 a.m. work for you?
7月18日火曜日の私どもの訪問の確認です。朝10時でどうですか？

I would appreciate it if you could let me know who else is attending from your company.
貴社からは、ほかにどなたが出席されるのかお知らせいただけると助かります。

I'll be arriving at Munich Wednesday night and staying at Hotel Opera in case you need to contact me.
もし私に連絡を取る必要がある場合は、ミュンヘンには水曜の夜に着いて、ホテルオペラに泊まっていますので。

What time do you anticipate arriving on Mon?
月曜は何時ごろ着かれる予定ですか？

We'll arrive in Cincinnati Sun night and relax Mon morning. We'll probably stop by after lunch−1:30 or 2 or whenever is convenient for you.
日曜夜にシンシナティに着いて、月曜の朝はゆっくりします。昼食後、1時半か2時、またはそちらのご都合のよい時間に寄るつもりです。

We would appreciate your confirmation of the 11/8 meeting at 10 am by Monday as we have to buy air tickets no later than Monday.
遅くとも月曜には航空券を買わないといけないので、月曜までに11月8日午前10時のミーティングのご確認をいただけると助かります。

If I don't hear from you, I'll see you in your office on Nov. 8 at 10 am.
もしお返事がなければ、11月8日午前10時に貴社でお目にかかります。

I don't believe we've decided on a time for the meeting. Could you follow up on this?
会議の時間をまだ決めていなかったと思います。フォローアップしていただけますか？

If you are not too tired, we'd like to take you out for dinner after we get to the hotel.
ホテルに着いた後、もしお疲れでなければ、ご夕食にお連れしたいと思います。

I'd like to show you around in town on Saturday.
土曜日には観光にお連れしたいと思います。

商談・会議の打ち合わせ

アポを取る際は、下記のように場所や内容、参加者などとの打ち合わせを平行して行うことになります。

Subject: 9/12 Meeting

On the 12th, would you like to talk to us in the hotel lobby? Or do you need a conference room for your presentation? If so, we'll be happy to reserve a conference room at our headquarters in Tokyo.

 件名：9/12会議

12日はホテルのロビーで話しますか？　それとも、プレゼンに会議室が必要ですか？　もしそうであれば、東京本社で会議室を予約します。

✉ *[REPLY]*

Either way is fine with us. With a small group, we could just use handouts or simply view it off the computer. I hope to have the slides for the meeting to you in a day or two so that everyone can be prepared.

I'll leave it up to you—hotel or on site. Again, we are available the entire day and want it to be as productive as possible.

 どちらでもかまいません。人数が少なければ配布資料で間に合いますし、コンピュータをのぞいてもかまいません。皆さんが準備できるよう、一両日中に会議で使うスライドをお送りするつもりです。

ホテルにするか、会社にするか、そちらにお任せします。念を押しますが、全日、空いていますので、できるだけ生産的に過ごしたいと思います。

If you want to discuss BX100 at the meeting, pls let us know the following prior to the meeting:
1) Desired specifications: composition, purity, specs of competitive product(s) and sample(s)
2) Desired quantity and price
3) Quality criteria

I look forward to hearing from you.

 会議でＢＸ１００の件を打ち合わされるなら、事前に下記をお知らせください。
　1）ご希望の仕様：配合、純度、競合品の仕様とサンプル
　2）ご希望の数量と価格
　3）品質基準

　お返事をお待ちしています。

Useful Expressions

Attached is an agenda. If there's anything else you'd like to discuss, please let me know.
議題を添付します。ほかに話し合いたいことがあれば、お知らせください。

・・

Attached is a list of topics and questions to consider for our visit. Later in the week I will send a copy of some slides on the technology, which we can discuss our visit.
訪問に際し考慮すべきトピックと質問のリストを添付します。今週中に、訪問の際にご紹介する技術に関するスライドを送付します。

・・

Please e-mail in advance specific questions and issues you would like to discuss at the meeting so that we can be prepared.
会議で話し合いたい質問や議題が特にありましたら、用意をしたいので、前もってメールで送ってください。

・・

We'd like to use the meeting to introduce ABC to XYZ management and learn more about XYZ, and start developing a strong relationship with key managers.
会議では、XYZ社の経営陣にABC社をご紹介し、XYZ社についてさらに学び、主要な管理職の方々と強い関係を樹立するための時間を取りたいと思っています。

・・

In about a week, I will send a copy of slides that we would like to share to clarify our goals for the meeting. I will also create a list of questions that we would like to discuss. If there are any specific issues that you would like to discuss, please send them to me.
1週間ほどで、会議の目的を明らかにするために、スライドのコピーをお送りします。また、話し合いたい質問をリストアップします。そちらでお話しになりたい事項が特にあれば、お送りください。

・・

取引先の紹介

取引先などを紹介する場合は、その会社の概要や紹介する理由を伝えます。

Subject: IM Technology

I know a young company in Tokyo that has proprietary IM technology with a focus on the corporate market. They have been wanting to enter the U.S. market. A manager from this company was in San Jose in Oct. Here's their web site. www.getglobal.com.

If you're interested, I can send you more info.

 件名：IM技術

東京で、企業向けに独自のIM技術を持った新興会社を知っています。同社ではアメリカ市場への進出を希望しており、同社のマネジャーが10月にサンノゼを訪問しました。同社のウェブサイトはwww.getglobal.comです。

興味があれば、詳細を送付します。

 **[REPLY]**

Thanks for the info. Yes, we would be interested in talking to Best IM and finding out more about their Instant Messaging to see why it won the best of show at Tokyo's Interop.

Then I would introduce them to the account manager I would assign to the project.

I look forward to hearing from you.

 情報をありがとう。はい、ベストIM社と話をし、なぜ同社のインスタントメッセージングが東京のインターロップでベスト賞を受賞したのか知りたいと思います。

そうすれば、同社を、プロジェクトを担当する顧客担当マネジャーに紹介することができます。

返事を待ってます。

Subject: Job Referral

A client of ours in Tokyo is looking for a J-E translator. It's a technology company that needs to have business documents and possibly technical documents translated once in a while.

They recently had their business plan translated by a translation firm (a wholly-owned subsidiary of a very well-known company) and the quality was pretty bad.

They are looking for a translator who can re-translate the business plan. This is a rush job—needs to be done by next week. If you're interested, I'll pass your name to our client, so pls let me know ASAP.

 件名：仕事の紹介

東京のクライアントが日英の翻訳者を探しています。技術系の会社で、ビジネス文書と、ひょっとすると技術文書を、ときどき翻訳する必要があります。

最近、翻訳会社（非常に有名な企業の100％出資子会社）にビジネスプランを翻訳に出したのですが、質がかなり悪かったのです。

このビジネスプランを翻訳し直せる翻訳者を探しているのです。急ぎの仕事で来週までに終える必要があります。興味があればクライアントに紹介しますので、至急知らせてください。

 ## Useful Expressions

A client in Japan is looking for VPN routers with the following specifications. If you're interested in sourcing, I'll set you up with the client.

＊ sourcing 供給元を探すこと

日本のクライアントが下記仕様のVPNルーターを探しています。調達に興味があれば、紹介します。

I thought you might be a better person to answer her questions and also that she might be a potential client for you.

貴殿のほうが答えるのにふさわしいですし、貴殿のクライアント候補になるのではないかと思いました。

There is a potential client who wants to enter the Chinese market.

クライアントになりそうな会社で、中国市場に入りたがっている会社があります。

They have an agent in Japan, but the client is not happy with them.

日本に代理店はありますが、クライアントはその会社には満足していません。

I would like to help this client. Do you know anyone in Korea who can be of help?

このクライアントのお手伝いをしたいと思いますが、韓国で手伝っていただける方をどなたかご存じですか。

113

値上げのお知らせ

理解を得るために理由を述べ、謝るのではなく、相手の理解に感謝します。

Subject: Price Change

This is to notify you that effective with Sept. 1, 2005 shipments, ABC will increase the price of all polyester staple fiber products for the apparel, home furnishings, nonwovens and industrial markets by 3 yen/kg.

This increase is necessary because feedstock prices have increased due to global tightness in ethylene glycol supply and unprecedented high oil prices.

We assure you we remain committed to providing the high level of quality and support services that you have come to expect.

We appreciate your understanding of the need for this price increase and look forward to serving you now and in the future.

---

* effective ...　…付で有効になる　　feedstock　供給原材料

 件名：価格変更

2005年9月1日の出荷より、ABCではアパレル、家庭装飾、不織布、工業市場向け全ポリエスタル・ステープル繊維製品の価格をキロ当たり3円値上げすることをお知らせします。

この値上げは、エチレングリコールのグローバルな供給不足とかつてない石油価格の高騰により原料価格が値上りしたため、必要なのです。

これまでと同様、お客さまが期待される高品質とサポートサービスの提供に全力を尽くすことを請け合います。

この値上げの必要性をご理解いただけることに感謝し、今後ともご奉仕させていただけますようお願い申し上げます。

Useful Expressions

ABC Corporation is increasing the price of its Alfa line effective June 1, 2005.
ABCコーポレーションは、2005年6月1日よりアルファ製品を値上げします。

We are raising the monthly price for our basic service. The price increase to $21.95 per month will go into effect July 2, 2005 for all new subscribers and August 1, 2005 for our current customers.　　　　　　　　　　　　　　　* go into effect　発効される
当社のベーシックサービスの月間料金を値上げします。新規加入者の皆さまは2005年7月2日より、既存のお客さまは2005年8月1日より、料金は月21.95ドルに上がります。

Due to the recent appreciation of the yen, it is necessary to increase prices by 6%.
最近の円高のために、価格を6%上げる必要があります。　　* appreciation of the yen　円高

I will be sending you a new price list. If you have any questions, please let us know.
新しい価格表をお送りします。ご質問があれば、お知らせください。

Effective April 1, the price of VX300 will be 1,000 yen. The increase is necessary due to the increased cost of raw materials.
4月1日付で、VX300の価格が1000円になります。原料コストが上がったため、値上げが必要です。

Because of increased production costs, we will have to raise the price to US$10/kg.
生産コストの値上がりのため、価格をUS$10/kgに上げざるを得ません。

Recently the Japanese yen sharply appreciated from ¥110 to ¥104 for a US dollar. Because of this, we are unable to ship BFG for $20/piece any longer. The price translates into below cost for us.　　　　　　　　　* translate into ...　…と換算される
ご存知のように、最近、日本円が1ドル110円から104円と急騰しました。このため、BFGを1個20ドルで出荷することができなくなりました。この価格では、原価割れとなってしまうのです。

The new price is still lower than the world's lowest, in the Korean and Taiwanese markets.
新価格は、世界最低の韓国および台湾市場の価格よりもまだ低いものです。

We haven't raised the price in six years.
6年間、価格を上げていません。

We feel that these increases will still allow you to sell our products at competitive prices.
値上げをしても、まだ当社製品を競争力のある価格で販売いただけると思います。

Thank you for your understanding and continued business.
ご理解と引き続きご愛顧ありがとうございます。

I hope you will understand the necessity for this price increase.
この値上げの必要性をご理解いただけるようお願いします。

移転のお知らせ

移転日と移転先を連絡します。業務拡大などポジティブな理由による移転であったり、移転によるメリットがあったりするのであれば、それも伝えるといいでしょう。

フォーマル

Subject: Our Expanded Facility

We are pleased to announce that ABC Industries is relocating to a larger production facility in Kawasaki. Our headquarters personnel will be serving you from the new location effective June 1.

The new state-of-the art plant will provide us with significantly more capacity. This will ensure that we will continue to meet our customers' needs promptly and with the highest quality. To create a seamless transition to the new facility, production teams will be moved in stages over several weeks. This step-by-step transfer, along with the redundancy of operations and ample additional inventories, means that no delivery schedules will be affected by the move.

Our investment in expanded facilities and even more advanced production systems is tangible evidence of our commitment to meeting and exceeding customer expectations for the very best in plastic packaging solutions.

We look forward to continuing to serve you from the new facility.

 件名：当社の拡充施設

ABCインダストリーズでは、川崎のより大きな生産設備への移転を喜んでお知らせします。本社の社員は、6月1日より新拠点からご奉仕させていただきます。

新たな最新設備の工場では、キャパがかなり増えるため、今後も確実に、お客さまのニーズに迅速に、かつ最高の品質をもって応じることができます。新施設にシームレスに移行できるよう、各生産チームは数週間にわたり、段階ごとに移転します。業務の重複と十分な予備在庫とともに、このステップ・バイ・ステップの移転のため、納品スケジュールは、移転による影響はまったく受けないということです。

拡充施設とさらに進んだ生産システムへの投資は、まさに最高のプラスティック包装ソリューションへのお客さまの期待に応え、超えることへの当社の専心を明白に証明するものです。

新施設からお客さまにご奉仕を続けられることを楽しみにしています。

カジュアル

Subject: We're moving on April 1, 2005!

We're moving on April 1, 2005!

Here is our new address:
4-5-4 Shibaura
Minato-ku, Tokyo 108.
Phone +81-3-1234-5678
Fax +81-3-9876-5432

 件名：2005年4月1日に引っ越します！

2005年4月1日に引っ越します！

新しい住所は下記のとおりです。

Useful Expressions

On November 19, ABC Corporation will be moving to a new building in Tokyo.
11月19日、ABCコーポレーションは、東京の新しいビルに移ります。

GlobalLINK will be at our new location at 4-5-4 Shibaura, Minato-ku on May 1.
5月1日付で、グローバルリンクは、港区芝浦4-5-4の新住所に移ります。

ABC will move its headquarters to Yokohama effective August 30.
ABCでは、8月30日付で横浜に本社を移転します。

As of October 1, our customer service center relocated to Okinawa.
10月1日付で、当社顧客サービスセンターは沖縄に移転しました。

Due to facility expansion, we are moving our R&D division to Kanagawa on April 1.
施設拡張のため、4月1日に研究開発部門を神奈川に移転します。

Our fax number after April 1 will be 81-3-3453-8023.
4月1日以降のファクス番号は81-3-3453-8023です。

Our phone and fax numbers are the same.
電話番号とファクス番号は変わりません

Our manufacturing division will remain at the old address.
製造部門は旧住所に残ります。

Please stop by when you are in the area.
お近くにお越しの際は、お寄りください。

新製品・サービスの紹介

相手の興味を引くよう、新製品・サービスの特徴・メリットを説明します。質問があれば回答する旨や、資料が必要であれば送付する旨を伝えます。また注文方法を伝えて、相手の行動を促します。

Subject: Expansion of Colocation Services

To Our Valued Clients:

We're excited to announce an expansion of our colocation services. In addition to colocating machines provided by our clients, we're now providing "managed dedicated servers". This is a natural step up for clients that need more power and control than available on a shared server, but who don't want to go through the effort and expense of maintaining their own server.

Because the server is dedicated to you, 100% of the server's power is available to meet your Internet Hosting needs. This also permits the server, and its software, to be optimized to the specific requirements of your Internet use. Certain features not possible on a shared server become straightforward on a dedicated server.

Just as with shared servers, Global Online will provide and maintain the hardware and software platform for your server. We'll also provide the same redundant network connectivity, automated backup, excellent history of availability, and responsive customer support to which all our clients are already used.

We can provide managed collocation services using a variety of different machines, running either Linux or Solaris. This provides a range of options from a basic entry-level server to enterprise-level servers with RAID protected disks and redundant power supplies.

If you are interested in these services, please contact me at info@getglobal.com.

件名：コロケーションサービスの拡大

お客さま各位：

当社のコロケーションサービスの拡大を喜んでお知らせします。クライアントが提供される
マシンのコロケーションに加え、この度「マネージド専用サーバ」を提供することになりま
した。これは、現在の共有サーバ以上のパワーおよびコントロールを望みつつも、独自でサ
ーバを維持する労力と費用は避けたいというクライアントには自然なステップアップです。

サーバはお客さま専用ですので、サーバのパワーの100％すべてをお客さまのインターネッ
トホスティングニーズに応じるためにお使いいただけます。また、これによってサーバ、ま
たそのソフトを、貴社のインターネット利用の具体的な要件に合わせて最適化することが可
能となります。共有サーバでは可能ではなかった一部の機能が、専属サーバでは可能になる
のです。

共有サーバと同様、グローバルオンラインでは、貴社のサーバのハードとソフトのプラット
フォームを提供および保守します。また、当社のクライアントにとってはすでにあたりまえ
の、同様のレダンダントなネットワークコネクティビティ、自動バックアップ、優れた可用
性履歴、応答のよい顧客サポートを提供します。

当社ではリナックスまたはソラリスを走らせた多様なマシンを使って、マネージド・コロケ
ーションサービスを提供できます。これによって、ベーシックな初期サーバから、RAID保
護ディスクやリダンダントな電源を備えたエンタープライズレベルのサーバまで多くのオプ
ションが提供できます。

こうしたサービスにご興味があれば、info@getglobal.comまでご連絡ください。

Subject: Come See Our New Web Site!

We've Just Launched A New Site At GetGlobal.com!

Over the past several months we've been working hard to bring
you a newly designed web site. Using suggestions from our users,
we have made some changes that we hope you will find helpful.

Come check out our new site at: http://www.getglobal.com

You should find our new site easier to navigate, with additional
web site management resources. We appreciate your interest in
GetGlobal.com's tools and look forward to continuing to provide
you with innovative web site maintenance, promotion and monitor-
ing services.

件名：新ウェブサイトをご覧ください！

GetGlobal.comでは新しいサイトを開設いたしました!

過去数か月間にわたり新たにデザインされたウェブサイトの導入に向けて努力を重ねてまいりました。ユーザーの皆さまのご提案を採り入れ、お客さまのお役に立つように変更を加えた次第です。

ぜひhttp://www.getglobal.comに来て当社の新しいサイトをご覧ください。

新たなウェブサイト管理リソースなどによって、サイトのナビゲートがより容易になっているのがおわかりいただけると思います。GetGlobal.comのツールにご関心をお寄せいただきありがとうございます。引き続き革新的なウェブサイトのメンテナンス、プロモーション、モニターサービスを提供させていただければ幸いです。

Useful Expressions

ABC is pleased to announce the following new product.
ABCでは、下記の新製品を喜んで発表します。

ABC Software today released the new version of ABCNet.
ABCソフトウエアでは、本日、ABCネットの新バージョンを発売しました。

ABC has added two models to its line of printers for small offices.
ABCは、小規模オフィス向けプリンターに2つのモデルを追加しました。

In response to strong customer demand for a more reliable network, ABC has introduced Always.
より信頼できるネットワークに対するお客さまの強い要望に応え、ABCではオールウエイズを発売しました。

The newly expanded GetGlobal.com web site has launched.
新たに拡張したGetGlobal.comがオープンしました。

We have just added WorldTech products to our marketplace of more than 20,000 business products.
2万点以上の業務用製品を扱う当マーケットプレースにワールドテクの製品を追加しました。

GetGlobal.com offers you a unique opportunity to shop for office supplies without leaving your desk.
GetGlobal.comは、お席を離れることなく、オフィス用品をお買い求めになれるユニークな機会を提供いたします。

As a valued GetGlobal.com customer, we are committed to keeping you updated about our new features and offers.
大切なGetGlobal・コムのお客さまに、新たな特徴や特典について常にお知らせすることを約束します。

HXT is available at your local distributor or you can fax us the attached order sheet at 81-3-1234-5678.
HXTは、最寄りの代理店でお求めいただくか、81-3-1234-5678まで添付の注文書をファクスしてください。

Your distributor will be happy to demonstrate the new model for you.
貴社のために、代理店が喜んで新しいモデルのデモを行います。

To learn more about the new service, please visit getglobal.com.
新しいサービスに関する詳細は、getglobal.comでご覧ください。

キャンペーンのお知らせ

売り出し、特別価格、無料奉仕、ギフト進呈などを知らせるメールです。期限が限定される場合は、それを述べます。詳細はホームページで見てもらうようにするといいでしょう。

Subject: Japan's Software Market Report–Special Offer!

```
----------------------------------------------------------
Order now and receive a 15% discount!
----------------------------------------------------------
```

Japan Soft just published PC Software Market Report 2005.

Japan's software market is the second largest after the U.S., importing US$3 billion of software each year.

The report discusses the market overview, industry structure, trends and opportunities and challenges for overseas software developers. The table of contents is available at www.getgloba.com.

If you order the report by Feb. 10, you'll receive a 15% discount.

Order now online, by fax or mail and take advantage of this special offer!

For questions or additional information, please contact info@getglobal.com

---

 訳 件名：日本のソフトウエア市場レポート ── 特別ご奉仕中！

今すぐ注文すると15％割引！

ジャパンソフトでは、PCソフトウエア市場レポート2005年を発刊したところです。

日本のソフトウエア市場はアメリカに次ぎ第2位で、毎年30億ドル相当のソフトウエアを輸入しています。

レポートでは、市場概要、業界構造、トレンド、海外のソフトウエア開発業者にとっての機会と課題がカバーされています。目次はwww.getglobal.comでご覧いただけます。

レポートを2月10日までにご注文いただくと、15％割引させていただきます。

オンライン、ファクスまたは郵送で、今すぐご注文いただき、この特別割引をご利用ください！

ご質問、詳細がご必要であれば、info@getglobal.comまでご連絡ください。

Useful Expressions

ABC Corporation invites you to participate in an exclusive online sale.
ABCコーポレーションでは、お客さまをオンライン限定セールスへご招待いたします。

For a limited time, you can take advantage of these blowout offers.
期間限定で、この大放出サービスをご利用いただけます。　＊blowout　度を超した、爆発的な

Order by August 28 and receive $100 off single user or $300 off company-wide site license.
8月28日までに注文されると、シングルユーザー向けが100ドル、全社サイトライセンスが300ドル割引になります。

ABC Corporation will be starting our summer sales campaign on June 15. Al our products will be 10% off until August 31.
ABCコーポレーションでは、6月15日に夏のセールスキャンペーンを開始します。8月31日まで、当社全製品が10%オフです。

World Software has just released our new software, BestSoft. For limited time, we are offering free download on our web site.
ワールドソフトウエアでは、新しいソフト「ベストソフト」を発売しました。限定期間、当ウェブサイトで無料ダウンロードをしていただけます。

With our upgrade campaign, user of BestSoft 4.x and 5.x can upgrade to 6.0 at a discounted rate.
アップグレードキャンペーンとして、ベストソフト4.xおよび5.xをお使いのお客さまには、割引価格で6.0にアップグレードしていただけます。

Here's a special offer for GlobalLINK's customers.
グローバルリンクのお客さまへの特別ご奉仕です。

Take advantage of our Christmas specials until December 28, 2005.
2005年12月28日まで、クリスマス特別ご奉仕をご利用ください。

The offer ends Friday, July 18, 2005.
ご奉仕は、2005年7月18日金曜日で終了させていただきます。

To find out more about these exclusive offers, visit our web site
http://www.getglobal.com/
この限定ご奉仕に関する詳細に関しては、当ウェブサイトhttp://www.getglobal.com/をご覧ください。

For more details on this LIMITED-TIME offer, or to place your order now, click here.
期間限定割引の詳細を見るには、また今すぐ注文するには、ここをクリックしてください。

イベントのお知らせ

自社が、主催や協賛などをしているイベントを知らせるメールです。詳細はホームページで見てもらうようにするといいでしょう。

Subject: Third Asia Forum

We will be hosting the Third Asia Forum on Sept. 15 and 16 at World Hotel. 15 panelists from all over Asia will discuss how Asian countries can cooperate and prosper together in the 21st century.

The speakers include Dr. Lee Tzu Yang, National University of Singapore, Dr. Mitesh Patel, Liberty Institute (India), and Mr. Prida Tiasuwan, Social Venture Network (Thailand).

Please visit www.getglobal.com for more information.

 件名:第3回アジアフォーラム

当会では、9月15〜16日、ワールドホテルで第3回アジアフォーラムを主催します。アジア各国からの15人のパネリストが21世紀に向けてアジア諸国がいかに協力し、ともに繁栄するかを話し合います。

シンガポール国立大学のリー・ツ・ヤン博士、リバティー研究所(インド)のミテッシュ・パテル博士、社会ベンチャーネットワーク(タイ)のプリダ・チャシュワン氏などが講演されます。

詳細はwww.getglobal.comをご覧ください。

Useful Expressions

WorldPhone Japan will be hosting the Telecommunications Fair September 8-10 in Tokyo.

* host　主催する

ワールドフォン日本では、9月8〜10日、東京でテレコミュニケーションフェアを開催します。

Java Japan will be holding its annual International Java Competition. A tctal of 100 million yen worth of prizes will be awarded. Entries will be acceptec until August 23. We look forward to your entries!

ジャバ日本では、年次国際ジャバコンペを行います。総額1億円相当の賞金が授与されます。エントリの受け付けは8月23日までです。エントリをお待ちしています！

We will be co-sponsoring the 2005 Web Design Exhibition at the World Hall for three days from May 1 through 3.

5月1日から3日までの3日間、ワールドホールで2005年ウエブデザイン展を共同主催します。

GlobalLINK will be holding a career management seminar with BestRecuruit on October 23.

10月23日、グローバルリンクは、ベストリクルートと共済でキャリア管理セミナーを開催します。

We will be participating in the International Friendship Festival as one of the supporting organizations, which will be held at Odaiba on August 4 and 5.

当社では、8月4〜5日にお台場で開かれる国際友好フェスティバルに後援企業として参加します。

Please join us to promote international understanding.

国際親善のためにぜひご参加ください。

On behalf of Female Entrepreneurs, we would like to invite you to hear Miyuki Kasai, President of Japan Online, speak about "Creating a Winning Website".

女性起業家の会を代表し、ジャパン・オンライン社長、笠井美由紀の講演「必勝ウェブサイト作成法」にお招きしたく思います。

International Entrepreneurs' Network will be inviting Mr. David Pollack as a special guest at its annual meeting.

国際起業家ネットワークでは、年次会に特別ゲストとしてデイビッド・ポラック氏をお招きしています。

Join Entrepreneur's Roundtable, where you will learn how to get maximum benefit from your company's website.

起業家ラウンドテーブルにご参加ください ── 自社のウェブサイトからどのように最高のメリットが得られるかを学べます。

With 300 leading industry executives expected, the Summit is a must-attend event for anyone involved in the mobile market.

300人の主要業界エグゼクティブらの参加が見込まれ、サミットは、モバイル市場の関係者にとって欠かせないイベントです。

見本市への出展のお知らせ

展示会の名前、出展品、ブース番号を伝え、ブースに立ち寄ってもらうよう促します。講演を務めたり、セミナーを開いたりする場合は、それも伝えます。詳細はホームページで見てもらうようにするといいでしょう。

Subject: IT Expo

BestTech will be exhibiting at IT Expo in Las Vegas, November 15th through 19th (Booth L1234).

The company and its strategic partners will be providing demonstrations in its four key application areas – Maintenance, Inspection, Data Collection, and Training. Attendees will also be able to see actual demonstrations of some new applications that have been recently integrated into BestTech's Mobile Assistant.

For more information about our demonstrations at the show, please visit www.getglobal.com.

We look forward to seeing you at Booth L1234 in November.

 件名：ITエキスポ

ベストテク社では、11月15～19日、ラスベガスのITエキスポに出展します（ブースL1234）。

同社は戦略パートナーとともに、主要アプリケーション4分野 —— 保守、点検、データ収集、研修 —— でデモを行います。また、参加者の皆さまには、最近、ベストテク社のモバイル・アシスタントにインテグレートされた新しいアプリケーションの実演もご覧いただけます。

展示会でのデモの詳細は、www.getglobal.comをご覧ください。

11月にブースL1234でお目にかかるのを楽しみにしています。

Useful Expressions

ABC Corporation will be introducing its latest home theater system at 2005 International CES in Las Vegas.
ABCコーポレーションは、ラスベガスの2005年国際CESで最新のホームシアターシステムを発売します。

World Driver will be exhibiting and demonstrating WinDriver at the Harcware Engineering Conference, May 4-7, Seattle WA, USA, Pavilion A123.
ワールドドライバーでは、米国ワシントン州シアトルで5月4～7日に開かれるハードウエア・エンジニアリング会議、パビリオンA123で、ウィンドライバーを展示およびデモします。

We will be announcing a number of new products at Performance Racing Industry Show.
パフォーマンス・レーシング業界ショーでは、数々の新製品を発表する予定です。

Our new mode will be demonstrated at Booth 1234. Please stop by.
新モデルをブース1234でデモをご覧いただけます。どうぞ（当ブースに）お立ち寄りください。

ABC Corporation will be at Booth 3333 at CompuTex Taipei.
ABCコーポレーションは、コンピュテックス台北でブース3333に出展しています

The booth will feature a new line of photo printers.
ブースには新しい写真プリンター製品群を取りそろえています。

I hope you are planning to attend the Networld on May 3. We will be holding a workshop on data management.
5月3日にネットワールドに参加されるご予定かと思います。当社ではデータ管理に関するワークショップを開催します。

Please stop by our booth for a complete demonstration of the products.
ブースで製品の完全なデモを行いますので、お立ち寄りください。

Mr. Yamamoto, President of ABC Corporation, will be the keynote speaker for the convention.
ABCコーポレーション社長の山本が、大会で基調講演を務めます。

見本市・展示会への出展依頼

テーマは何で、どのような業界・市場を対象にしていて、どのような人たちが参加するのかを説明します。また、出展することによって、どのようなメリットがあるのかを強調します。

Subject: Best Technology Show

You are invited to exhibit at the fifth annual Best Technology Show. The three-day event brings together over 500 of the world's top technology companies offering state-of-the-art products and solutions.

Last year the booth space was sold out a month before the Show. Make arrangements for your booth today! Visit www.getglobal.com for details, including the rates.

An early-registration discount will be given for registrants if postmarked by Feb. 28, 2005. Booth space is available on a first-come, first-served basis. Apply now to secure the space you prefer!

Each exhibitor receives a 3m x 3m exhibit space. Each exhibit registration includes two exhibit admissions and two box lunches.

Complete the attached Exhibit Application with your choice of booth space. You will receive confirmation of your booth number and an Exhibitor Kit within two weeks after submitting your application.

We hope you can join us in 2005!

＊on a first-come, first-served basis　先着順で

件名：ベストテクノロジー・ショー

第5回ベストテクノロジー・ショーに貴社をお招きしたいと思います。この3日にわたるイベントには、最先端の製品やソリューションを提供する世界のトップテクノロジー会社500社以上が集います。

昨年はショーの1カ月前に展示スペースが完売しました。貴社のブースを今日、ご手配ください！　料金など詳細については、www.getglobal.comをご覧ください。

早期申込割引は、2005年2月28日消印のお申し込みまで有効です。展示スペースは早い者勝ちです。ご希望のスペースを確保するためにも、今すぐお申し込みください！

出展には3m×3mの展示スペースをご利用いただけ、入場2人分とお弁当2人分が含まれます。

添付の展示申込書にご希望の展示スペースをご記入ください。お申し込み後、2週間以内にブース番号と出展者キットをお届けします。

2005年にご参加いただけますようお願い申し上げます。

Subject: Corporate E-Learning 2005

Dear Friends:

ABC Japan is staging a "Corporate E-Learning 2005" conference at the Intercontinental Hotel in Tokyo on Sept. 3-4.

After hearing about your unique e-learning customization solutions from our conference producer, and checking your web site, I believe that GlobalLINK would derive significant benefits as a niche corporate partner at this event.

So far, Best Software, Nica, SmartLearn and XYZ Corporation have confirmed their participation as sponsors. This means that four out of the seven sponsor openings are already booked, and we expect the remainder to be confirmed by tomorrow, May 27, Japan time.

We are targeting a minimum of 100 elite decision-makers to attend this event through our direct telephone/fax invitations and marketing brochures, as the attached package options explain.

I'm attaching two files:
· Conference overview
· Two sponsorship package options

I will call you Thursday afternoon, your time, to answer any questions and see if this is something you wish to proceed with.

For more information on the conference and ABC Japan, please visit http://www.getglobal.com.

 件名：企業Eラーニング2005年

皆さま

ABCジャパンでは、9月3〜4日、東京のインターコンチネンタルホテルで、「企業Eラーニング2005年」を開催します。

会議制作会社から貴社のユニークなEラーニングカスタマイゼーションについてお聞きし、また貴社のウェブサイトを拝見し、本イベントのニッチ共催企業として、グローバルリンクは大きなメリットを得られると思います。

今のところ、ベストソフトウエア、ナイカ、スマートラーン、XYZコーポレーションの共催企業としての参加が決まっています。これは、共催企業候補7社のうち4社がすでに予約をされているということで、残りの企業も明日、日本時間5月27日までに参加を決められると思います。

添付のパッケージオプションにありますように、電話やファクスでの直接勧誘、宣伝パンフレットを通じて、このイベントの参加者として、エリートの意志決定者、最低100人をターゲットにしています。

ファイルを2本添付します。
・会議概要
・共催パッケージ2オプション

ご質問にお答えし、ご興味がおありかどうかをお聞きするために、そちらの時間の木曜午後に電話します。

本会議およびABCジャパンについての詳細は、www.getglobal.comをご覧ください。

Useful Expressions

Join us for the 2nd Annual Technology Summit, which follows up on the success of last year's summit.
昨年のサミットの成功に続く、第2回年次テクノロジーサミットにご参加ください。

The Food Processing Show is a must for any supplier of products and services to the food processing industry.
食品加工ショーは、食品加工業界への製品およびサービス供給業者にとって必須のショーです。

For more than a decade, Network Japan has been the place to unveil cutting-edge network solutions.　＊unveil　発表する、披露する　　cutting-edge　最先端の
10年以上、ネットワークジャパンは、最先端のネットワークソリューションを披露する場となっています。

This summit is designed to benefit any executive who believes that the arrival of wireless content, technology and commerce will affect the world as profoundly as the Internet.
このサミットは、ワイヤレスコンテンツ、技術、コマースの到来がインターネットと同じくらい大きく世界に影響を与えると信じるエグゼクティブにメリットを提供するよう企画されています。

The two-day event is designed to educate and connect the creators of the 21st century's great technology revolution.

2日のイベントは、21世紀の偉大な技術革命の担い手を教育し、出会いの場を提供するよう企画されています。

Our first summit was attended by over 500 executives, 35 exhibitors, 60 speakers, and 100 press members.

第1回サミットには、エグゼクティブ500人以上、出展者35社、講演者60人、マスコミ関係者100人が参加されました。

iWireless Summit will bring together key decision makers, executives, and entrepreneurs who will build the Wireless industry's future.

iワイヤレスサミットには、ワイヤレス業界の将来を築く主要意志決定者、エグゼクティブ、起業家らが集います。

We are expecting an audience of nearly 300 representing the Japanese building industry.

日本の建築業界を代表する300人近くの参加者を予定しています。

Here is your best opportunity to talk to the people charting the course of IT innovations.

* chart a course　進路を示す、導く

貴殿にとって、IT革新の道を導く人々に話かける最高のチャンスです。

Our exhibit floor will allow you to showcase the latest technology and business solutions, launch new products, build brand recognition and enhance your company's image in front of highly targeted audiences, including potential customers, business partners, the press, industry analysts and suppliers.

展示フロアでは、潜在的顧客、ビジネスパートナー、マスコミ、業界アナリスト、供給業者など非常にターゲットの絞られた聴衆の前で、最新のテクノロジーやビジネスソリューションを披露し、新製品を発表し、ブランドを確立し、貴社のイメージを向上することが可能なのです。

To reserve your space, complete the attached exhibit agreement. Don't hesitate—space is limited!

スペースを確保するには、添付の出展合意書にご記入ください。躊躇している暇はありません－スペースには限りがあります！

Due to high demand, all available booths were sold for Best Technology 2004

需要が多く、ベストテクノロジー2004では展示スペースブースは完売しました。

講演依頼

イベントの内容と開催日時・場所や参加者層を伝えます。日本からの講演依頼では、講演料や経費の支払いに触れていない場合が多いのですが、それでは相手も返答のしようがありません。講演料や経費などの条件について初めから明記しておきましょう。

Subject: Speaking at International Network Conference

I would like to invite you to speak at the International Network Conference on April 9-12, 2005 in Tokyo. We're organizing the event in cooperation with IEEE. Last year more than 200 people participated.

It would be a great benefit to the conference if you could accept our invitation and give us an overview on the status of the optical network. We'd like to offer $6,000, including travel expenses, for your presentation.

The duration of the talk will be 30 minutes. The schedule of the conference is not finalized, but we will let you know next month exactly when you are speaking.

Dr. Venkatesh, I would appreciate hearing from you by January 24. We are hoping you can help make our conference a success.

Many thanks in advance and best regards,

＊ duration　継続・持続時間

　件名：国際ネットワーク会議での講演

2005年4月9〜12日に東京で開かれる国際ネットワーク会議でのご講演をお願いしたく存じます。本イベントはIEEEとの共催で企画しています。昨年は200人以上の参加者がありました。

お引き受けいただき、光ネットワークの状況の概要をお話いただければ、会議にとって非常に有益でしょう。ご講演に対し、旅費を含めて6000ドルお支払いしたいと思います。

講演時間は30分です。会議のスケジュールは未定ですが、来月にはご講演の日程をお知らせします。

ベンカテッシュ博士、1月24日までにご返答いただければ助かります。当会議が成功するように、お力添えいただけますようお願い申し上げます。

前もって深謝するとともに、よろしくお願いいたします。

Useful Expressions

We would be honored if you would consent to deliver our keynote speech, on March 8, on the topic of the latest developments in the U.S. pharmaceutical industry.

3月8日に米国製薬業界の最新情報というテーマで基調講演をお願いしたいのですが、お受けいただければ光栄です。

Would you be interested in speaking at Global Network's monthly meeting? The members represent 20 countries, presenting global contacts and business opportunities.

グローバルネットワークの月例会議で講演をしていただけませんか？20カ国以上のメンバーから成り、グローバルな交流とビジネスチャンスを提供しています。

We'd like you to give an hour presentation on the latest developments in Bangalore.

バンガロールでの最新の動きに関し、1時間の講演をお願いしたいです。

You will be one of five panelists at the symposium.

シンポジウムで5人のパネリストのお一人になっていただきます。

We'd like you to address the issue of privacy.

プライバシーの問題に関して、お話いただきたいです。

Presentations are 45 minutes.

講演時間は45分です。

The choice of subject is up to you. Technology, applications, processes and case studies are always well received.

テーマはご自由にお選びください。技術、アプリケーション、プロセス、ケーススタディは、常に人気があります。

Your appearance will add significant value to the Fair, and will be a superb opportunity for the Japanese audience to learn about the U.S. healthcare industry.

貴殿に出席していただければ、フェアの価値を大きく増すことになり、日本の聴衆が米国の医療業界について学べる素晴らしい機会となります。

Your involvement will bring great PR to your organization (over 30,000 promotional pieces are mailed).

ご協力いただければ貴社にとって大きなPRとなるでしょう（3万以上の宣伝物を郵送します）。

We will offer $1,000 plus travel expenses.

1000ドルプラス旅費をお支払いしたいと思います。

If you have a set rate for such a speaking engagement, please indicate it.

こうした講演に対し、決まった額がおありでしたら、お知らせください。

アンケートへの協力を求める

最近ではオンラインでのアンケートが一般的です。メールで協力を呼びかけ、アンケートが掲載されたURLを伝えましょう。協力を受け入れてもいない相手に、アンケート用紙をメールで添付するのはネチケット違反です。

Subject: GlobalLINK Customer Survey

Dear GlobalLINK Customer,

We need your help!

Please accept this invitation to participate in an online survey to share your thoughts and opinions about online services GlobalLINK is offering. GlobalLINK values your input and will use the results of this research to better serve you and continuously improve our service.

The link below will take you to a survey hosted by an independent research company. Any information you provide will be kept strictly anonymous and confidential. You will never be prompted for sensitive account or private information.

Please click to fill out the survey:
www.getglobal.com/survey

It will take you about 10 minutes to complete the survey. Thank you for your participation.

＊ survey　アンケート　　anonymous　匿名の

件名：グローバルリンク顧客アンケート

グローバルリンクのお客さまへ

お客さまのご協力を必要としています！

グローバルリンクが提供しているオンラインサービスに対するお客さまのお考えやご意見をお知らせいただくためのオンラインアンケートへのご協力をお願い申し上げます。グローバルリンクでは、お客さまのインプットを重視し、今後、お客さまのニーズによりご奉仕するため、かつ当社のサービスを引き続き向上させるために、この調査の結果を利用します。

下記のリンクをクリックしていただくと、第三者である調査会社によるアンケートに飛びます。ご提供いただいた情報はすべて、匿名を保ち、かつ厳守します。大事な口座情報やプライバシー情報をお尋ねするようなことは決してありません。

下記をクリックして、アンケートにご記入ください。
www.getglobal.com/survey

アンケートにお答えいただくには10分ほどかかります。ご協力ありがとうございます。

Useful Expressions

As a valued ABC customer, we would like to invite you to participate in an online survey about online auctions.
ABCの大事なお客さまに、オンラインオークションに関してオンラインアンケートにご協力いただけるようお願い申し上げます。

Would you please answer the attached questionnaire? We would appreciate it if you could respond by May 28th.
下記のアンケートにお答えいただけますか。5月28日までにご返答いただけると助かります。

Would you please help us by answering the few questions on the attached survey?
添付のアンケートの質問にお答えいただき、お手伝いいただけないでしょうか？

We are conducting research on the effectiveness of cross-cultural training.
異文化間研修の効果について調査を行っています。

We are working with Best Research, an independent market research company, to help us collect the data.
第三者の市場調査会社、ベストリサーチがデータ収集を手伝ってくれています。

We can assure you that this is strictly a non-commercial endeavor, and we will supply you with a copy of our findings. We hope they will provide you with some value in exchange for your time in helping us.
これは商業目的の調査では決してないですし、調査結果は必ず送付いたします。ご協力いただく時間と引き換えに、何らかの価値を提供できるものだと思います。

It is easy to participate in this survey. Just click on the link below:
アンケートに答えるのは簡単です。下記のリンクをクリックするだけです。

Your valuable input is greatly appreciated.
お客さまの貴重なインプットに深謝します。

If you are willing to participate in the survey, please send an e-mail to info@getglobal.com.
ご協力いただけるようでしたら、info@getglobal.comまでメールでご連絡ください。

Thank you for your interest in participating in the survey.
アンケートへのご協力を承諾いただき、ありがとうございます。

転載許可を求める

自分がだれで、どの出版物を、何に、どういう目的で、どのように使用するのかを明記します。協力に対するお礼についても、前もって述べておきましょう。ホームページに使う場合は、先方が見られるようにURLを記載します。

Subject: Permission to Use Mr. Neeleman's Letter

I'm writing a book, "Complaining and Responding Skillfully in English," scheduled to be published by the Japan Times in Japanese in January 2004.

I'd like your permission to use Mr. Neeleman's letter of Sept. 23, which is posted at http://www.jetblue.com/learnmore/privacypolicy.html, as a good example of a letter responding to customer complaints. (I understand that JetBlue was applauded for its good PR after the incident.)

I'm a published author of 13 books in Japan, with 9 books translated and published in Korea, Taiwan, China and Hong Kong.
Japan: http://www.getglobal.com/library/library.html
Overseas: http://www.getglobal.com/library/international.html

The Japan Times is a publisher of Japan's oldest English-language newspaper and also publishes many English-related books (http://www.japantimes.com). A copy of my upcoming book will be mailed to you after it's published.

Thank you for your cooperation, which will be of great benefit to my readers.

---

* upcoming　今度の、もうすぐ出る

 件名：ニールマン氏の手紙使用許可

私は、2004年1月日本語でジャパンタイムズ社より出版予定の「クレームvs.クレーム対応の英語」という著書を執筆しています。

http://www.jetblue.com/learnmore/privacypolicy.htmlで掲載されている9月23日付のニールマン氏の手紙を、顧客のクレームへの優れた回答例として使用させていただけますよう許可をいただきたく思います。（あの事件後、ジェットブルー社はその優れた広報に対して称賛を得たと聞いています）。

私は日本で13冊の著書を出版しており、韓国、台湾、中国、香港でも9冊が翻訳、出版されています。
日本: http://www.getglobal.com/library/library.html
海外: http://www.getglobal.com/library/international.html

ジャパンタイムズ社は、日本で最も古い英字新聞の出版社であり、多数の英語関連書を出版しています。(http://www.japantimes.com). 新刊が出版されましたら、貴社に一部送付させていただきます。

ご協力ありがとうございます。ご協力いただければ、読者に非常に為になります。

Subject: Permission Sought

I'd like your permission to use some of your material from "American misconceptions about Japan FAQ" for our newsletter, GlobalLINKER, which is distributed to our clients and associates in the U.S. (A sample of GlobalLINKER can be viewed at available at http://www.getglobal.com.)

The title of the article will be "Are we that different?—Similarities and differences between Americans and Japanese". The newsletter will say "The following are excerpts from Mr. Tanaka's web site, "American misconceptions..."
(http://www.cs.indiana.edu/~tanaka/m/)

Of course, you'll receive a copy of our newsletter. Your cooperation would be appreciated.

Thanks.

---

* excerpt from ...　…からの抜粋

件名：転載許可願い

アメリカのクライアントや仕事仲間に送る当社の年刊ニュースレター、グローバルリンカーに、貴殿の「日本に関するアメリカの誤解FAQ」から一部引用させていただきたいのですが。(http://www.getglobal.comで、グローバルリンカーのサンプルをご覧いただけます)。

記事のタイトルは、「私たちはそんなに違うでしょうか？―アメリカ人日本人の類似点と相違点」です。「下記は、田中氏のウェブサイト『日本人に関する……』(http://www.cs.indiana.edu/~tanaka/m/)から引用したものです」とつけ加えます。

もちろん、貴殿にもニュースレターをお送りします。ご協力いただけるとありがたいです。

Useful Expressions

I hereby request permission to copy chapter 5 of "Complaining and Responding Skillfully in English" by Mitsuyo Arimoto.　　＊hereby　これ（このメール）によって
有元美津世著「クレーム vs. クレーム対応の英語」の5章の転載許可をお願い申し上げます。

I'd like to produce 40 copies of this chapter to be distributed at our legal seminar- at no cost to the participants.
法務セミナーでの配布用に、同章を40部コピーしたいのです。受講者には無料で配布します。

We would appreciate it if you would let us use your photo on our web site- http://www.getglobal.com.
写真を当方のウェブサイト www.getglobal.com で使わせていただけるとありがたいです。

I'd like to use your article in the next issue of our newsletter. The article will include your name and bio.
当社のニュースレターの次号で貴殿の原稿を使わせていただきたいです。原稿には、あなたのお名前と略歴を入れます。

Your artwork will add a great value to our web page.
貴殿のアートワークは、私どものウエブページに大きな価値を与えてくれるものです。

Such information will be of great benefit to our readers.
そうした情報は、我々の読者にとって、非常に役に立つでしょう。

We will, of course, include a permission line: Reprinted by courtesy of ABC.
もちろん、許可文を加えます。ABC コーポレーションの好意によって転載。

Please specify any credit line or conditions you may require.
ご要望のクレジット表記または条件等がありましたらお知らせください。

I'd like to quote from your e-mail on our website with your permission.
ご許可をいただいて、お送りいただきましたメールを当社ウェブサイトで引用したいのです。

Would you give us your permission to quote from the attached e-mail on our website?
添付いたしましたEメールを当社ウェブサイトで引用させていただけないでしょうか。

Would you let us quote what you said in your e-mail on our website?
貴メールの内容を当社ウェブサイトで引用させていただけないでしょうか。

138

転載許可を与える・断る

許可を与える転載物、使用目的を明記し、特に使用してほしい著作権や許可文があれば、それを記載します。断る場合は感謝などポジティブに始め、許可を与えられない理由を述べます。著作権や使用権が別の人や団体にあるのであれば、その旨伝えます。

Subject: Permission for Publication

You have my permission to use my photograph, "Mars at Closest," from my website, www.astropics.com, in your magazine. The permission is for one-time use only.

Would you send me a copy of your magazine once it's published?

 件名：転載許可

当ウェブサイトwww.astropics.comの写真「最接近の火星」の貴誌での使用を許可します。ただし、使用は一度限りの使用に限ります。

発刊後、貴誌を一部送っていただけますか？

Subject: Permission for Publication

Thank you for contacting us.

We do not hold the translation rights for the book. Please contact the agent, Susan Gluck at WM International, susan@getglobal.com.

 件名：転載許可

連絡ありがとうございます。

同書の翻訳権は同社にはありません。WMインターナショナル社のエージェント、スーザン・グラック、susan@getglobal.comまでご連絡ください。

Useful Expressions

許可を与える

We are pleased to grant permission to use the article in your training manual.
貴社研修資料用に記事の使用を喜んで許可します。

We hereby grant you the rights to use our graphics.
これによって当社のグラフィックスの使用許可を与えます。

You are free to use my article as long as you credit me.
私にクレジットを下さる限り、原稿は自由に使っていただいて結構です。

Our material may be reprinted only for non-commercial purposes.
非商業目的にのみ転写を許可します。

We understand that this manual will be for internal use in your organization only and not be used outside of it.
このマニュアルは、貴社の社内でのみ使用されるものであり、社外では使用されないものと理解しております。

We ask that all quoted material contain the following note: All rights reserved by GlobalLINK.
引用する資料には、すべて下記の文を入れてください。全権利はグローバルリンクが有する。

Please use the following copyright note with all appearances of the material.
掲載の際は、すべて、下記の著作権表示を使用してください。

We'd love to receive a copy of the book once it's completed.
著書が完成したら、一部いただけるとうれしいです。

返事

Thank you for allowing us to use your material.
使用を許可いただきありがとうございます。

Thank you for granting your permission.
許可を与えていただきありがとうございます。

許可を断る

Thank you for your inquiry about the reproduction of the article.
記事の複製についてお問い合わせいただき、ありがとうございます。

I'm glad you enjoyed my photography, but it's available only for non-commercial use.
写真を気に入っていただいてうれしいのですが、非商業目的にのみ利用可能です。

The rights you requested do not belong to us. Please contact The Japan Times.
お尋ねの権利は、当方には属しておりません。ジャパンタイムズに連絡してみてください。

Unfortunately, the author does not allow the reproduction of the chapter.
残念ながら、著者は同章の複製を許可していません。

We do not control the rights you requested.
お申し出の権利は、当社の管理下にはありません。

The papers presented at the conference remain the property of the authors and aren't copyrighted by us.
会議で発表された論文は著者の所有物であり、当方には著作権はありません。

This particular ad carries the client's name and would require their agreement for reproduction. With their agreement, we would be only too happy to help but I don't think we will be able to get it before your deadline.
この広告については、クライアントの会社名が出ており、先方の合意なしでは複製を許可できません。合意さえ取れれば、喜んで協力しますが、期日までに合意を得られそうにありません。

Please let us know if we can be of help in any other way.
ほかの形でお手伝いできることがあれば、お知らせください。

HPへのリンクを申し込む

ホームページへのリンクは、ページで無断リンクを許可していない限り、必ず許可を得てするようにしましょう。リンクすることによるメリットを強調します。

Subject: Link Request

Dear Webmaster:

We would like to link your site to ours.

We are a consulting firm in Tokyo specializing in U.S.–Japan business development. We are interested in linking your home page to our e-commerce page (www.getglobal.com/ec). Most of our visitors are professionals in the Japanese e-commerce industry. I'm sure they will enjoy your rich, useful content while you will receive increased traffic from Japan.

If you have any questions about our site or linking, please let me know. I look forward to your favorable reply.

Best regards,

＊linking　リンクを張ること

 件名：リンク依頼

ウェブマスター様

当サイトから貴サイトへリンクを張らせていただきたいと存じます。

われわれは日米間のビジネス開発を専門とする東京のコンサルティング会社です。当サイトのEコマースのページから貴社のホームページへリンクを張らせていただきたく思います。当サイトへの訪問者のほとんどは、日本のEコマース業界で活躍するプロフェッショナルです。彼らが貴サイトの豊富で有用な内容を享受できる一方、貴サイトへの日本からのトラフィックが増大するはずです。

当サイトおよびリンクについてご質問があれば、お知らせください。快い返事をお待ちしています。

Useful Expressions

I'd like to have our web site linked to yours.
当方のウェブサイトをそちらにリンクさせていただきたいのですが。
....

Would you like to exchange links? I am going to list GlobalLINK's web site as a related link and would love it if you would list my site as one of your links.
リンクを交換しませんか？グローバルリンクのウェブサイトを関連リンクとして掲載しますので、そちらでもリンクとして掲載していただければありがたいです。
....

Please visit our site and let me know if you would allow us to link your site to ours.
われわれのサイトをご覧ください。そして貴サイトへのリンクをご承認いただけるかどうか、お知らせください。
....

We would appreciate your permission for linking our site to yours.
われわれのサイトから貴サイトへのリンクをご許可いただけると幸いです。
....

I hope you'll give us permission for the linking.
リンクを張るのをご許可いただければ幸いです。
....

 **[REPLY]**

Subject: RE: Link Request

Your request for a link to our web site has been accepted.

Please note that it may be up to a day after approval before the index is updated, at which time your entry will be visible. All entries are subject to review once added.

We'd also appreciate a link from your site back to our site.

 件名： RE: リンク依頼

当ウェブサイトへのリンクのご依頼は承認されました。

承認後、インデックスが更新されるのに、最高1日かかることもありますのでご了承ください。インデックスが更新されると、そちらのエントリが現われます。追加後、すべてのエントリはチェックを受けます。

そちらからも当サイトにリンクしていただけるとありがたいです。

IR関連（株主総会の知らせ）

株主総会の知らせは、通常、郵送されますが、メールでの通知を選べる会社もあります
し、オンラインで投票できるところもあります。株主への通知メールやオンライン投票
は、たいてい外部の専門の会社を通して行われます。

Subject: ABC Technologies Annual Shareholder Meeting

Dear Shareholder:

Please join us on Thursday, March 31, 2005, at 9:30 am for the
Annual Meeting of the Shareholders of ABC Technologies. The
meeting will be held at Best Hotel in Tokyo. Attached is an official
notice of the meeting along with a map to the location.

At the meeting, the shareholders will elect the board of directors
for the ensuing year. A shareholder proxy and background sum-
maries for the nominees, as well as an update on the company's
progress and financial information, are in the mail.

Thank you for your continuous support of ABC Corporation. We
hope you can attend the meting.

＊ensuing　次の　　proxy　代理委任状

 件名：ABCテクノロジーズ年次株主総会

株主各位

2005年3月31日午前9時半、ABCテクノロジーズの年次株主総会にご出席ください。総
会は東京のベストホテルで開催されます。総会の正式通知を、会場への地図とともに添付し
ます。

総会では、株主の皆さまに翌年度の取締役を選出いただきます。株主代理委任状および
（取締役）候補の略歴は、会社の進展および財務情報とともに郵送しました。

ABCコーポレーションを引き続きご支援いただき、ありがとうございます。総会にご出席い
ただけますようお願い申し上げます。

Useful Expressions

Attached is a notice of the 2005 ABC Corporation annual shareholders meeting.
2005年ABCコーポレーションの年次総会の通知を添付しまし。

Thank you for providing ABC Corporation with the authority to send the attached to you electronically.
添付物の電子的送付をABCコーポレーションに許可いただき、ありがとうございます。

It is our pleasure to provide you with the attached press release.
添付のプレスリリースを送信でき、うれしく思います。

You elected to receive shareholder communications and submit voting instructions via the Internet.
あなたは、インターネットによる株主通知の受信および投票指示の提出を選択されました。

This is a notification of the 2005 ABC CORPORATION Annual Meeting of Stockholders
この通知は2005年ABCコーポレーション年次株主総会に関するものです。

ABC Corporation has released important information to its shareholders.
ABCコーポレーションは株主に対し重要な情報を発表しました。

You can view this information at the following website:
この情報は下記のウェブサイトでご覧いただけます。

You can enter your voting instructions and view the shareholder material at the following site:
下記サイトで投票に関する指示を行い、株主向け資料をご覧いただけます。

The relevant supporting documentations can also be found at the following sites:
また関連資料は、下記サイトでもご覧いただけます。

145

 # 就職の問い合わせへの回答

　大量の履歴書を受け取る大企業では、個々の応募者にこうした対応をすることは稀かもしれませんが、ウェブなどを見て履歴書を送付してきた応募者とのやりとりの例です。

Subject: RE: Career Opportunity

Thank you for your resume.

I'd appreciate it if you could answer the following questions:
1) What kind of job are you interested in?
2) What is your career goal?
3) What is your experience and proficiency with the computer and the Internet?

I look forward to hearing from you.

 件名：RE：就職の可能性

履歴書をありがとうございます。

下記の質問にお答えいただけるとありがたいです。
１）　どのような職種に興味があるのですか？
２）　キャリア目標は何ですか？
３）　コンピュータやインターネットの経験、知識はどれくらいありますか？

ご返事お待ちしています。

Useful Expressions

Thank you for your e-mail inquiring about a job opening at Best Product.
ベストプロダクトでの求人に関するメールをありがとうございます。

Thank you for responding to our ad for the position of accountant.
会計職の求人広告に応募いただき、ありがとうございます。

Thank you for your inquiry. We have an opening for an administrative assistant.
お問い合わせありがとうございます。現在、アドミニストレイテイブ・アシスタントを募集しています。

The position requires a minimum of 5 years experience.
この職は最低5年間の経験を必要とします。

A successful candidate will initially join as a manager in our Corporate Finance department in Hong Kong.
採用された応募者は、まず香港の企業財務部のマネジャーとして入社していただきます。

Fluency in English is a must.
堪能な英語力は必須です。

The company offers a competitive compensation package, depending on your experience and qualifications.
報酬その他は、経験と資格によりますが、他社に負けないものです。

We are not a trading firm and are unable to provide the experience you're looking for.
当社は貿易会社でにないので、貴殿がご希望のような職種は提供できません。

The only type of work we could offer right now is office work including bookkeeping.
今、空いているのは、経理を含めた事務職のみです。

If you are interested, please e-mail me your resume.
ご興味あれば、履歴書をメールで送ってください。

If we decide to interview you, we will contact you within the next two weeks.
面接をすることになれば、2週間以内に連絡します。

We will contact you again only in the event that your profile corresponds to our needs as described in the job offer. In any case, we will read your application closely.
募集要項にあるとおり、お送りいただいた貴殿のプロフィールについては、こちらが必要を認めた場合にのみ、ご連絡いたします。いずれにいたしましても貴殿の応募書類は念入りに読ませていただきます。

Thank you for your interest in GlobalLINK.
グローバルリンクにご関心をお寄せいただき、ありがとうございます。

147

面接の通知

海外からの応募で、相手に電話をしてもらうときは、コレクトでもよい旨、伝えるといいでしょう。

Subject: Interview

Thank you for your resume.

Would you like to come in for an interview next week?
How about Wednesday at 11 am?

 件名：面接

履歴書をありがとうございました。
来週、面接にお越しになりますか？　水曜の午前11時はどうですか？

 Useful Expressions

I'd like to set up an interview for next week.
来週、面接を行いたいと思います。

As a preliminary step, we'd like to conduct a telephone interview.
予備段階として、電話面接を行いたいと思います。

We will be scheduling interviews at our headquarters in Tokyo in September. If you are still interested in the position of Marketing Assistant, please reply by e-mail.
9月に東京の本社で面接を行います。まだマーケティング・アシスタントの職にご興味があれば、メールでご返事ください。

Please call me collect at 81-3-3453-2797 to schedule an interview.
面接の日時を決めるので、81-3-3453-2797までコレクトで電話してください。

Please let me know when you'll be available for an interview.
面接にいつお越しになれるかお知らせください。

就職の問い合わせへの回答——断るとき

履歴書の段階で断る際の例文です。まず、応募に対し感謝し、不採用の理由を述べます。その後の履歴書の処遇について書き、最後に先方の就職活動を励ます文で終わります。

Subject: Your Resume

Thank you for your resume.

Unfortunately, we do not currently have any opening that matches your credentials and experience.

We will keep your resume on file and if the situation changes in the future, we will contact you.

Good luck with your career search!

 件名：貴履歴書

履歴書をありがとうございます。残念ながら、現在、貴殿の資格や経験にマッチする職がありません。

履歴書をお預かりしておき、将来、状況が変われば連絡します。

就職活動の成功を祈ります。

Useful Expressions

I'm sorry, but we are not currently hiring.
残念ながら、現在、当社では採用を行っておりません。

Thank you for applying for the position of financial analyst, but the position has been filled.
財務アナリストの職にご応募いただき、ありがとうございます。しかし、職は埋まってしまいました。

At this time, we have no position that matches your skill, but we will keep your resume on file.
現在、貴殿のスキルに合った職が空いていません。履歴書はお預かりしておきます。

I'm sorry, but we have determined that your qualifications do not best meet our particular needs at this time.
残念ながら、貴殿の資格は、現時点での当社の特定のニーズに最適のものではないと判断しました。

What we value is real-world experiences rather than advanced degrees.
当社では、高学位よりも、実世界での経験を重視します。

If you are interested in short-term projects, we might be able to offer you a temporary position when such need arises.
短期のプロジェクトにご興味があれば、そうした必要が生じた場合、短期の職を提供できるかもしれません。

Thank you for applying at ABC Japan.
ABCジャパンにご応募いただきありがとうございました。

We appreciate your interest in GlobalLINK.
グローバルリンクへのご関心に感謝します。

Good luck with your search for an internship.
インターーシップ探しがうまく行きますよう。

Best of luck to you in your job search.
就職活動に対し、幸運を祈ります。

We wish you every success in your career search.
キャリアサーチの成功を祈ります。

人事照会

人事採用にあたり、元勤務先などに照会をする場合のメールです。

Subject: Noriko Okamoto <Reference>

We received your name from Noriko Okamoto as a reference. She has applied for the position of Research Associate with us and we are reviewing her application.

I'd like to ask you a few questions about her. When is good for me to call?

If you prefer to communicate by e-mail, I'd be happy to e-mail my questions.

Thank you for your time and cooperation.

 件名：岡本紀子さん＜照会＞

岡本紀子さんから照会先として貴殿のお名前を受け取りました。岡本さんは、当社のリサーチ・アソシエイトの職に応募され、当社で応募書類を検討しているところです。

岡本さんについて２、３質問をしたいのですが、いつお電話させていただければよろしいでしょうか？

メールのほうがよければ、喜んで質問をメールさせていただきます。

お時間とご協力ありがとうございます。

Useful Expressions

Your name was given to me by Shogo Nishidera as a reference for a system analyst position.
貴殿のお名前をシステムアナリスト職の照会先として、西寺章吾さんからいただきました。

- -

We're in the process of reviewing his application.
西寺さんのお応募書類を検討しているところです。

- -

I understand she worked for you for a couple of years.
御社で2年ほど働かれたと理解しています。

- -

He may get involved in a research project I do for a client. Could I ask you a few questions about Steve?
クライアントのために行う調査プロジェクトに参加していただくかもしれません。スティーブに関し、2、3質問させていただいてもよろしいでしょうか。

- -

I'd appreciate it if you could answer a few questions about him.
彼に関して、2、3質問にお答えいただけると助かります。

- -

In what capacity did he work?
どういった職務で仕事をされていましたか。

- -

How long was she with GlobalLINK?
グローバルリンクには何年勤められましたか。

- -

Were you satisfied with his work?
彼の仕事には満足されていましたか。

- -

Would you hire her again?
また彼女を雇いますか？

- -

Any additional information about him would be appreciated.
その他、彼に関する情報があれば、何でも感謝します。

- -

人材探し

人材を口コミで探す場合のメールです。こうしたメールはよく届きます。

Subject: Software Engineer

Do you know of any software engineer who is willing to relocate to Tokyo? Our client, a large content provider in Tokyo, is looking for a software engineer for the development of agent software and database integration software. The company offers a competitive compensation package.

Requirements:

-UNIX knowledge
-JAVA knowledge a plus
-Japanese ability (speak/read/write)
-Preferably 6-10 years of software development experience

Any referrals would be appreciated.

 件名：ソフトエンジニア
東京に転勤してもよいというソフトのエンジニアを誰か知りませんか？ 東京のクライアントの大手コンテンツプロバイダーが、エージェントソフトやデータベース統合ソフトの開発ができるソフトのエンジニアを探しています。給与は、他社に負けないパッケージを用意しています。
条件
-UNIXの知識
-JAVAの知識あればなおよし
-日本語能力（会話、読み、書き）
-できれば6-10年のソフト開発経験があること
どのような紹介でも感謝します。

Useful Expressions

We are looking for game concept designers who have some knowledge in programming.
プログラミングの知識がいくらかあるゲームコンセプトデザイナーを（複数）探しています。

I need a service manger for Japan, based south of Tokyo. If you know of anyone who has the skills and might be interested, please give them my contact information.
日本でサービスマネジャーが必要です。拠点は東京の南です。スキルを備えていて、興味のある人を知っていれば、私の連絡先を渡してください。

人材を紹介

これは反対に人材を会社に紹介するメールです。

カジュアル

Subject: Wireless Expert Available <Referral>

A friend of mine, who works for a start-up technology company that is trying to raise money, will be laid off in two months unless they hit the jackpot very soon.

He just started looking for a job. He's got many years of engineering and business development experience in the wireless field, including Sprint.

If you know of any company that might be in need of his skill set, would you let me know? I'll have him send you his resume if you need it.

 件名：ワイヤレスのエキスパートが求職中＜紹介＞

資金調達中のスタートアップのテクノロジー企業で働く友人が、近々、その会社が一発大当たりを出さないと、2カ月でレイオフされてしまいます。

彼は転職活動を始めたところなのですが、スプリントを含めワイヤレスの分野で長年のエンジニアリングとビジネス開発の経験があります。

彼のスキルセットを必要としている会社があれば、知らせてもらえませんか。必要であれば、彼から直接そちらに履歴書を送ってもらいます。

Subject: Marketing Assistant

I have a candidate for your marketing assistant position. She is bilingual in J-E and graduating with her BA in international business/marketing in June.

If you're interested, I'll e-mail you her resume.

御社のマーケティング・アシスタントの候補がいます。日英バイリンガルで、国際ビジネスおよびマーケティング専攻の学生で、6月に卒業します。ご興味あれば、履歴書をメールします。

Subject: Controller Candidate

Are you still looking for a controller?

If so, I can send you a candidate's resume. He has 20+ yrs of experience in the controller/cost management area.

 件名：ニントローラー候補

まだコントローラーを募集中ですか？

そうであれば、候補者の履歴書を送れますよ。コントローラー/コスト管理分野で20年以上の経験をもつ人です。

Subject: Need an intern?

Would you like to hire a free intern from ABC University?

I just interviewed this one. (her resume attached) She has no work experience, but has a BA in business administration and is interested in entering the financial investment field.

She's from Taiwan, but went to high school and college in the U.S. and speaks pretty good English. She can work until early Sept.

Right row we don't really need an intern, but if she can't find another position, we'll hire her.

If you are interested, you can e-mail her at intern@getglobal.com or call her.

件名：インターンが必要ですか？

ABC大学の無償インターンを雇いませんか？

今、面接したところなのですが（履歴書添付）、実経験はないものの、大学でビジネス管理を専攻して、財務投資分野に入りたがっています。

台湾出身ですが、高校、大学をアメリカで出ていて、英語はなかなかうまいです。9月初旬まで働けるそうです。

当社では、今、インターンは必要ないのですが、彼女が他でインターン職を見つけられないようであれば、当社で雇います。

興味があれば、直接本人までintern@getglobal.comにメールするか、電話してください。

Useful Expressions

I know a couple of people who might be interested in the position.
その職に興味があるかもしれない人を2〜3人知ってますよ。

He is a Japanese journalist who has been a freelancer for WorldNews. He is adept at writing stories and research pieces on U.S.-Japanese business relations. His contract with WorldNews is over and he is looking for freelance work. I thought that he might be of interest to your overload work you have. His name is Shoji Fukuyama and his phone # is 090-1234-5678.
ワールドニュースでフリーランスをしてきた日本人ジャーナリストなのですが、記事を書いたり、日米ビジネス関係に関する調査をするのに長けています。ワールドニュースとの契約が切れ、フリーランスの仕事を探しています。そちらで扱い切れない仕事をしてもらうのにいいのではないかと思いました。福山正二さんといい、電話番号は090-1234-5678です。

人の紹介を依頼

なぜ紹介してほしいのか理由を簡単に添えます。

Subject: ABA

Do you happen to know the ABA president's e-mail address?

I used to be the co-president for the ABA Kansai Chapter and I would like to introduce myself to him.

 訳　件名：ABA

ひょっとしてABAの会長のメールアドレスを持っていませんか？

以前ABA関西支部の副会長をやっていたので、ご挨拶をしたいと思います。

💡 Useful Expressions

When we met at the GN meeting, you said you know a company who might be interested in our service. Could you give me their name and number?
GNのミーティングでお会いしたときに、当社のサービスに興味があるかもしれない会社をご存じとおっしゃってましたね。先方のお名前とお電話番号を教えていただけませんでしょうか。

Thank you in advance for any referrals that you might send our way.
こちらに送っていただけるかもしれないご紹介に対し、前もってお礼を述べておきます。

We will appreciate your passing on this information to anyone you think could benefit.
この情報が役立つと思われる方にならどなたにでも回していただけると助かります。

 **人を紹介**

紹介する理由を簡単に述べます。

Subject: Referral

I just referred someone to you. This company, called Asahi, is looking for a Japanese interpreter for a deposition in San Francisco. I thought your partner might be interested. Hope you don't mind.

 件名：紹介

今、ある人にあなたを紹介しました。この旭という会社は、サンフランシスコで証言録取の日本語通訳を探しているそうです。そちらのパートナーがご興味あるかもしれないと思ったので。（勝手に紹介して）問題ないですよね。

 ## Useful Expressions

We do not provide that service, but I can give you the name and number of a company that does.
当社では、そうしたサービスは提供していませんが、提供している会社の名前と電話番号をお伝えできます。

He knows so many people and I'm sure he can get you going in the right direction.
彼は顔が広いので、正しい方向に導いてくれると思いますよ。

CHAPTER

2

クレーム
＆
クレーム対応メール

 # 荷物が届かない

荷物が着かない場合、まずは自社のフレイトフォワーダーに確認するのが先ですが、それでも状況がわからない場合など、出荷先に注文番号、到着予定日などを伝え、出荷の状況を連絡するように伝えます。

Subject: PO#12345

PO#12345 was supposed to arrive here on Oct. 17, right?   We have yet to receive it.

Please let us know the status of the shipment.

 件名：注文番号12345

注文番号12345は10月17日にここに着くはずだったんですよね？　まだ受け取っていないのですが。

出荷の状況を知らせてください。

Useful Expressions

The product was supposed to be delivered Oct. 31, but as of Nov. 7 we haven't received it.
製品は10月31日に届くはずでしたが、11月7日現在、まだ受け取っておりません。

We need to supply to our customer by Feb. 28. If the shipment doesn't arrive by Feb. 23, we won't be able to and may lose this account.
2月28日までに取引先に納品しなければなりません。2月23日までに商品が届かなければ、顧客を失いかねません。

The delayed delivery has already affected our sales.
納品遅延が、すでに販売に影響を及ぼしています。

Due to a material shortage, we are running on a very tight supply schedule. A few days' delay could kill our business.
原料不足のため、非常にタイトな供給スケジュールで操業しています。数日遅れるだけでも、ビジネスを失いかねないのです。

We are receiving inquiries and complaints from our customers. Unless our order is delivered by April 30, we will have to cancel it.
顧客から問い合わせや苦情を受けています。4月30日までに注文品が届かなければ、キャンセルせざるを得ません。

Unless we receive immediate delivery, we'll cancel our order and seek a refund.
すぐに納品されなければ、注文をキャンセルし、返金を請求します。

Despite our e-mail of June 5 requesting for immediate delivery, we haven't received our order as of today. Please cancel it and refund $20,000 in full immediately.
6月5日にすぐに納品していただく旨メールを送りましたが、今日の時点でまだ注文品が届いていません。キャンセルして、直ちに$20,000を全額返金してください。

161

出荷の遅れを謝罪

出荷の遅れが判明した時点で取引先に連絡しておくべきですが、何らかの理由で連絡できなかった場合の釈明です。

Subject: RE: PO#12345

According to the freight company, the shipment is being held in customs because other freight in the container is being checked. It should be released by the end of the week.

If your order does not arrive by Oct. 24, please let us know. We hope you have not been seriously inconvenienced by the delay.

 件名：RE: 注文番号12345

輸送会社によると、荷物は、コンテナの他の荷物が検査されているため、税関でストップしているとのことです。週末までには通関できる予定です。

10月24日までにご注文が届かなければ、お知らせください。今回の遅延によって、重大なご不都合が生じていないことを祈ります。

Subject: PO#98760<Shipment Delay>

The manufacturer of Best Gadget just informed us that the shipment will be delayed because product inspection is not completed. Therefore we will not be able to ship your order on April 29 as scheduled.

We apologize for any inconvenience. We will let you know as soon as the product becomes available for shipment.

 件名：注文番号98760〈出荷遅延〉

ベストガジェットの製造元から製品の検査が終わっていないため発送が遅れる、とたった今連絡がありました。したがって予定していた4月29日の発送はできなくなりました。

ご迷惑をおかけすることをお詫びいたします。製品の発送準備が整いしだい、お知らせします。

Useful Expressions

I'm sorry for the delay in shipment.
出荷が遅れて申し訳ございません。

I'm sorry that we cannot fill your order immediately as we are temporarily out of stock. We expect to ship it by August 4.
申し訳ございませんが、一時的に在庫がなく、すぐに出荷ができません。8月4日までには出荷できる予定です。

We are sorry that we are unable to fulfill your order by the requested delivery date.
申し訳ございませんが、ご希望の期日までにご注文を納品することができません。

I'm sorry that your parts order will be delayed by two weeks.
申し訳ありませんが、ご注文のパーツは、2週間、遅れます。

The ordered item is out of stock and backordered until September.
ご注文いただいた品は、現在、在庫がなく、9月まで受注が残っています。

Due to unexpectedly great customer demand, it is on backorder until December.
お客さまからの期待以上のご要望のため、12月まで受注が残っています。

We are very sorry that we are unable to complete the project by the scheduled deadline.
プロジェクトを予定の期日までに終えられず、大変申し訳ございません。

If you wish, we could substitute AT50. Otherwise, your order will remain as is and we will rush it to you as soon as we can restart production. ＊substitute 代用する
もしよろしければ、代わりにAT50を出荷します。そうでなければ、ご注文をいただいておき、製造を再開次第、急いでお届けしたいと思います。

We have given your order highest priority, and as soon as the stock is replenished, your order will be on its way.
貴社のご注文は最優先させております。在庫が入り次第、出荷いたします。

We will let you know as soon as the merchandise is ready for shipment.
商品の出荷の準備が整い次第、連絡差し上げます。

We apologize for the delay and we thank you for your patience.
配送が遅れましたことをお詫びします。お待ちいただき、ありがとうございます。

We apologize for the inconvenience this delay may have caused you.
この遅延によってご迷惑をおかけしたであろうことをお詫び申し上げます。

出荷の遅れを弁明

出荷の状況が分からない場合は、とりあえずすぐに返事をして、状況がわかってから連絡するようにします。契約書には必ず自然災害、テロ、労使紛争、政府命令など不可抗力の場合の免責条項が含まれています。そうした理由で出荷が遅れる場合は、できることに焦点を絞り、理解を仰ぎます。

Subject: RE: PO#12345

I am sorry that the delivery is late—it's because of the harbor workers' strike.

We fully understand your frustration. However, the force majeure clause in the sales agreement exempts us from meeting the specified deadline under certain unavoidable circumstances, including labor controversies.

The strike is over and the shipment is on its way. The new ETA is 11/15.

Thank you for your patience. Please let me know if there's anything else we can help you with.

＊force majeure 不可抗力　exempt 免除する　labor controversies 労働争議

 件名：RE: 注文番号12345

着荷が遅れましたことをお詫びします。遅延は港湾労働者のストライキによるものです。

お客さまの苛立ちはよくわかります。しかしながら、売買契約書の不可抗力の項によって、労働争議を含む一定の不可避の状況下では決められた期日が守れない場合の免責が定められています。

ストライキは終わり、荷物はそちらに向かっています。新しい到着予定日は11月15日です。

ご忍耐に感謝します。何かほかにお役に立てることがあれば、お知らせください。

Useful Expressions

The shipment left our plant on Oct. 1 as scheduled. We have contacted our freight forwarder to track it. As soon as we hear from them, we'll get back to you.

荷物は予定通り10月1日に工場から出荷されました。貨物取扱会社に連絡して追跡してもらっています。知らせがありしだい、連絡します。

Upon receipt of your e-mail, we immediately reported the loss to the carrier and they are attempting to locate the carton. We should be able to report back on its status within a week.

メール受領後すぐに、紛失を輸送会社に通知し、現在、カートンを探してもらっているところです。1週間以内に状況をお知らせできるはずです。

The boat was unable to dock yesterday because of the typhoon.

台風のため、船は昨日、着岸できませんでした。

I hope this delay is acceptable.

今回の遅延を容認していただけますようお願いします。

I hope the delay has not seriously inconvenienced you.

この遅延が御社に大きな迷惑をおかけしないことを願っています。

165

 # 間違った商品が到着

何が間違っていたのか、その間違いをどう正してほしいのかを明確に伝えます。間違った点を明確にするために、関連書類を添付、またはファクスするようにしましょう。

Subject: PO #4557

We received your shipment yesterday. As shown in the attached order sheet and shipping invoice, we ordered Part No. 810, but 100 units of Part No. 801 arrived.

We would appreciate your expediting delivery of the correct part. Please also let us know what you want us to do with the wrong part.

＊expedite　素早く処理する

 件名：注文番号4557

昨日荷物を受け取りました。添付した注文書と請求書にあるように、パーツ番号810を注文しましたが、届いたのはパーツ番号801が100個でした。

正しいパーツを大至急お送りいただければありがたいです。また、間違って送られてきたパーツをどうすればいいか、お知らせください。

Useful Expressions

We received 100 dozen VT-100 instead of VT-200. We ordered 100 dozen VT-200.
VT-200ではなく、VT-100を100ダース受け取りました。VT-200を100ダース注文したのですが。

We ordered large, but received extra large. Please send us the right size immediately.
Ｌを注文したのにＸＬが届きました。正しいサイズを至急送ってください。

The order was received incomplete, lacking the following items:
注文品は届きましたが、不足品があります。下記の品が不足しています。

We are returning the merchandise we did not order.
注文しなかった入荷商品を返送します。

We need to receive the correct item by July 10.
正しい品を7月10日までに受け取る必要があります。

Because of the shipment error, we have not been able to make timely delivery to our customers.
この出荷ミスのため、お客さまに納期どおりの納品ができていません。

Please reship the ordered merchandise and also let us know what you want us to do with the mistaken shipment.
正しい商品を出荷し直してください。また間違った商品をどうすべきかもお知らせください。

Please correct the problem as soon as possible.
すぐに問題を正してください。

We would appreciate your rushing the missing pieces to us.
不足分を急いでお送りいただけますようお願いします。

I'll be looking for the replacement shipment within seven days.

＊replacement 交換品

代わりの出荷を7日以内にしてください。

品違いを謝罪

こちらのミスで間違った品を送ってしまった場合、すぐに正しい品を送る旨、通知し、迷惑をかけたことを謝ります。正しい品を発送した時点で、その旨、通知しましょう。

Subject: PO #4557

Thank you for your e-mail telling us that you received the wrong part.

We are embarrassed to have made such a careless mistake. Today we are shipping Part No. 810 by air at our expense. I hope that the air shipment will reach you in time to avoid any serious delay on your end.

We apologize for your inconvenience and assure you that no error like this will ever happen again.

When you have time, please ship back Part No. 801, and we will deduct the shipping charge from our invoice.

 件名：注文番号4557

間違った商品を受け取られたとのメールをありがとうございます。

このような不注意による間違いを犯し、恥ずかしく思っております。ご注文になられた正しいパーツ番号810を本日、弊社の負担にて航空便で出荷いたします。そちらで大変な遅延が起こらないうちに、航空便がお手元に届きますことを祈ります。

ご迷惑をおかけしたことをお詫びするとともに、このような間違いは二度と起こらないことを保証いたします。

お時間があるときに、パーツ番号801を送り返してください。請求書から送料を引かせていただきます。

Useful Expressions

Thank you for your e-mail telling us about the shipment of the wrong item.
間違った品を出荷したとのメールをありがとうございます。

Please accept our sincerest apologies on the recent mix-up concerning the shipment of BestShot.
この度のベストショット出荷に対する手違いに対し、心からお詫びを申し上げます。

Your corrected order should arrive shortly, as it was sent on November 21.
ご注文品は改めて11月21日に出荷しましたので、もうすぐそちらに届くと思います。

We have no excuse for making an error like this.
このような間違いを犯したことに、弁明は一切ありません。

We are sorry for the inconvenience this has caused and have arranged to sh p the right merchandise.
この件でご迷惑をおかけしましたことをお詫びします。正しい商品を発送する手続きを取りました。

I hope the discount will compensate in part for the trouble we have caused you.
ご迷惑をおかけした分、値引きによって一部でも、埋め合わせができればと思います。

We will do everything possible to prevent such a mistake in the future.
将来、このような間違いが起きないよう、できる限りのことをいたします。

You can count on us for better service in the future.
将来、よりよいサービスを提供しますのでご期待ください。

注文どおりの品を出荷したと反論

注文どおり品を送っている場合は、先方の注文書を添付して、注文どおり送ったことを伝えます。相手のミスをとがめず、希望の品を喜んで送る旨、伝えましょう。

Subject: PO #4557

Thank you for your e-mail of Jan. 29.

Attached is your purchase order #4557, which we received on Dec. 15, for 100 units of Part No. 801. If you would like to order 100 units of Part No. 810, we will be happy to ship them. Could you please issue another PO?

If you would like to return Part No. 801, we will issue a credit memo as soon as we receive it.

 件名：注文番号4557

1月29日付のメールありがとうございます。

弊社が12月15日に受け取った注文番号4557を添付します。それにはパーツ番号801を100個とあります。パーツ番号810をご注文されたいのであれば、喜んでお送りします。注文書を新たに発行していただけますか。

パーツ番号801の返品を希望される場合は、返品を受け取りしだいクレジットメモを発行します。

Useful Expressions

I looked into our records and found that the order was placed for Series No. 1, not No. 2. Attached is a copy of the order you placed on Dec. 15.
弊社の記録を調べましたところ、シリーズNo.2ではなくシリーズNo.1をご注文いただいたことがわかりました。12月15日に御社からいただいた注文書のコピーを添付します。

We'll be happy to exchange Series No. 1 for No. 2, but we'll have to ask you to return No. 1 at your expense.
喜んでシリーズNo.1をNo.2とお取替えさせていただきますが、No.1の返送は御社のご負担でお願いしなければなりません。

 数量が違う

下記は、注文品が届いたが、数量が注文数より少なかった、売買契約で分納は受け入れていない、ということを売り手に伝えるメールです。

Subject: SuperGuard <PO#12345>

The shipment (PO#12345) just arrived, but we received only 20 drums instead of 30. We do not accept partial shipments, as stipulated in the sales agreement. Please ship the remaining 10 drums at your expense immediately.

We have accepted 20 drums this time, but in the future we will not accept partial shipments.

* stipulate 規定する、明記する

 件名：スーパーガード（注文番号12345）

注文番号12345の荷がたった今届きましたが、ドラム30缶ではなく、20缶しかありませんでした。販売契約書に明記されているとおり、分納は受け入れられません。残りの10缶を御社の負担で直ちにお送りください。

今回はドラム20缶を受け取りますが、今後はいかなる分納も認めません。

Useful Expressions

The above order was received incomplete, lacking the following items:
受領した上記の注文は、下記の品が不足しており、完全ではありませんでした。

....

We found only 370 pieces in the carton although we ordered 400.
400個注文しましたが、カートンには370個しか入っていませんでした。

....

We ordered 200 pieces, but we received only 180. Your shipping invoice says 200. Please reship the remaining 20 or give us credit for 20 pieces.
200個注文したのに、180個しか受け取りませんでした。送状には200個とあります。残りの20個を送っていただくか、不足分20個に対しクレジットを発行してください。

....

We just received your shipment, but it has 60 cartons instead of 50. We ordered only 50. What do you want us to do with the extra 10?
たった今荷物を受け取りましたが、50カートンではなく、60カートンありました。こちらでは50しか注文していません。余分な10カートンをどうすればいいかお知らせください。

....

数量違いを謝罪する

事実確認後、不足分をすぐに出荷するか、その分、返金またはクレジットを発行する旨、伝えます。

Subject: SuperGuard <PO#12345>

We are sorry that you received only 20 drums instead of 30. I'm looking into how this error happened, but we'll ship the remaining 10 drums next week by air, of course, at our expense.

We understand that you do not accept partial shipments and I assure you that no partial shipments will be sent again.

I hope this has not inconvenienced you seriously. Thank you for your business.

＊partial shipment　分割積み、分納

 件名：スーパーガード〈注文番号12345〉

ドラム30缶ではなく、20缶しか納品されなかったことをお詫びします。なぜこのような間違いが起きたか調査中ですが、残りの10缶は来週航空便で、もちろん弊社の負担でお送りします。

御社が分納を受け入れないことは了解しています。今後2度と分納が発生しないことを保証します。

この件が御社に大きなご迷惑をおかけしていないことを祈っています。お取引ありがとうございます。

 ## Useful Expressions

Your PO clearly stated 50 cartons. The shipment of 60 cartons was our error. We apologize for the error.
御社の注文書にはたしかに50カートンと明記されています。60カートンお送りしたのはこちらの間違いです。間違えましたことをお詫びします。

We will do everything possible to ensure that this type of error does not occur again.
このような間違いが再び起こらないよう最善を尽くします。

注文どおりの数量を出荷したと反論

こちらにミスがなかったことを示す証拠を提出し、対応策を提案します。

Subject: RE: SuperGuard <PO#12345>

Thank you for your e-mail telling us you received 20 drums of SuperGuard.

I'm attaching your PO# 12345 dated May 15, which says 20 drums, not 30 drums. If you need the additional 10 drums, we will be happy to ship them, but could you please issue another PO? Please also let us know if you want the additional 10 drums to be shipped by air or ocean.

We appreciate your business and look forward to hearing from you soon.

 件名：RE：スーパーガード〈注文番号12345〉

スーパーガードのドラム20缶を受け取られたとのメールをありがとうございます。

5月15日付の注文書番号12345を添付しますが、ドラム30缶ではなく20缶と記載されています。追加10缶が必要であれば、喜んでお送りしますが、新たに注文書を発行していただけますか。追加の10缶は航空便と船便、どちらでお送りすればいいかも、お知らせください。

お取引ありがとうございます。すぐにご連絡いただければ幸いです。

Useful Expressions

In your e-mail of December 20 (below), you said 1 drum, not 2 drums.
12月20日付貴メール（下記）では、2ドラムではなく、1ドラムとあります。

Your PO#56789, which I just faxed you, says 5000 kg.
今そちらにファクスしましたが、そちらの注文書番号56789では5000kgとなっています。

不良品・規格外品

不良の内容を説明し、不良品を返品したいのか、交換したいのか、クレジットがほしいのかなど、どのように処理をしてほしいのか希望を伝えます。

Subject: Model #105

We are getting calls from customers about Model No.105 not working properly. When you press "On", it comes on, but after a few minutes, it stops. I tried that myself—some of them in our stock have the same problem.

Please ship replacements immediately. Please also let us know what to do with the defective items.

＊defective items　欠陥品、不良品

 件名：型番105

型番105が正常に動かないという電話を顧客から受けています。「ON」を押すと作動しますが、数分で止まってしまいます。私も試してみましたが、いくつかの在庫品が同じ問題を抱えています。

直ちに取り替えてください。不良品をどうすればいいかもお知らせください。

Useful Expressions

One of the cartons arrived damaged.
届いたカートンの１個が破損していました。

The items checked arrived damaged.
到着品のうち、印をつけた品が破損していました。

We received our order on February 21, with the following parts damaged:
２月21日に注文品を受領しましたが、下記のパーツが破損していました。

The goods delivered do not conform to the specifications of our order.
納入品は当方の注文の仕様に一致していません。

Please let us know what to do with the rejected goods.
欠陥品をどうすべきかお知らせください。

The color and the pattern do not match the sample you sent us. We would like to return them.
色柄が送っていただいた見本と違います。返品を希望します。

On receipt of the replacements, we will make an arrangement to return the damaged items.
代替品を受領と同時に、破損品の返送手続きをします。

Our customers are returning the new version, saying that it has too many bugs. I'd like to return the remaining 666 from the last shipment for full credit on the entire order of 1,000.
バグが多すぎるという理由で、お客さまから新しいバージョンの返品が相次いでいます。先日の出荷分から残りの666本を返品し、注文分1000本すべてに対しクレジットを発行してください。

Although the goods delivered do not conform to our specifications, we will accept them if you allow us a credit of $10,000, making the total price of our purchase $30,000.
納入品は当社の仕様に一致していませんが、10000ドルを差し引いて購入総額を30000ドルにしていただけるなら、引き取ります。

 不良品を謝罪

不良品であることが判明していれば、謝罪し、解決策を提示します。不良品であることが確定していなくても、メールをもらったことへのお礼、問題解決への意欲、相手を満足させたいという意志を伝えましょう。

Subject: RE: Defective Unit

We are distressed to learn that some of the units you received were defective.

I have personally inspected some of the units in our warehouse and found that some have the same problem. We have rigid inspection standards, but occasionally an imperfection gets by us, as unfortunately happened in this case.

We contacted the manufacturer, and they are shipping us replacements, which will arrive in about a week. As soon as we receive them, we will deliver to you.

Your satisfaction is extremely important to us and we apologize for the inconvenience.

 件名：RE：欠陥ユニット

受け取られた製品の中に不良品があったとのお知らせをいただき、恐縮しております。

自分で倉庫にある製品を検査したところ、そのうちのいくつかが同じ問題を抱えていることがわかりました。弊社では厳格な検査基準を用いていますが、残念ながら今回のケースのように、時に、それが完全ではないことを露呈する場合があります。

製造元に連絡し、代替品を取り寄せ中であり、1週間ほどでこちらに届きます。受け取りしだいお届けします。

弊社にとってお客さまにご満足いただくことがなによりも重要です。ご迷惑をおかけしましたことをお詫びします。

Useful Expressions

Thank you for your e-mail of June 5 telling us that the product delivered was defective.
お届けした製品が不良品であった旨の6月5日付貴メールをありがとうございます。

We are sorry to hear that the ST100 you recently purchased from us had a faulty modem.
弊社でお買い上げいただいたST100のモデムに欠陥があったことをお詫び申し上げます。

I am disturbed to learn of the difficulty you have experienced with this item.
この品に関して問題があったと知り、恐縮しております。

We are sorry that your purchase was not satisfactory.
ご購入いただいた製品が満足のいくものでなかったことをおわびします。

A replacement with 98% or greater purity will be shipped next week. I'll personally inspect the lot this time and assure that the shipment meets the spec.
純度98％以上の品を来週お送りします。今度は私が自分でロットを検品いたしますので、品が仕様を満たすことを請け合います。

We shipped a replacement to you on March 15. I assure you that it will be free from defects and satisfactory to you.
3月15日に代替品を出荷しました。今度の品は不良品ではなく、ご満足いただけることを請け合います。

We have found that the goods were damaged due to malhandling by the carrier. We are discussing a remedy with them. Meantime we are reshipping the goods tomorrow.
商品は運送会社の誤った取り扱いのために損傷したことがわかりました。先方と、損害補償に関して話しあっているところですが、明日、商品を再発送します。

We will issue a 30% discount if you could accept the merchandise as it is.
商品をそのまま受け入れていただければ、30％値引きいたします。　＊as it is　現状のまま

We will investigate and, if necessary, take appropriate corrective measures to be sure that our products will always meet the very highest standards.
調査をし、必要であれば、当社の製品が常に最高の水準を満たすよう、適切な是正策を講じます。

I can assure you that action has been taken to remedy the problem.
問題を解決するために、処置が取られていることを保証します。

We hope that this will be a satisfactory solution.
この解決策でご満足いただけるようお願い申し上げます。

We are committed to providing customers with the best-quality product possible.
当社では、可能な限りの最高品質の製品をお客様に提供するために全力を尽くします。

不良品ではないと反論

不良品でないことが確定していれば、その旨、説明しますが、やはりメールをもらったことへのお礼、問題解決への意欲、相手を満足させたい意志を伝えましょう。

Subject: RE: Defected Model #105

Thank you for your e-mail about Model #105.

The symptom you described is not a defect but an automatic shut-off feature built into the product. When you leave it on unattended for more than five minutes, it shuts off automatically for safety. Please refer to page 38 of your owner's manual for a full explanation.

Based on your description, I can assure you that the product is operating correctly and that no replacement is needed.

If you have any further questions, or if I can help you with any other aspect of using our product, please let me know.

Thank you for the opportunity to serve you.

＊owner's manual　使用説明書

件名：RE：欠陥型番105

型番105に関するメールをありがとうございます。

ご説明いただいた症状は、欠陥ではありません。製品には自動制止機能が搭載されており、5分以上手を触れずにいると、安全のため自動的に止まるようになっています。詳しくは使用説明書の38頁をご覧ください。

お聞きしたところによると、製品は正常に作動しており、お取替えは必要ないことを請け合います。

他にご質問がありましたら、または弊社製品の使用にあたって他の点でお役に立てることがありましたら、お知らせください。

ご奉仕できる機会をいただき、ありがとうございます。

Useful Expressions

We appreciate your letting us know of your concern about the quality of the product.
製品の品質に関するご懸念をお知らせいただき、感謝します。

Our records show that the shipment arrived at your plant in good condition. We will be glad to make another shipment, but we will have to bill you for it.
当方の記録によりますと、荷物は貴工場に良好な状態で到着しました。喜んで新たに出荷しますが、料金を請求させていただくことになります。

Can you provide further documentation that it arrived damaged?
着いたときに破損していたということを示す他の資料を送っていただけますか。

We are sorry about the misunderstanding, but I think the warranty conditions have been clearly represented. A copy of our warranty is attached in case you have further questions. 　　　　　　　　　　　　　＊in case ... …の場合に備えて
誤解が生じたことを残念に思いますが、保証の条件は、明確に提示されていると思います。さらにご質問がおありかもしれないので、保証書のコピーを添付します。

We regret that our instructions were misunderstood.
こちらの指示がうまく伝わらなかったことを遺憾に思います。

I'd like to clarify the matter so that there is no confusion later.
後々、混乱しないように、本件をはっきりさせたいと思います。

We do not believe the responsibility lies with us, but we would like to assist you in any other way.
責任は当社にはないと思いますが、他の形で可能であれば、サポートさせていただきたいと思います。

While we do not accept responsibility for the problem, we do want to assist you in solving it in any way we can.
問題に対する責任は負いかねますが、解決に向けてこちらでできることがあれば、ぜひお手伝いしたいと思います。

We hope this letter has clarified the issues and that you understand our desire to keep your business.
この手紙で問題が明らかになり、御社とのお取引の継続を望んでいることを理解いただけたと思います。

I hope this has resolved your concern.
ご懸念を解消できたことを願います。

We appreciate your giving us a chance to look into the problem.
問題を調べるチャンスを下さったことに感謝します。

Thank you for giving us the opportunity to review your concern(s).
お客さまのご懸念を検討させていただくチャンスをいただき、ありがとうございます。

請求ミス

証拠として請求書と見積書を添付します。単純なミスであることが多いので、最初は、あまり強い口調で責めることなく、ただ訂正した請求書を送付してほしいというだけで十分でしょう。

Subject: Invoice #98091

We received your invoice #98091 of March 1 as attached. The invoiced amount differs from the price quoted in the attached estimate of Dec. 4. The amount should be US$32,000.

I'm sure it's some kind of error. Please send us a corrected invoice.

 件名：貴請求書番号98091

添付の3月1日付貴請求書番号98091を受け取りましたが、請求額が12月4日付の見積価格と異なります。金額は$32,000のはずです。

何かの間違いだと思います。正しい金額の請求書を送ってください。

Subject: Invoice #1234

We just received a bill dated Sept. 28 from you saying there is an overdue amount of $5,800.

We have made all the payments in full. Could you look into it and correct our account? If necessary, we will send you our wire transfer records.

Thank you for your assistance.

 件名：請求書番号1234

9月28日付の請求書を受け取ったところですが、5800ドルが支払期限過ぎとあります。

いつも全額ちゃんと支払ってきました。調べて訂正していただけますか。必要であれば、電信振込記録を送付します。

ご協力ありがとうございます。

Useful Expressions

The amount on the invoice doesn't match that on your estimate of January 9
請求額が１月９日にいただいた見積額と一致しません。

Please remove the erroneous $4,000 charge from our account.
4000ドルの誤請求を当社への勘定から削除してください。

If the price is not $25 per piece, as quoted, we would like to return all 1000 pieces.
単価が見積もりどおり25ドルでないのなら、1000個すべて返品したいと思います。

Our statement says that there is an overdue amount of $2000. We have made all the payments in full. It must be some kind of recording error. Please make a correction on our account.
請求書に2000ドルが支払期限過ぎとありますが、当方ではすべての支払いを行ってきました。何か記録ミスだと思います。訂正してください。

Since it was your mistake, the finance charges should be removed from our account balance.
そちらのミスであったわけですから、金利は当方の勘定から削除されるべきです。

This is the third time I'm writing you requesting an adjustment on our account.
当社への勘定を訂正していただけるようにお願いするメールを送るのは、これで3度目です。

I ask that the error be corrected immediately.
間違いを直ちに直していただけますようお願いします。

I'd appreciate your cooperation in immediately correcting this error.
この間違いをただちに直してくださるようご協力に感謝します。

Could you take care of this right away, please!（カジュアル）
直ちに対処してください。頼みます！

請求ミスを謝罪

間違いが確認されれば、謝罪し、問題をすぐに処理する旨、伝えます。

Subject: RE: Invoice #98091

Thank you for your e-mail of March 15.

You are absolutely right about the error. We apologize.

We will be reissuing the invoice, which you should receive within two weeks. Please disregard the one we sent.

We appreciate the opportunity to serve you.

 件名：請求書番号98091

3月15日付メールをありがとうございます。

ミスに関して、まったくおっしゃる通りです。お詫び申し上げます。

請求書を再発行いたします。2週間以内にお手元に届くと思います。お送りしてある分は無視してください。

ご奉仕する機会をいただきましたことを感謝します。

I contacted our accounting department and they confirmed that your payment was received on time. It was credited to another account with a similar name. What an embarrassing error...

The error will be corrected immediately and you will no longer receive an overdue statement from us.

Thank you!

 経理部に問い合わせて、御社の支払いは期日内に受け取っていることを確認しました。似た名前の違う口座に記帳されていました。なんとお恥ずかしい間違いであることか・・・

間違いはすぐに訂正し、これ以上弊社から支払期限過ぎの請求書が届くことはありません。

ありがとうございます！

Useful Expressions

Thank you for pointing out the problem.
問題をご指摘いただき、ありがとうございます。

Thank you for bringing the error to our attention.
誤りをご指摘いただき、ありがとうございます。

We apologize for the billing error.
請求間違いをお詫び申し上げます。

We were able to track down the error and adjust your account accordingly.
ミスを突き止め、お客さまの勘定をしかるべき修正しました。

We will be adjusting your account by crediting $1000.
お客さまの口座を修正し、1000ドル返金いたします。

We'll be adjusting your account and issuing credit for the unused portion of your $1500 initial prepaid credit.
お客さまの口座を修正し、前払いいただいている1500ドルの未使用分に対し、クレジットを発行します。

I apologize for the oversight in not issuing the $500 credit to your account. I have today issued $550 in credits to your account to make up for this oversight and delay. This should appear on your statement in the next billing cycle.
お客さまに500ドルのクレジットを発行するのを見過ごしていたことをお詫びします。このミスと遅れを埋め合わせるため、今日、お客さまに対し、50ドルのクレジットを発行しました。これは、来月分の請求書に載るはずです。

Please accept our sincere apologies for the error in your bill.
請求書の謝りに関しまして、心からお詫び申し上げます。

I'm really sorry that you have had so many billing problems. I can assure you that you will have no more.
請求に関し、これだけ多くの問題が起こり、本当に申し訳ありません。これ以上問題がおきないことを保証します。

I know how frustrating this has been for you, especially in light of the fact that you have been a valued customer of ours for many years.
今回の件に対するご不満はよくわかります。とくに御社は長年の大切なお客さまであり、支払いに常に迅速に行われていたのですから。

I am terribly sorry that it has taken so long to straighten this out.
問題を正すのに時間がかかってしまい大変申し訳ありません。

We are reinforcing our procedures to prevent this type of error.
この種のミスが起こるのを防ぐために手続きを改善いたします。

Please be assured that this problem will not happen again.
この問題が2度と起こらないことを請け合います。

サービス関連

サービス、従業員の対応などに対し苦情を言うときには、サービスの内容、問題点のほか、必ず対応した従業員の名前や応対日時の詳細も記入します。そして、返金、謝罪、修理、従業員の訓練、顧客サービスの向上など、要求内容を明確に伝えます。

　下記は金融機関で新たに口座を開設するのに、要求された書類を提出し、その後、数人の顧客サービ担当者と電話で話をしたにもかかわらず、何週間も口座がフリーズされて利用できず、すぐに解決されない場合は他社に口座を移す旨、メールで伝えたものです。最終通達のため、きつい口調になっています。

Subject: Account# 64-251704

On Sunday, when I tried to move the funds to a higher-interest money market fund, I was told restrictions were imposed on our account because of missing documents. We turned in all the documents we were told were necessary.

This has been going on for months, since the customer rep (Ms. Pfundstein) in your Irvine branch failed to have us turn in all the necessary documents, which we had with us when we opened our account.

I have spoken with at least four reps over the phone about this. I enclosed a complaint letter when I submitted a copy of our Articles of Incorporation.

This has been taking too long to be resolved. Unless it is resolved immediately, we are ready to take our funds to Better Bank.

 件名：口座番号64-251704

日曜日に、資金を利率の高いマネーマーケット・ファンドに移そうとしたところ、必要な書類がそろっていないので、口座に制限が課せられていると言われました。必要だと言われた書類はすべて提出してあります。

これは、御社のアーバイン支店の顧客担当（ファンドシュタイン氏）が口座開設時に、その際、当方がすべて持参していたというのに、必要書類をすべて提出させるのを怠ったために、ずっと続いているのです。

この問題について、少なくとも4人の顧客担当と電話で話をしました。当社の定款のコピーを提出した際に苦情の手紙も同封しました。

解決するのに時間がかかりすぎています。すぐに解決されなければ、当社の資金はベター銀行に移します。

Useful Expressions

I'd like to report an unpleasant experience I recently had with your sales associate.
先日、御社の営業員に不愉快な思いをさせられたことをお知らせしたいと思います。

I strongly object to the mishandling of the phone call by one of your customer service representatives on May 9.
5月9日の御社の顧客サービス担当者の電話のおろそかな対応に強く抗議します。

I would like these complaints addressed immediately.
下記の苦情にすぐに対処していただきたいと思います。

I normally do not go over the head of the person who is supposedly servicing our account, but it seems to be the only solution to the problem we have faced for the last eight weeks.
普通なら、担当者を飛び越えて苦情を言ったりしないのですが、そうしなければ、当社がこの8週間直面してきた問題は解決されないようです。

Despite repeated requests by both e-mail and phone, we still have not received the warranty. It is imperative that we immediately receive it.   ＊ imperative 必須の
メールや電話で再三請求したにもかかわらず、まだ保証書受け取っていません。どうしても至急入手する必要があります。

I'd like to hear how you will improve the situation before I contact your headquarters.
本社に連絡する前に、こうした状況をどのように改善していただけるのかお聞きしたいと思います。

If a satisfactory solution is not offered by October 1, we will cancel our account with your firm.
満足いく解決策が10月1日までに提示されない場合、御社との取引を取り消します。

I hope you will correct the situation immediately.
状況を直ちに直していただけるようお願いします。

I hope you can restore our confidence in your product and service.
貴社の製品とサービスに対する私どもの信頼を回復できるようお願いします。

I know that you wish to maintain the good reputation of your company, and I'm counting on you to take care of the problem right away.
御社もよい評判を保ちたいことでしょうから、問題をすぐに解決していただけるものと信じています。

We have been satisfied with your fine service for many years. We anticipate that you can resolve this problem so that we can maintain this relationship.
御社の優れたサービスには長年の間満足してきました。両社のこうした関係が続くよう、この問題を解決していただけることを期待しています。

Thank you for your time and efforts in solving the problem.
本件を解決するために費やしていただけるお時間とご労力に感謝します。

サービス関連の苦情に謝罪

こうしたクレームに対する返信は、一般に手紙で行われます。ただし、メールやオンラインフォームを使って送った場合、メールで返事が来る場合もあります。

まずは事実確認が必要です。相手が不愉快な思いをしたことには同情し、事実確認後、すぐに問題に対処する旨、伝えましょう。相手の主張に同調できるところはできるだけして、相手の認識違いなどがあれば状況を説明します。たとえ、相手の勘違いでも、"You misunderstood..." "You didn't understand..." などと相手を責めるような口調はいけません。

Subject: RE: My Recent Stay

Thank you for taking the time to inform me of the lapse in our service during your recent stay. I was quite shocked to read how our basic service standards, based on common courtesy, were not maintained by my staff during your visit. They have had a consistent record of being quite hospitable.

I have spoken with the team members with whom you had interaction, as well as the one you observed. Your comments have been instrumental in our training and in improvement of our guest services.

I have removed the room and tax charges for the evening you stayed with us, and hope that we have the opportunity to regain your faith in our services on any future trips to Kyoto.

Thank you again for taking the time to share your comments with me and allowing us an opportunity to improve.

 件名：RE: 最近の滞在で

先日、お客さまが滞在された際の当ホテルのサービスの失態についてお知らせいただき、ありがとうございます。お客さまのご滞在中、従業員が、礼儀にもとづく基本的なサービス水準を保てなかったことを知り、大きなショックを受けました。彼らは、一貫して手厚いおもてなしができると評価されてきたのですが。

お客さまに応対させていただいた従業員ならびにお客さまがご覧になられた従業員と話をしました。お客さまのご意見は従業員教育とサービスの向上のために役立つものです。

ご宿泊になられた夜の宿泊料金ならびに税金を差し引かせていただきました。また京都にお越しの際に、当ホテルのサービスに対する信頼を回復する機会をいただければ、幸いに存じます。

わざわざご意見をお寄せいただき、また改善の機会をいただきましたことに、重ねてお礼申し上げます。

We apologize for the unpleasant experience you recently had at our hotel.

The hotel was overbooked on the night of Dec. 10. Due to departure delays for several guests with flight problems, we were suddenly and beyond our control facing an overbooking problem. I'm sorry that the front clerk was unable to offer a proper explanation. He was new, although this in no way is an excuse for the poor service you received.

Unfortunately, all the rooms in the downtown area were fully booked because of conferences in the area, and we were only able to book you a room at the ABC Hotel.

Not being able to provide a room to a guest with a guaranteed reservation is a rare occurrence at our hotel, but should you encounter this in the future, please contact me or the manager on duty.

Please accept the enclosed transferable voucher for a complementary night's stay on your next trip to Yokohama. I will personally make sure that your next stay with Nihon Hotel will be a most pleasant one.

 当ホテルで、先日、不快な思いをされたことをお詫び申し上げます。

12月10日の夜、ホテルはオーバーブッキング状態だったのです。フライトの問題で出発を延ばされたお客さまが何人かいらっしゃり、突然、私どもの力ではどうしようもなく、オーバーブッキングに見舞われてしまったのです。フロント係がちゃんと説明をできなかったことをお詫びします。新任のフロント係だったのですが、それは、お客さまが受けられた乏しいサービスの言い訳には到底なりません。

残念ながら、複数の会議のためダウンタウン地域のホテルは満杯だったため、ABCホテルにしかお部屋をお取りすることができませんでした。

予約を保証されたお客さまにお部屋を提供できないなどということは、当ホテルでは実に稀なことなのですが、万が一、またこのようなことが起きました際には、私、また当日勤務のマネジャーまでお知らせください。

次回、横浜にいらした際にお使いいただける譲渡可能な一泊招待券を同封いたしましたのでお納めください。次回の日本ホテルでのご滞在が快適なものであることをお約束いたします。

Useful Expressions

Thank you for writing us about your recent experience at our Nagoya branch.
先日、名古屋支店での出来事に関しお知らせいただき、ありがとうございます。

Thank you for contacting OD regarding the poor service that you recently received.
先日お客さまが受けられたお粗末なサービスについてODにご連絡いただきありがとうございました。

Thank you for your recent online feedback describing your disappointment with our service.
弊社のサービスに失望されたとのオンラインフィードバックをありがとうございました。

I appreciate you taking time to write and inform us of the difficulties you experienced while attempting to return the merchandise.
お時間を割いてお手紙をお寄せいただき、お客さまが商品を返品される際に大変な思いをされたことをお知らせいただきましたことに感謝申し上げます。

I am sorry that your reservation was not handled properly.
ご予約が適切に処理されなかったことをお詫びいたします。

I was disappointed to hear about the service issues you raised in your e-mail.
お手紙で、サービスに関し問題があったことを知って落胆いたしました。

I was distressed to learn that the service you received was unsatisfactory.
お客さまが不十分なサービスを受け取られたことを知り恐縮しております。

I was very disappointed to learn that this process proved to be so unpleasant and time-consuming, and I'm glad you brought this matter to our attention.
この過程が非常に不愉快かつ大変な時間の無駄であったことを知り、とても失望しました。この件をお知らせいただきうれしく思います。

This is not acceptable and we are currently looking into how this mix-up happened so that it will not happen again.
これは許容できるものではなく、現在、再発防止に向けて、なぜこのような間違いが起きたのかを調査中です。

We pride ourselves on quality of service, but in your case, it appears that we failed in this regard.
当社ではサービスの質を誇りに思っていますが、お客さまのケースでは、これがかなえられなかったようです。

Please accept our apology for the recent problems you had at our store.
当店でのやりとりにおいて問題があったことをお詫びいたします。

Please accept my sincere apology for your inconvenience and frustration.
お客さまにおかけしたご不便とご不満に心からお詫び申し上げます。

I'd like to address the situation immediately. Please give me a few days to investigate.
この件にすぐに対処したいと思います。調査するのに数日いただけますか。

The district manager of the location has been notified and has been directed to counsel the incividuals involved.
同店管轄の地域マネジャーに通知し、問題の当人らに注意するよう指示を与えました。

Although these transactions are routinely handled without incident, the possibility of human error or equipment malfunction cannot be completely eliminated.
これらの業務は通常、問題なく遂行されますが、人為的なミスや機器の不具合の可能性を完全には排除することはできません。

While we strive to supply products of the highest quality, a problem like this happens on rare occasions. I have informed our Quality Assurance Department that this happened.
最高品質の商品をご提供するよう努力しておりますが、このような問題は、まれに起こります。このような問題が起こったことは品質管理部に伝えました。

Please be assured that all appropriate management personnel have been advised that we failed to provide the level of service that OD customers expect, ard you may be confident that we are addressing this issue right away.
弊社がODのお客さまが要求される水準を満たせなかったことを、関係する経営陣全員に伝えました。弊社では直ちにこの問題に取り組むことをお約束しますます。

Please accept the enclosed gift certificate as a gesture of our goodwill and as an invitation to shop with us again soon.
私どもの誠意の証として、また近々またご来店いただくため、ギフト券を同封しましたのでお納めください。

As director of customer service, I will make sure to have your feedback reviewed for staff training.
顧客サービス部長として、お客さまのご意見をスタッフ研修のために復習させますことをお約束します。

Ms. Acosta, once again, thank you for writing and allowing me the opportunity to respond.
アコスタ様、お手紙をいただき、お答えする機会をいただきましたことに、重ねてお礼申し上げます。

All of us at OD appreciate the business that you have placed with us, and we will do all that we can to restore your good feelings.
OD一同、これまでのお取引に感謝し、お客さまの信頼を回復できるよう最善を尽くす所存です。

We have greatly appreciated your patronage and hope to have an opportunity to restore your confidence.
お客さまのご愛顧に心から感謝申し上げますとともに、お客さまのご信頼を回復する機会を与えていただけますよう、お願い申し上げます。

I hope you will give us another chance to show we can serve you as well as, if not better than, our competitors.
当社のサービスが他社にくらべて劣っていない、いや他社より優れているかもしれないことを証明する機会をいただければ幸いです。

技術サポート関連

ハードやソフトのベンダー、プロバイダなどは、たいていメールやオンラインで技術サポートを提供していますので、メールやオンラインフォームを使って連絡します。技術サポートを求めるメールでは、使用している機種やOS、トラブルの内容、日時、試してみた解決策を詳しく伝えることが大切です。

Subject: Loss of Connectivity

We had no Internet connection today—it's now 11pm (JST). When I contacted your technical support this morning, I was told they were aware of the problem and working on it and that the connection would be restored today. It never was.

This is completely unacceptable. This is clearly a violation of the SLA, which guarantees 99.9% connectivity.

We may have to consider terminating the agreement. An all-day outage never happened with our former provider, Better Network.

We expect to hear from the manager about this.

＊outage　接続障害、機能停止

 件名：接続ロス

今日、インターネットに接続できませんでした。現在、午後11時（日本標準時間）です。今朝、御社の技術サポートに連絡した際、問題を把握しており、作業中であり、接続は今日回復するといわれました。しかし、回復しませんでした。

これは、まったく受け入れられないことです。99.9％の接続を保証するSLAに違反することは明らかです。

契約の解約を考えなければならないかもしれません。以前利用していたベターネットワークでは、丸一日の接続障害は起こったことがありません。

この件に関し、マネジャーから連絡をいただきたいと思います。

Useful Expressions

I'd like to complain about your technical support.
御社のテクニカルサポートに対し苦情があります。

I was told your tech support would get back to me within 72 hours. It has been 5 days, but I haven't heard back.
72時間以内に技術サポートから連絡があるとのことでしたが、あれから5日経っても連絡はありません。

We have had several problems with your service, as summarized below.
貴社との間で生じた諸々の問題を下記にまとめました。

We have not been able to access our account on your web site with the user ID and password issued by your company.
御社で発行されたユーザ名とパスワードを使って貴社サイトの当社口座にアクセスしようとしているのですが、できません。

If the problem persists, we will have to cancel the agreement.
この状況が続くなら、契約を解除せざるを得ないでしょう。

Please have someone return my e-mail as soon as possible. Otherwise, we will have to cancel the service.
すぐに誰かに私のメールに対する返事を送ってもらってください。そうでなければ、サービスを解約せざるを得ないでしょう。

We'd like credit for the out-of-service period.
サービスを受けられなかった期間に対するクレジットを発行してください。

For all the business interruptions your company caused us and the time we had to spend to have the problems fixed, we'd like to be compensated.
御社が引き起こした支障と私たちが問題解決に費やした時間に対して、賠償していただきたいと思います。

I'd like to hear from someone from your company who can authorize compensation for all the business interruptions your company caused us.
御社が引き起こした多くの支障に対する賠償について決定権のある方から連絡をいただきたいと思います。

技術サポート関連の苦情に謝罪

問題の起こらない技術はまずないので、問題が起こった際の対応が顧客のロイヤルティを得られるかどうかの決め手となるでしょう。

Subject: RE: Loss of Connectivity

Thank you for contacting us.

We regret that the quality of service you received yesterday did not reflect the quality we strive for. We appreciate your taking the time to let us know of your experience. It is candid feedback such as yours that helps us find new ways to improve our service.

We were doing maintenance work on our network yesterday. All the issues have been resolved and you should be able to access the Internet without any problem by the time you receive this email.

If you have any other issues, please get back to us. We are eager to assist you.

 件名：接続ロス

ご連絡ありがとうございます。

昨日、お客さまが経験されたサービスの質は、弊社が目指している質を反映するものではなかったことを遺憾に思います。お客さまの体験をわざわざお知らせいただいたことに感謝いたします。お客さまからいただいたような率直なフィードバックは、弊社のサービスを向上させる新たな方法を見つけるのに役立つものです。

昨日、ネットワークの保守作業をしていたのですが、すべての問題は解決され、このメールを受け取られるまでに問題なくインターネットに接続していただけるはずです。

他に問題がありましたら、お知らせください。ぜひお力になりたいと思います。

Useful Expressions

We appreciate your taking the time to let us know of your experience.
お時間を割いてお客さまの体験をお知らせいただいたことに感謝いたします。

I apologize for the problems you had with our online customer service.
当社のオンライン顧客サービスにおいて問題があったことをお詫びします。

Please use the attached driver to reinstall.
添付のドライバーを使って再インストールしてください。

We are working on this. At this time, we have no information as to when this will be resolved. We sincerely apologize for any inconvenience this may have caused you.
弊社ではこの問題に対処中ですが、現時点ではいつこの問題が解決できるかの情報はございません。この問題でお客さまにご迷惑をおかけしましたことを心よりお詫びします。

I can understand how devastating such interruptions are to your business.
あのような支障が御社のビジネスにとってどれだけダメージを与えるか、わかります。

The following link is provided to assist you.
下記のリンクがお手伝いいたします。

BestNet is committed to delivering high quality services to meet your online needs.
ベストネットは御社のオンラインニーズを満たせるよう高質のサービスをお届けする所存です。

We are committed to keeping our sales force educated and updated on our ever-increasing line of products and services.
当社では、当社の増えつづける製品やサービスに関して営業部員を教育し、最新情報を提供していく所存です。

Did you know that you can find answers to many of your BestFiber High-Speed Service questions by visiting the customer support site at www.getglobal.com
ベストファイバー高速サービスに関するよくあるご質問の多くへの回答をサポートサイトwww.get-global.comでご覧いただけることをご存じでしょうか。

We are here to assist you!
お客さまのサポートが、我々の仕事ですので！

技情サポート関連──責任がないと返事

下記の例では、相手の状況に同情し、顧客を助けるために問題解決策を一応提案しながらも、自社に責任がないことを伝えています。自社の製品に関することであれば喜んでサポートする旨のメッセージで終わるとよいでしょう。

Subject: RE: Software Problem

Thank you for your e-mail.

We are sorry that you have had a problem with your software. Unfortunately, we cannot support other vendors' software. I suggest that you uninstall the software and reinstall it to see if you still have the problem, or you can contact your software vendor. I'm sure they will be happy to help you.

Please let us know if there is anything we can do to support our computer.

 件名：RE：ソフトのトラブル

メールをありがとうございます。

ソフトで問題が生じたようで、お気の毒に思います。残念ながら、当社では他社のソフトのサポートはできません。ソフトをアンインストールし、再インストールして、まだ問題があるかどうか見られてはどうでしょうか。またはソフトベンダーに連絡されるとよいと思います。喜んでサポートするでしょう。

当社のコンピュータに関し、できることがあればお知らせください。

 ## Useful Expressions

If this machine is still under warranty, then you can call our technical support center to discuss your warranty options. The number is 03-1234-5678 between 9AM and 5PM.
お客さまの機械が保証期間内の場合は、弊社テクニカルサポートセンターにお電話いただき、保証のオプションをご相談ください。電話番号は03-1234-5678 、営業時間は午前９時から午後５時までです。

If the machine is not under warranty, your only option is to take it to an alternate service facility.
保証期間外の場合は、別のサービスセンターにお持ちいただくしかありません。

You can locate the nearest Lousy Authorized Service Facility by visiting our website and clicking on TECH SUPPORT, then SERVICE OPTIONS.
最寄りのラウジー公認サービスセンターは、弊社ホームページを開き、まず「技術サポート」、次に「サービスオプション」をクリックして探していただくことができます。

We know of no outages in your area that may have contributed to your problem.
お客さまの地域では、お客さまが経験されたような問題を引き起こす接続障害は報告されていません。

著作権の侵害

ネットなどで自社の著作物（文章、アートワーク、ソフトウエアなど）が無断で使用されている場合は、気後れすることなく、抗議のメールを送りましょう。著作権侵害物をサイトから取り外すように要請する場合、「48時間以内に」「○日までに」という具体的な期限を入れたほうが効果があります。

Subject: ABC Publishers Copyright Violation

While it may have been unintentional, you have violated international copyright laws by publishing illegal online copies of the following ABC Publishers' books on the Internet at http://www.getglobal.com:

-Resume Writing for Your Successful Career
-English for Successful Interviews

Please remove these online texts, any other ABC Publishers' online texts and corresponding links by November 25.

Full copyright language is printed on the last page of the books.

Legal Department
ABC Publishers

訳 件名：ABC出版社の著作権侵害

たとえ故意ではなくても、あなたはインターネット上（http://www.getglobal.com）でABC出版社の下記の書籍の不法なオンラインコピーを掲載して、国際著作権法を侵害しています。

- 「英文履歴書の書き方」
- 「面接の英語」

これらのオンラインテキスト、他のABC出版社のオンラインテキスト、関連するリンクをすべて11月25日までに削除してください。

著作権に関する表示は、書籍の最後のページに掲載されています。

Subject: Unauthorized Use of DivorceWizards.com Material

It has been brought to our attention that you have pirated our Divorce Yourself forms, including both language and html, from our site, DivorceWizards.com.

We demand that you remove these from your site, www.getglobal.com, within the next ten days.

If not, we will file an action for our costs and damages. Should you have any questions, please let me know.

件名：DivorceWizards.com製作物の無断使用

御社が、言語およびHTMLを含む「セルフサービス離婚」書式を当社サイト、DivorceWizards.comから盗作されていることを発見しました。

御社のサイト、www.getglobal.comから、10日以内にこれらを削除するよう要求します。

さもなければ、経費と損害を請求する訴訟を起こします。ご質問があれば、ご連絡ください。

Useful Expressions

We just came across our photograph, "Martian Elephant," posted at your web site (www.getglobal.com) without our permission. The photograph is from our Mars collection (www.astropics.com/mars) and is protected by international copyright laws.

「火星の象」という当社の写真が、当社の許可なく貴ウエブサイト(www.getglobal.com)に掲載されているのを偶然見つけました。この写真は当社の「火星コレクション」(www.astropics.com/mars)の1枚で、国際著作権法で保護されています。

Please remove the photograph from your site within 48 hours. Otherwise, we will advise your web hosting company that they are hosting material that is in violation of our copyright.

この写真を48時間以内に貴サイトから削除してください。削除されない場合は、そちらのウエブホスティング会社に当社の著作権を侵害している作品を掲載している旨、通知することになります。

We found that artwork of ours is being used at www.getglobal.com without our permission. The image is protected by international copyright laws. Please have the copyrighted image removed from the site by November 25.

当社のアートワークがwww.getglobal.comで当社の許可なしに使用されているのを見つけました。その写真は国際著作権法で保護されています。11月25日までに、そのサイトから削除させてください。

Otherwise, we will have to resort to legal action.

さもなければ、法的手段に訴えざるをえません。

If you wish to continue to post our material at your site, I'll be happy to negotiate a license with you.

引き続き、当社の作品を貴サイトで掲載することを希望される場合は、ライセンス供与について喜んでご相談させていただきます。

Attached is a bill for the unauthorized use of my copyrighted artwork.

私が著作権を所有するアートワークの無断使用に対する請求書を添付しました。

著作権侵害のクレームに対する返信

日本では、責任を認めるか認めないにかかわらず、謝罪することが重要視されるので、とにかくひたすら謝るという姿勢がよく見られますが、そんな簡単に謝ってはいけません。企業の場合、経営者や管理者の知らないところで、社員が勝手に著作権侵害物を自社のサイト上に掲載していた、ということもあり得ますが、まずは事実確認が最優先です。

同時に、相手のメールにすぐに対応することが緊要ですので、調査してから連絡する旨、伝えるとよいでしょう。企業の場合、著作権侵害の恐れがある場合は、弁護士に相談すべきです。

「著作物であったとはまったく知らなかった」という釈明の返信を送ることもできますが、たとえ著作物を侵害していたことを知らなかったとしても、著作権侵害の責任は免れません。

Subject: RE: Unauthorized Use of My Animation

We received your e-mail about the duck animation.
We will look into it and get back to you within a week.

Best regards,
Eiji Okada
Legal Department
ABC Corporation

 件名：RE: 私のアニメの無断使用

アヒルのアニメに関するメールを拝受しました。
調査して１週間以内にご返事いたします。

 ## Useful Expressions

Thank you for letting us know about the photograph.
写真についてお知らせいただき、ありがとうございます。

....

The photograph has been removed from our site. I hope this has not caused you any inconvenience.
写真は当サイトから削除いたしました。この件でご迷惑をおかけしていないことを願っています。

....

The image in question was in the web design software we bought. We had no idea that copyrighted material was included in the off-the-shelf software.
問題の画像は購入したウエブデザイン・ソフトに含まれていた物です。市販ソフトに著作物が収められていたとはまったく想像もつきませんでした。

....

We already removed the image from our site. I hope this will be a satisfactory solution.
画像はすでに当サイトから削除しました。これで満足いただけますよう。

....

商標の侵害

こうした文書は、通常、弁護士によって書かれ、配達証明つき郵便や宅配便で送られますが、最近ではメールで送られる場合も増えています。弁護士のように、素人にはわかりにくい法律用語や古めかしい、冗漫な表現は使わず、誰にでもわかる明確な表現を使うほうがコミュニケーションは円滑に進みます。

Subject: GlobalLINK Trademark Infringement

We recently found that your web site, ocgoal.com, has been using our tracemark, GetGlobal, in the marketing of your products and services. GetGlobal is a registered trademark (U.S. Reg. No. 1234567) of GlobalLINK. Our federal registration of this trademark provides us with certain proprietary rights, including the right to restrict the use of the trademark or a similar trademark in association with confusingly similar products and service.

Your unauthorized use of our federally registered trademark amounts to an infringement of our trademark rights. Therefore, we request that you immediately cease and desist use of GetGlobal in association with the marketing, sale, distribution or identification of your products and services.

Please respond by e-mail, indicating your intention to cease and desist use of the trademark, GetGlobal, or any confusingly similar trademark, by March 10, 2004.

We hope that this issue may be resolved amicably so we can avoid any further legal remedies.

＊proprietary right　所有権　　infringement　侵害
cease and desist　中止する、停止する　　confusingly similar　紛らわしい

 件名：　グローバルリンク商標侵害

先日、貴ウエブサイトocgoal.comで貴社製品およびサービスのマーケティングに、当社の商標のGetGlobalが使用されているのを見つけました。GetGlobalはグローバルリンク社の登録商標（米国登録番号1234567）です。この商標は連邦登録されており、当社に、この商標および紛らわしい製品・サービスに関連する類似の商標の使用を制限する権利を含む一定の専有権が与えられます。

貴社が当社の連邦登録商標を許可なく使用することは当社の商標権の侵害となります。よって、直ちに貴社製品およびサービスのマーケティング、販売、流通、識別に関わるGetGlobal商標の使用の中止を求めます。

GetGlobal商標および紛らわしい商標の使用を中止する旨、2004年3月10日までにメールでお知らせください。

この問題が友好的に解決され、さらなる法的救済措置をとらずにすむことを望んでいます。

Useful Expressions

We have learned that you are involved in the distribution of merchandise in violation of the intellectual property of GloballINK.
御社が、グローバルリンクの知的財産権を侵害した商品の流通に関与されていることを知りました。

This e-mail serves as formal demand that you immediately cease and desist infringing on our trademarks or intellectual property on your web site, www.get-global.com.
本メールは、御社のウエブサイト、www.getglobal.comで、当社の商標または知的財産権の侵害を直ちに中止することを求める正式な要請です。

We are writing because you have registered www.getglobal.com and the use of GLOBAL in the domain name infringes the GLOBAL trademark in violation of 15 U.S.C. 1114(a) and dilutes the GLOBAL trademark in violation of 15 U.S.C. 1125(c).
貴社ではwww.getglobal.comを登録されていますが、ドメインネームへのGLOBALの使用は、米国包括通商法1114(a)に違反してGLOBAL商標を侵害し、米国包括通商法1125(C)に違反してGLOBAL商標を希釈化するため、本状を差し上げる次第です。

Through this e-mail, we demand that you cease and desist from infringing upon our trademarks.
本メールによって、当社の商標侵害を中止するよう要求します。

The GlobalLINK mark has been in continuous use since 1961.
グローバルリンクの商標を1961年からずっと使用し続けてきました。

Any use of the name would be likely to confuse the public as to the source of your and Global's respective products and/or services.
その名称のいかなる使用も貴社およびグローバルそれぞれの製品および／またはサービスの出所に関し大衆を惑わせることになるでしょう。

This property is an extremely valuable asset, and we have invested substantial sums of money to protect and enforce our rights.
この財産はきわめて価値のある資産であり、当社の権利を保護および執行のために莫大な費用を投じてきました。

Please indicate your agreement to cease using the trademark Global within 10 business days of receipt of this e-mail, by responding to this e-mail.
本メールを受領後10営業日以内に、商標Globalの使用の中止に同意する旨、このメールに返信の上、お知らせください。

To amicably resolve the matter of your trademark infringement, we hereby demand that within seven business days of the date of this e-mail, you voluntarily cease and desist use of the trademarks ABC and XYZ.
御社による商標侵害を友好的に解決するため、本状の日付から7営業日以内に、自主的に商標ABCとXYZの使用を中止することをこれによって要求します。

In addition, you must deliver to this office any and all material in your company's possession or control bearing our trademarks.
加えて、御社の所有または管理の下にある当社の商標を掲載した、いかなる、かつあらゆる品を当事務所に届けてください。

GlobalLINK demands that by March 1, you (1) cease using the domain name get-global.com and (2) transfer ownership of that domain name to GlobalLINK.
グローバルリンクでは、3月1日までに（1）ドメインネームgetglobal.comの使用を中止し、（2）そのドメインネームの所有権をグローバルリンクに譲渡することを要求します。

Please respond to this email and confirm that you will agree to resolve this matter as requested. If we do not receive confirmation from you that you will comply with our request, we will have no choice but to pursue all available remedies against you.
要請どおり、本件を解決することに合意することを確認したメールをこのメールに返信してください。当社の要請に応じるという確認をいただけない場合は、御社に対し可能なあらゆる救済措置を取らざるを得ないでしょう。

Please contact me within five days after receipt of this notice. Otherwise, we will assume that you do not wish to reach an amicable resolution, and we will institute proceedings to discontinue your use of the domain name and take appropriate action to enforce our rights.
この通知を受領後5日以内に連絡してください。連絡がない場合、御社が友好的な解決を希望されていないと判断し、そのドメインネームの使用を停止し、当社の権利を執行するために適切な措置を行うための手続きを開始します。

We look forward to receiving from you evidence of your voluntary termination of the infringement of the ABC and XYZ trademarks.
商標ABCとXYZ侵害を自主的に終了したという証拠を送っていただけるのをお待ちしております。

Thank you for respecting the intellectual property of Global Corporation.
グローバルコーポレーションの知的財産権を尊重していただき、ありがとうございます。

商標侵害のクレームへの返信

海外の弁護士から手紙が来たからといってうろたえる必要はありません。こちらが相手の権利を侵害している、相手の言うとおりにしないといけないとは限りません。さらに詳しい情報がほしければ情報を求め、納得が行かなければその旨、伝えましょう。ただし、弁護士に相談することをお勧めします。

商標侵害を認め、商標の無断使用をやめるなら、

Subject: RE: GlobalLINK Trademark Infringement

We received your e-mail of Feb. 28.
We were unaware that GetGlobal was a registered trademark.

We hereby agree to cease and desist use of the trademark, GetGlobal. It will be removed from our web site by March 10.

 題：グローバルリンク商標侵害

2月28日付のメールを受領しました。GetGlobalが登録商標であることを知りませんでした。

ここに登録商標、GetGlobalの使用を中止することに同意し、3月10日までに当社のウエブサイトから削除いたします。

弁護士に相談してからにするには、

We received your e-mail of Dec. 5.
We are investigating the matter and will be in contact with you shortly.

 12月5日の手紙を受領しました。
この件を調査し、すぐにご連絡します。

Useful Expressions

We had no idea your client had a trademark on our domain name.
当社のドメインネームをそちら（法律事務所）のクライアントが商標登録されていたとは、まったく思いもよりませんでした。

We wholeheartedly respect everyone's right to their trademarks.
誰のものであろうが、商標に対する所有者の権利を心から尊重します。

Could you please provide the evidence that GLOBAL is your registered trademark?
GLOBALが御社の登録商標であるという証拠を見せていただけませんか。

According to our attorney, we are well within the law because we did not mention your product's name any more than was necessary to describe it.
当方の弁護士によると、御社の製品の名前を記述するのに必要以上には使用していないため、合法だということです。

We sell nothing that competes with your products and there is no confusion as to who offers your products.
貴社製品と競合するようなものは何も販売しておらず、当社の製品の販売に関し、混乱はありません。

We do not offer entertainment services and are not competitors of yours.
当社ではエンタテーメントサービスは提供しておらず、御社とは競合しません。

While it is my belief that your complaint is unwarranted, as a goodwill gesture I am deleting all the references to GLOBAL from our web site.
御社のクレームに正当性はないと信じますが、善意のしるしとして、GLOBALへの言及はすべて当サイトから削除します。

It is our most heartfelt desire to help protect the trademark you built.
御社が築かれた商標を保護されるのをお手伝いしたいと心より願います。

ネチケット違反

複数の相手にメールを送る際にTo:のところに送付先のアドレスをすべて入れて送るため、許可なしに人のアドレスを皆に開示してしまう人たちがいます。インターネットが浸透した今も、こうしたネチケット違反が多くて困るのですが、このような違反メールが届いたときには下記のようなメールを送るといいでしょう。

Subject: Netiquette

When you send an e-mail to a group of people who don't know one another, you are supposed to put their addresses in BCC and send it to yourself so that everyone's address won't be seen. I don't think you have a spammer friend, but many people, including myself, don't like their e-mail addresses being disclosed to people they don't know.

It bothers many people—No. 2 breach of online netiquette, as you can see at www.onlinenetiquette.com.

訳 件名：ネチケット

お互いに相手を知らない人たちにメールを送る際は、皆のアドレスが見えないように、アドレスをBCCに入れて、メールは自分あてに送るべきなのです。あなたの友人にスパマーがいるとは思いませんが、私を含め多くの人は、知らない人にアドレスを公開されたくないのです。

多くの人がそれを嫌うのですよ--www.onlinenetiquette.comでオンラインネチケット違反第二位に選ばれているように。

[REPLY]

Thanks for your suggestion! I really did not know how to do this, but NOW I DO and have done so since then. I appreciate your "two cents" worth.

＊two cents ささやかな意見

訳 アドバイスありがとう！　どうやってやるのか（送付先のアドレスを隠すのか）知らなかったんだけど、これでわかった。今はそうするようにしてます。”ちょっとしたアドバイス”に感謝します。

Subject: Netiquette 101

You're not supposed to display all the addresses in the To field! Use BCC!!!

 件名：ネチケット初級講座

アドレスを全部Toに開示するべきではないんです！　BCCを使うこと！！！

 **[REPLY]**

The mistake was mine - and I do know better than to put every-one's address in the To: field! I certainly should have double-checked it before sending it out. I'm very sorry and I hope this has not caused you any inconvenience.

 私のミスです―全員のアドレスをTo:に入れるべきでないことくらい、私にはわかっていたはずなのです。送信する前にもう一度チェックするべきでした。本当にすみません。ご迷惑をかけてなければいいのですが。

 ## Useful Expressions

Just to let you know that the Word file you sent me is infected with W32.Sircom.Worm. You may want to virus scan your computer.
送ってくれたワードファイル、W32.Sircom.Wormに感染してますよ。コンピュータをウイルススキャンしたほうがいいんじゃないですか。

Thanks for letting me know about the virus. I'm sorry to have sent you the infected file. I'll scan my hard drive.
ウイルスのこと教えてくれてありがとう。感染されたファイルを送ってごめんなさい。
ハードドライブをスキャンします。

CHAPTER

社内メール

資料を依頼

Please send me market information のような漠然とした依頼ではなく、何が必要かをできるだけ具体的に伝えます。必要な理由や期日も伝えると、より効果的でしょう。

Subject: Market Research–Motors

I need to estimate the number of engines used in the market. DP said you might be able to help. Do you have these lists? If so, could you e-mail or fax them to me?

· A list of industry associations
· A list of engine parts manufacturers
· A list of wholesalers
· Any other sources that might help us collect data

DP wants the number by Oct. 11, so I'd appreciate it if you could send me the list by the end of the week.

Thanks for your help.

 件名：市場調査－モーター

市場で使用されているエンジン数を概算する必要があるのですが、DPに貴方ならお手伝いいただけるかもしれないと言われました。これらのリストをお持ちですか？　もしお持ちであれば、メールかファックスで送っていただけますか？

・業界団体リスト
・エンジン部品メーカーリスト
・卸業者リスト
・データ収集に役立つ他の情報源

DPに10月11日までに概算を出すように言われていますので、週の終わりまでにリストを送ってもらえると助かります。

お手伝いいただき、ありがとう。

Useful Expressions

I have the following questions:
次の質問があります。

I'd appreciate your answers by tomorrow since I'm leaving town on Thursday.
木曜に発つので、明日までに回答をいただけると助かります。

Please provide the number of managers by business unit.
ビジネスユニットごとのマネジャー数を教えてください。

Could you please e-mail or fax me the contract or any document that shows the kind of business arrangement you entered into with the client.
そのクライアントと交わした契約書、または契約内容を示すものをメールまたはファクスで送ってもらえませんか。

Please review the attached proposal and give me any suggestions you may have for revisions.
添付した企画書に目を通して、修正したほうがいいところがあれば指摘してください。

Could you have the meeting summary to us by November 26?
会議の要約を11月26日までに送ってもらえますか？

Please turn in your budget estimate for 2006 by September 30.
2006年度予算案を9月30日までに提出してください。

We need to make our decision by July 31, so we need to have your information by then.
7月31日までに結論を出さなければならないので、それまでに情報をいただく必要があります。

My presentation is scheduled on May 9, so I need the figures by May 4.
プレゼンは5月9日なので、5月4日までに数字をください。

I'd like to know the status of the Saudi project.
サウジのプロジェクトの状況を知りたいのですが。

I'm preparing a presentation on the wireless market and need to incorporate some data on Korea. I'd appreciate it if you could get me the latest figures for the following:
ワイヤレスに関するプレゼンの用意をしているのですが、韓国のデータを入れる必要があります。下記に関し、最新の数字を調べていただけると助かります。

I'd appreciate your helping us meet our deadline.
締め切りに間に合うよう協力していただけるとありがたいです。

I'm sorry for the short deadline.
締め切りまであまり時間がなくてすみません。

資料送付・回答

依頼された資料はできるだけ早く、期日までに送ります。すぐに対応できない場合は、いつ送付できるかを伝えましょう。

Subject: RE: Market Research–Motors

Attached are the lists you requested.

You may also want to try www.nhra.com for additional stats.

If you need anything else, pls let me know. I'll be glad to help.

 件名：市場調査—モーター

ご要望の諸リストを添付します。
www.nhra.comにも行ってみれば、他の数字もあります。
ほかに必要なものがあれば知らせてください。喜んでお手伝いします。

Useful Expressions

Here is the info you requested on the filters.
フィルターについてご依頼の情報です。

I'm attaching the proforma balance sheet at your request.
ご依頼通り、仮バランスシートを添付します。　　　　　　　　　　　＊proforma　仮の、形式上の

Additional technical information was express mailed today so you'll get it by the end of the week.
追加の技術情報は国際ビジネス便で今日発送しましたので、今週には着くでしょう。

Today I shipped the sample you requested.
今日、ご依頼のサンプルを発送しました。

I hope this information will expedite the evaluation process.
この情報が評価プロセスを早めることになりますよう。

Hope this helps.
これがお役に立ちますよう。

送付を断る・送付が遅れる

送付ができない場合、期日に遅れる場合でも、すぐに連絡し、いつ送れるかを伝えます。

Subject: RE: Technical Issues

I am traveling now and will have to look through my office files to answer your questions. I'll be back to my office on Monday—I will work on this early next week and give a more complete response that I think will help you understand how I see the technical issues.

 件名：技術的問題

今、出張中で、ご質問に答えるには事務所のファイルを見る必要があります。月曜に会社に戻りますので、来週早々にこの件に対応し、技術的問題に対する私の見解を理解してもらうのに役立つ、より完全な回答を送れるようにします。

Useful Expressions

I'm not in my office right now. Can I get back to you on Thurs?
今、オフィスにおりません。木曜日のご返事でいいですか？

. . . .

I won't be able to send it until Tuesday because I'll be traveling later this week and won't be back until Monday. I hope this will be okay with you.
今週後半は出張で月曜日まで戻らないので、火曜日まで送れません。それでもよければいいのですが。

. . . .

I'm tied up with a project that is due Friday. I'll work on your request right after that. I should be able to get it to you on Tuesday.
金曜日締め切りのプロジェクトに追われています。それを終え次第、そちらのご依頼にかかります。火曜日には送れると思います。

. . . .

I just came back from a business trip and am backlogged. Can you wait until next week for the quote?　　　　　　　　　　　　　　＊backlogged　未処理の仕事がある
出張から帰ってきたところで仕事が遅れています。見積もりは来週まで待ってもらえますか？

. . . .

Our department doesn't have that information. You may want to try Finance.
その資料は、この部署にはありません。財務部に問い合わせてみてください。

. . . .

I need to get approval from Ms. Saito for the release of the information.
資料をお渡しするには、斉藤さんの承認が必要です。

. . . .

リマインダー・催促

急かしたり、とがめたりするのではなく、確認のためであることを強調するといいでしょう。詳細は、以前に送ってあっても、再度伝えます。

Subject: Due Dates, 2005 Forecasts

Here are 2005 forecast due dates:

Feb.1	Short Term for 2Q/05
May 1	Short Term for 3Q/05
Aug.1	Short Term for 4Q/05
Nov.1	Long Term for 2006
	Short Term for 1Q/05

 件名：2005年（需要）予測提出期限

2005年の（需要）予測の提出期限は下記のとおりです。

2/1	2005年第2四半期短期予測
5/1	2005年第3四半期短期予測
8/1	2005年第4四半期短期予測
11/1	2006年長期予測
	2005年第1四半期短期予測

I'm checking on the status of the charts you agreed to create by yesterday. If you are having problems or need more information to complete the charts, pls let me know. I have to present them tomorrow morning to the senior staff and I'd like to have them today to use in rehearsing my presentation.

I can probably ask Tojo-san to help you if that would help.
Thanks again for your help.

 昨日までに作成すると約束してくれたチャートの状況を確認するためにメールしています。何か問題があったり、チャートを作成に追加資料が必要であれば、知らせてください。明日の朝、上の人たちにプレゼンしないといけないので、プレゼンのリハーサルをするのに今日、必要なのです。

もし役に立つようなら、東条さんに手伝ってもらうように頼めます。
改めて手伝ってくれてありがとう。

Useful Expressions

Just to remind you that the long-term forecast is due November 1.
長期予測は11月1日提出期限ですので、念のため。

Just a reminder that I need to have the test data by Thursday.
木曜日までにテストデータが必要ですので、よろしく。

This is just to remind you that your quarterly report is due April 15.
四半期間報告書は4月15日ですので、念のため。

Your sales report is due on Mon.
売上報告書の締め切りは月曜ですので。

I haven't received your expense report yet.
経費報告書をまだもらっていませんが。

I just wanted to remind you that you will be in charge of the next meeting. If there's anything you need from me, please let me know.
次の会議は、あなたが担当ですので。何か必要なものがあれば、知らせてください。

Let me remind you that if you are attending the management skills workshop on May 7, you need to sign up by April 20.
5月7日のマネジメントスキル・ワークショップに参加されるなら、申込は4月20日までですので。

I'm sure you remember, but Mr. Radovic will be arriving in Tokyo on Wed and is scheduled to meet you on Thurs.
覚えていると思いますが、水曜にラドビック氏が東京に着き、木曜にあなたと会うことになっていますので。

 会議の開催を求める

会議の目的や議事内容、誰が出席すべきかを伝えるとともに、希望日時を伝え、参加者の都合に合わせて日時を設定するといいでしょう。

Subject: Identifier Scheme Meeting

Because of concerns raised, I want to have a meeting on the Identifier scheme. Since this is a cornerstone of both the EDM and Detector Description, representatives from the detector subsystems in both areas should attend.

The concerns are performance, complexity and both build-time and run-time dependencies. The meeting should focus on the overall strategy and design of the Identifier scheme, and assess whether it meets client needs adequately or has deficiencies or unnecessary complexities. I'd also like to understand the status of migration to the final design.

I propose a half-day meeting in two sections—presentations followed by an open discussion. At the end, we'll decide on how to proceed. This might include a follow-up meeting if technical issues need to be addressed in the interim. I'll propose a detailed agenda later.

Possible times:
Week of 15-19 Aug
Mon 22 Aug
Mon 29 Aug

Please let me know ASAP who will be attending from the detector subsystems and your preferred dates. Comments on the agendas or other aspects of this meeting are welcome.

 件名：アイデンティファイヤースキーム会議

懸念事項が指摘されたため、アイデンティファヤースキームに関する会議を開きたいと思います。これはEDMとディテクターディスクリプション両方の要であるため、両分野のディテクター・サブシステムから代表者が出席してください。

懸念事項は、性能、複雑性、ビルドタイムとランタイム両方の依存です。会議は全体的な戦略とアイデンティファヤースキームの設計に焦点をあて、クライアントのニーズを十分満たしているか、足らないところがあるか、不必要に複雑な部分はあるか、といった点を検討します。また、最終設計への移行状況を把握したいと思います。

半日の会議で、プレゼンの後、オープンディスカッションという2段階で行きたいと思います。最後に今後の進め方を決めます。技術的問題を話し合う必要があれば、フォローアップ会議を行うという結果になるかもしれません。後ほど詳しい議題を提議します。

会議の日時候補は
・8月15-19日
・8月22日（月）
・8月29日（月）

ディレクターサブシステムからは誰が出席するのか、また希望日をすぐに知らせてください。議題や会議の他の面についてのコメントを歓迎します。

 ## Useful Expressions

Let's set up a meeting next week to exchange ideas.
アイデアを交換できるよう、来週、ミーティングを設定しましょう。

I'd like to hold a meeting to discuss what modules we can produce.
どのモジュールを製作するかについて、会議を開きたいと思います。

I'd like to schedule the meeting in the late afternoon sometime next week.
会議は来週のいつか、午後遅くにしたいと思います。

I'd like to have a meeting this coming Wednesday (May 26) if possible.
できれば、会議はこの水曜（5月26日）に開きたいと思います。

We need to schedule a conference call with ABC. Because of the time difference, it'll start at 7 am in Japan.
ABC社との電話会議を予定しなければならないのですが、時差のため、日本の午前7時に始まります。

The purpose of the meeting is to get updates on where everybody's at on the project.
会議の目的は、プロジェクトの各自の進行状況を確認するためです。

I want it to be a free-form brainstorming session.
自由なブレストにしたいと思います。

I'd like to have a meeting every week or two for about an hour so we can discuss UNIX admin. issues.
ユニックスの管理事項を話し合うために、週に一度か二度、1時間ほど会議を持ちたいと思います。

Let me know when you are available.
いつが都合がいいか知らせてください。

Please advise what days you are available during the week of Jan 22.
1月22日の週は、いつ都合がいいか教えてください。

If everyone can email which days and times are good for them, we'll try to pick a time that suits everyone.
各自都合のいい日時をメールしてくれれば、皆の都合のいい日を選ぶようにします。

215

会議の通知

日時、場所、出席者、議事などの詳細を伝えます。会議前に相手に準備してほしいものがあれば、それも伝えます。

Subject: Sept. 8 Meeting

The Sept. 8 meeting will start at 10 am in Conference Room B, with the following agenda:

<Agenda>
1) 2005 Sales/Demand Forecast
2) Renewal of License Agreement
3) New Material
4) New Product Development

If you can't attend, please make sure someone from your department will be there.

 件名：9月8日会議

9月8日の会議は、下記の議題で、午前10時から会議室Bで始まります。

<議題>
1）2005年売上・需要予測
2）ライセンス契約更新
3）新規原料
4）新規製品開発

出席できない場合は、部署から誰か代わりに出席するようにしてください。

Useful Expressions

I'd like to discuss the following at the meeting.
会議では下記を話し合うつもりです。

．．

The following should be discussed at the meeting:
会議では下記を話し合う必要があります。

．．

The purpose of the meeting is to review the performance appraisal process.
会議の目的は人事評価プロセスの見直しです。

．．

Please review the report I gave you last week and bring your ideas about how you can contribute.
先週渡した報告書を読んで、いかにあなたが寄与できるかアイデアを用意してきてください。

Please make arrangements so that all those concerned will be present.
関係者が全員出席でいるようアレンジしてください。

Pls reserve a conference room for the week starting Mon, Jan 10. It'll be used for a series of seminars organized by the sales team.
1月10日月曜の週に会議室を予約してください。営業チームが予定している一連のセミナーに使います。

The Board Room is reserved for our May 22nd meeting with ABC beginning at 9:30 am lasting until 2 pm.
5月22日のABCとの会議用に、役員会議室を9時30分から午後2時まで予約してあります。

All employees who have anything to do with QC are expected to attend the meeting.
QCに何らかの関連のある社員は全員、会議への出席を求められています。

We welcome any other issues you may want to discuss.
ほかに話し合いたいことがあれば歓迎します。

At the meeting I'd like to hear your thoughts on the test results.
会議ではテスト結果に対するあなたの考えを聞かせてください。

Please come prepared with suggestions on these topics.
これらのトピックに関する提案を準備してきてください。

Please read the attached proposal before attending the meeting.
会議に出席する前に、添付した企画書に目を通してください。

Attached is the tentative agenda. If there's anything else you'd like to discuss, pls let me know.
仮の議題を添付します。この他に話し合いたい内容があれば連絡してください。

Here is the suggested agenda, with Bernie's request incorporated, for the May 22-24 meeting. Pls let me know if any change or addition is needed.
5月22〜24日会議の議題案です。バーニーの要望を盛り込んであります。変更、追加などがあれば連絡してください。

I'm canceling the budget meeting for this week. Lots of conflicts, travel and business deadlines for everyone.
今週の予算会議をキャンセルします。皆、いろいろ他に重なっているし、出張や仕事の締切が多いので。

会議のまとめ

合意事項や今後の予定を確認するために、会議で話し合われた内容は議事録として、または要約して関係者に配布します。一般にファイルを添付しますが、短い場合はメール本文でもかまわないでしょう。

Subject: Meeting Summary <XT800>

I've summarized the key points of yesterday's meeting as follows:

Based on evaluation of competitors' product samples, Yoshi is convinced that XT800's performance is superior.

Jim's team will test market XT800 to obtain more accurate market information that may help improve it further and also formulate marketing strategies. Through the test marketing, Jim will achieve the following within six months:

· Obtain more accurate and detailed information about users and competitors.
· Formulate sales and marketing strategies.
· Set the price for XT800.

Yoshi will provide Jim with XT800 product information and all the test data. Jim will present the test marketing plan at the directors' meeting on November 27.

Jim will provide an interim report in two months and a final report in five months.

If I missed anything, pls let me know.

 件名：会議のまとめ<XT800>

昨日の会議の主要ポイントを下記に要約しました。

競合他社の製品サンプルの評価結果に基づき、ヨシはXT800のほうが性能面で優れていると確信。

ジムのチームがテストマーケティングを行い、製品をさらに改良し、かつマーケティング戦略を立てるために、より正確な市場情報を入手する。テストマーケティングを通じ、ジムは6カ月以内に下記を達成する。

・ユーザーおよび競合他社に関しより正確で詳細な情報を入手
・販売マーケティング戦略を立案
・XT800の価格設定

ヨシはジムにXT800の製品情報とテストデータすべてを提供する。ジムは11月27日の役員会議でテストマーケティング計画をプレゼンする。

ジムは2カ月後に中間報告書を、5カ月後に最終報告書を提出する。

何か漏れがありましたら、知らせてください。

Useful Expressions

Here's a summary of the last sales meeting.
先の営業会議のまとめです。

I'm attaching a summary of our Aug. 18 meeting.
8月18日の会議の要約を添付します。

Attached are the minutes of the last strategic meeting. Any input will be welcomed.
先の戦略会議の議事録を添付します。インプットを歓迎します。

I'd like to summarize the major points we discussed at yesterday's meeting to make sure we are on the same page.
理解を共有しているのを確認するために、昨日の会議で話し合われた主なポイントを要約します。

We agreed that it's imperative to collect market information immediately.
直ちに市場情報を集めることが、絶対に必要だということで同意しました。

If there's anything you'd like to add or change, pls let me know.
何か加えたり、変更したりすべき点がありましたら、お知らせください。

生産現場とのやりとり

海外の生産現場（またはその逆）とのやりとりの例です。社外の取引先との間でも使える表現です。

Subject: Monomer Shipment

According to tha schedule you e-mailed on 1/11 (attached below), we should be receiving a shipment in late March. Please explain why you are falling behind, as this seriously jeopardizes our large share of CX business here.

I need the shipment to arrive each month in time to give our plant a few days (ideally a week) to manufacture the finished product for shipment to customers EACH month. If we miss a month of sales, it is very detrimental to our business plan.

If this next shipment does not arrive by March 26, our plant won't have enough time to manufacture CX and we will have $0 sales for March. It is very critical for your group to understand that timing is crucial to maintain and grow our business.

 件名：モノマー出荷

1/11にそちらからメールしてもらったスケジュール（下記に添付）では、3月終わりに荷物が届くはずです。なぜそれが遅れるのか説明してください。これはCXビジネスを由々しく危険にさらすものです。

毎月、顧客への出荷に向けて最終製品を製造するには、こちらの工場で数日（1週間が理想）とれるよう、毎月荷物が届かないと困るのです。1カ月の販売を逃すと、我々のビジネスプランに大きなマイナスなのです。

この次の荷物が3月26日までに届かなければ、工場でCXを製造する時間がなく、3月は売上がゼロになってしまいます。我々のビジネスを維持し、成長させるには、タイミングが肝要であることをそちらのグループが理解することが非常に重要です。

Useful Expressions

We'll be discussing production allocation for 2006 next week. If you have any input on your demand, pls send it to me by next week.

2006年の生産分配について来週打ち合わせします。そちらの需要に関して何かインプットがあれば、来週までに知らせてください。

Our plant will be closed during the entire month of August for annual maintenance.

年次保守点検のため、工場は8月いっぱい閉鎖します。

You're getting an additional 1MT starting in April—i.e. 4MT instead of 3MT a month.

4月から1トン追加されます。つまり、月に3トンではなく4トンに。

The supply is very tight, but we're trying to give you as much as possible.

供給はキツイですが、そちらにできるだけたくさん供給するつもりです。

We have no inventory right now and the tight supply will continue for the coming few months. You may want to move up some of the shipments.

今、在庫はまったくなく、供給不足は今後数カ月続きます。出荷を少し早めたほうがいいかもしれません。

We need about six months to create a sample with 99% purity.

純度99%のサンプルを製作するには半年ほどかかります。

This is just to warn you that there is a chance that we can't supply as much ATF as we planned.

お知らせしておきますが、ATFを予定量、供給できない可能性があります。

品質管理

品質管理に関する部署間のやりとりの例ですが、社外の取引先とも使える表現です。

Subject: N-MAM Spec

Our analysis of the N-MAM that we received on Aug. 8 shows that its purity is 96.22% (data attached), as opposed to the 98.56% on the certificate of analysis. Why the discrepancy?

＊discrepancy　不一致、差異

 件名：N-MAM 仕様

8月8日に受領したN-MAMを分析したところ、検査成績書には98.56％とあるものの、純度が96.22％であることがわかりました（データ添付）。なぜ食い違っているのですか？

 **[REPLY]**

Our analysis of the sample from the same lot (#10057) shows that the purity is 96.68%. As you said, this does not meet the spec.

I've told Manufacturing of the situation, and they will investigate and take appropriate corrective measures.

I'll arrange a replacement shipment and personally inspect the lot. Will let you know as soon as it's ready for shipment. Thank you for your patience.

＊replacement　代替品

 同じロット（10057番）のサンプルを分析したところ、純粋率は98.6％でした。おっしゃるとおり、仕様を満たしていません。

状況を製造部に伝えましたので、原因究明の調査が行われ、適切な矯正処置がとられる予定です。

代替品の送付を手配しますが、今度は私が自分でロットを検品いたします。発送の準備が整い次第、お知らせします。お待ちいただき、ありがとうございます。

Useful Expressions

Code X is coming closer to production and it's time we talk about QC procedures. I'm attaching the preliminary QC procedures our group created in last week's project meeting.
コードＸは生産が近づいてきており、QC手順を話し合う必要があります。先週のプロジェクト会議で作成した当グループのQC手順を添付します。

Attached is the revised quality control procedure.
改定したQC手順を添付します。

We're trying to find the exact cause of the problem.
問題の真因を究明□です。

As you know, the earlier a defect is found, the less expensive the fix.
ご存じのように、早めに欠陥が見つかったほうが、修正コストが少なくて済みますから。

I think it's time to look at manufacturing quality control.
製造品質管理を検討する時期だと思います。

Although a separate QA procedure should always be in place, the best way to increase software quality is to have developers test as they go.
ＱＡ手順は別途用意されているべきですが、ソフトの品質を向上させる最高の方法は、開発しながら、開発者にテストさせることです。

Code should be tested early in the process, rather than waiting to test the entire system, when it's more expensive to fix problems.
コードは、システム全体をテストするまで待つのではなく、プロセスの初期の段階でテストするべきです。（最後まで待っていると）問題の修正によりコストがかかります。

Software quality reviews help the company cut costs by eliminating expensive human hours for reworking and late life-cycle testing.
ソフトウエアの品質のチェックは、リワークや後期のライフサイクルテストに費やすコスト高な人時を削除することによって会社のコスト削減につながります。

The product has too many bugs to ship and won't be ready until December.
製品はバグが多すぎて、12月まで出荷できません。

The product is scheduled for release on July 1 and the marketing campaign is starting July 10. We can't accept the delay.
製品は７月１日に発売予定で、マーケティングキャンペーンは７月１０日に始まります。遅れは受け入れられません。

When in doubt, please refer to the ISO 9000 quality manual.
定かでないときは、ISO9000品質マニュアルを参照してください。

許可を求める

出張や有休など、規定の書式を使わずに済んだり、事前に仮承認をとっておく場合の例です。

Subject: Malay Construction

You know that I've been working on this potential account in Kuala Lumpur, Malay Construction, for the last couple of months. It'll be potentially a $100 million project.

They invited me for a visit and I think a face-to-face meeting is necessary to close the deal. I'd like to travel to Malaysia in early October.

 件名：マレーコンストラクション社

ご承知のように、過去2カ月ほど、受注できそうなクアラルンプールのマレーコンストラクション社と話を進めています。1億ドル相当のプロジェクトになる可能性があります。

先方を訪問するように誘われているのですが、契約をとりつけるには実際に会うことが必要だと思います。10月初めにマレーシアに行きたいと思います。

Subject: Office Space

As you know, the Osaka office added 20 people over the last few months and needs more office space to accommodate the growth.

Given our current robust business, we're likely to hire more staff next year. Since the office lease will be up in January, I'd like to start exploring new locations.

* explore 探し求める

 件名：事務所スペース

ご存じのように、大阪事務所では過去数カ月で20人人員が増え、この成長に見合った事務所スペースが必要です。

現在の堅調なビジネス状況からすれば、来年さらに人員を雇うことになるでしょう。1月にリース契約が切れますから、新たな事務所を探り始めたいと思います。

Subject: Vacation

Is there any chance I could get some days off next week?

I'm hoping to take Wednesday through Friday off. Sorry it's such short notice.

Thanks,

 件名：休暇

来週、数日、休みをいただくわけにはいきませんでしょうか。

水曜から金曜まで休みたいのですが。突然ですみません。

ありがとう。

 ## Useful Expressions

I'd like to attend the Asia Conference on Call Center Management in Dalian on April 3-5.
4月3〜5日に大連のコールセンター管理アジア会議に出席したいと思います。

The cost to attend the conference, including travel expenses, will be about 500,000 (US$4,760).
会議への参加費用は、旅費を含め、50万円（4,760米ドル）ほどです。

I would like approval for exhibiting at the following show.
下記会議への出展許可をいただきたいのです。

I am attaching for your approval a request for ¥300,000 for replacement of a copier.
コピー機買い換え費用として30万円の申請書を添付しますので、ご承認いただけますようお願いします。

Attending the conference will greatly enhance my knowledge of the latest developments in the global market.
会議への出席は、グローバル市場での最新の動向を知る非常によい機会になると思います。

It will be a great opportunity to network with medical practitioners and distributors from all over Asia.
アジア中からの医療従事者やディストリビューターと知り合う素晴らしいチャンスでもあります。

This is a great opportunity to gain wide exposure among corporate IT managers in the U.S.
アメリカ企業のITマネジャーに知ってもらう非常によい機会です。

Our aggressive sales promotions have increased incoming calls 50%, which has overwhelmed the existing customer service staff. In order to meet the increased demand, we need to add 10 more staff.　　　＊overwhelm　のしかかる、圧倒する
積極的な販売促進により、入ってくる通話量が5割増加し、現在の顧客サービススタッフではまかないきれません。増加した需要をこなせるよう、新たなサービス要員が10人必要です。

The proposed remodel can be completed within a month after approval.
提案した改造（改装）は、ご承認後1カ月以内に完成できます。

The total cost of these changes will be 1 million yen. The project can be completed by Feb. 1, with total downtime of three days or less.
これらの変更を行う費用は総額100万円です。プロジェクトは2月1日までに完了でき、ダウンタイムは計3日以下です。

If you agree with my review, pls let me know and I'll move ahead on the project next week.
私の検討にご賛成いただければ、お知らせください。来週、プロジェクトを進めます。

With your approval, I'd like to submit a proposal to the committee.
ご承認いただければ、企画書を委員会に提出したいと思います。

We recently lost our two most experienced designers and badly need at least one highly qualified designer in order to finish the project on time. Attached is the job description.
最近、一番経験のあるデザイナーが2人辞めたので、プロジェクトを期日どおりに終えるために資格が十分なデザイナーが最低でも1人は絶対に必要です。職務記述書を添付します。

I look forward to receiving your approval.
ご承認いただけますようお願いします。

My grandmother passed away last night. Would it be possible for me to get Fri off so that I can attend her funeral?
祖母が昨夜、亡くなりました。葬儀に出席するので金曜休みをいただけますか。

I have an emergency at home. I really need to leave right away to take care of it. I hope this doesn't create a big problem.
家で緊急事態が起こっていて、今すぐ帰らなければなりません。ご迷惑がかからなければいいのですが。

報告する―訪問・現状・経過

Call Report、Monthly/Weekly Report、Progress Reportなど、報告書は一般にファイルを添付しますが、簡単な報告であればメール本文で送ることもあります。これまでの経過、今後の予定を述べ、問題点があれば、それにどう取り組んでいるか、または取り組むべきか改善策を添えます。

Subject: Best Formulator

Here is the scoop from today's meeting with Best Formulator:

Customer A: purchased more CAF for re-qualification. So far the results are positive and we anticipate a "go / "no go" by mid Oct. If we get the "go," we will see volumes increase to Feb/Mar levels (i.e. 2MT/mo).

Customer B: scheduled a trial in mid Sept. but it was canceled and rescheduled for Oct. 9th with test results by the end of Oct. As previously stated, this volume would be equal to Customer A, but would use a blend of CAF and CHF.

Customer C: new potential. Initial lab evaluation completed with some questions, which are being addressed by our technical team.

I'm scheduled to visit Best again in mid-Oct.

訳

件名：ベストフォーミュレーター社

ベストフォーミュレーター社との今日のミーティング内容です。

顧客A：再評価のためにCAFをさらに購入。今のところ結果良好で、10月中旬までにOKかOKでないかの返事。OKであれば、販売量は2・3月レベル（月2トン）に増加。

顧客B：9月中旬に試作予定だったが、キャンセル。10月9日に延期。テスト結果は10月末の予定。前に話したように、数量は顧客Aと同じだが、CAFとCHFの混合を利用。

顧客C：新たな販売先候補。実験室での初期評価は完了しており、いくつか質問が出ているが、技術チームが対応中。

10月中旬にベスト社を再訪問の予定。

Useful Expressions

訪問

I called on ABC Corporation yesterday. Attached is the call report.
昨日、ABCコーポレーションを訪問しました。訪問レポートを添付します。

I'm attaching the report on my recent visit with XYZ Company.
先日、XYZカンパニーを訪問した際の報告書を添付します。

If we can meet their price, I'm confident we can get this account.
先方の希望価格を出せれば、間違いなく受注できます。

We are still negotiating the deal with ABC Corporation and will know something next week.
ABCコーポレーションとはまだ交渉中ですが、来週には何らかの結論に達します。

Initial trials are in progress and we are anticipating a 200 kg order next week.
（先方では）初期試作を行っているところで、来週には200キロの注文が入る予定です。

Customer is in the second stage of testing and has positive feedback. We are also negotiating pricing. At this point, we are encouraged.
顧客は試験の第2段階目で、良好なフィードバックを受け取っています。また価格も交渉中であり、今のところ、よい兆しです。

Mr. Yamada says that once we offer a firm price for the 3Q, he will discuss it internally. There is no room for a large order for the 3Q, but possibly for the 4Q. Even for the 3Q, he may make some room, depending on our price.
山田氏は、第3四半期に確約価格を出せれば、社内で検討すると言っています。第3四半期には大量な注文は無理ですが、第4四半期であれば可能性はあるとのこと。第3四半期も、価格によれば、発注してもらえるかもしれません。

現状・経過

Here is the progress report about our search for a financial analyst.
ファイナンシャルアナリストの採用に関する経過報告です。

The attached weekly progress report contains a summary of activities and accomplishments for the week and action plans for next week.
添付した週間経過報告書には、週の活動と業績のまとめと、来週の行動計画が含まれています。

The status of the project is as follows:
プロジェクトの経過は下記のとおりです。

As shown in the attached project outline, we are at the product design stage.
添付のプロジェクト概要にあるように、製品設計の段階です。

228

The project is running close to plan in terms of both cost and schedule. Engineering costs are slightly higher than projected, but materials costs are lower. Overall costs are near target levels.

プロジェクトは、費用とスケジュールの両面で、ほぼ計画どおり進んでいます。エンジニアリング費は、予測より少し高いですが、原料費は低くなっています。全体の経費は、ほぼ目標レベルです。

Construction of the main building is on schedule and the completion percentage at the end of June is 98.2%.

本館の建設は計画どおり進んでおり、6月末時点での完成率は98.2%です。

Following my last progress report of Nov. 19, the study has been successfully completed. A first draft of the report has been completed, offering interesting insights into the status of computer usage at ABC Corporation.

11月19日の経過報告書どおり、調査は成功しました。報告書の第一ドラフトは完成しており、ABCコーポレーションでのコンピュータ使用状況に関し、興味深い洞察が盛り込まれています。

Once their comments are received by Dec. 30, we'll address the issues raised in the reviews, and if necessary, revise the report. We hope to have a final version available by Jan. 20 for public distribution and post it on the Intranet soon after.

12月30日までにコメントを受け取り次第、チェックの際に指摘された問題点に言及し、必要であれば報告書を修正します。最終版は1月20日までに完成し、その後すぐに配布、かつイントラネットに掲載できるようにしたいと思っています。

We ran a series of pilot plant batches with very good and consistent results. Market interest is picking up and I'm confident that this is going to be a good year.

パイロット工場でいくつか試作をしましたが、一貫して非常によい結果を得ています。市場の関心も上昇しており、今年はいい年になると確信しています。

返事

So you're saying the forecast for the coming 6 months is 8-9MT? That will be more than 1MT a month. Is that correct?

ということは、この先6カ月の予測は8～9トンということか？ ということは月に1トン以上ということだが、それでいいのか？

You also said your current demand is 8800 lb. a month. Does that include your existing business?

それに、現在の需要は月8000ポンドとのことだが、これには既存のビジネスも含まれるのか？

What are the next steps you will be taking?

次のステップはどうなるのか？

Keep up your good work!

その調子で続けるように！

報告する─売上予測

「¥」マークは、日本語環境以外では文字化けするので、「yen」とつづりましょう。

Subject: SFA Sales Projections

The following are SFA sales projections for the coming six months:

	QTY (MT)	Amount (M Yen)
July	200	2.0
Aug	230	2.3
Sept	265	2.65
Oct	340	3.4
Nov	375	3.75
Dec	400	4.00

These projections are conservative and well within reach based on our present customer base. Expansion into other markets obviously significantly changes the figures, but I feel that the initial feasibility should be based on tangible goals.

I would welcome any questions or comments.

＊ conservative　慎重な、保守的な　　tangible　実体のある、確実な

 件名：SFA売上予測

下記は、この先半年のSFA売上予測です。

	量 (トン)	金額 (100万円)
7月	200	2.0
8月	230	2.3
9月	265	2.65
10月	340	3.4
11月	375	3.75
12月	400	4.00

この予測は控えめなもので、現在の顧客ベースを考えると十分達成可能です。ほかの市場への進出は、もちろん、この数字を大幅に変えますが、当初の実行可能性は確実な目標であるべきだと考えます。

質問またはコメントがありましたら、何なりと。

Useful Expressions

The following is the sales projection for 2006.
2006年の売上予測は下記のとおりです。

Here is the demand forecast for the fourth quarter.
第4四半期の需要予測です。

Attached is a four-year sales projection, including 2005 year-end estimates.
添付したのは、2005年年末予測を含む4カ年売上予測です。

Even the lowest year-end estimate, 5 percent, would bring 2005 sales to approximately 200 billion yen—an all-time high.
5％の最低年度末予測をもってしても、2005年の売上は史上最高の約2000億円に達します。

Demand is expected to slacken during the first half of this year, but improve in the last half. Thus, our sales can be maintained at last year's level.
需要は、今年前半は落ちるものの、後半は上昇すると見られています。そのため、当社の売上も昨年レベルを維持できます。

The market will not grow as much as expected in the coming 2-3 years while the price is most likely to decline.
ここ2、3年、市場は予想ほど伸びない一方、価格は下がる可能性が大きいのです。

Our business seems to be steady and I would anticipate our order quantity and pattern to be similar to the first half of 2005.
ビジネスは堅調であり、注文数およびパターンは2005年前期と同様だと思われます。

Users are asking for a price reduction on the ground of the strong yen. Although domestic producers have not responded to this request, the market price appears headed downward in general.
ユーザは円高を理由に価格削減を求めています。国内メーカーはこの依頼に応じていませんが、市場価格は全体的に下落傾向にあるようです。

Demand for PGI for the manufacture of unsaturated polyester is not expected to grow.
不飽和ポリエステル製造用ＰＧＩの需要は伸び悩む見込みです。

A large demand for PGS for the manufacture of PPG is anticipated.
PPG製造用PGSの大きな需要が見込まれています。

231

問題を報告する―プロジェクトの遅れ

ただ漠然と「がんばります」というのではなく、どれだけ遅れていて、それに対してどのような処置を取り、いつ完成できるのかを報告します。謝罪は必要ありません。

Subject: Millennium Project

As you know, we're running behind on the Millennium project. The reason for the delay is that we are seriously understaffed.

It would be unrealistic to promise completion of the final stage by Feb 5. We ask, therefore, that you allow us to adjust the schedule for delivery to March 20.

We've all invested considerable time, energy and other resources in the project. Let's not risk it all by cutting corners now.

I look forward to your confirmation of our proposed schedule revision.

＊run behind　遅れる　　cut corner　近道をする

 件名：ミレニアムプロジェクト

ご存じのように、ミレニアムプロジェクトの完了が遅れています。遅れの理由は、極度に人員不足だからです。

2月5日までに最終段階の完成を約束するのは非現実的でしょうから、3月20日までに納品するということでスケジュールを調整することをご承認いただきたいと思います。

このプロジェクトに、皆、かなりの時間、エネルギー、その他リソースを注ぎ込んだのですから、ここで近道をしようとしてすべてを危険にさらすのは避けたいものです。

提案したスケジュールの変更を認めていただけるのをお待ちしています。

Useful Expressions

I'd like to let you know where we are in the development of MegaShot.
メガショットの開発が、今、どの段階かをお知らせします。

We have completed the first two phases of the project, but we are finding that the research for Phase 3 is consuming more time than we had anticipated.
プロジェクトの最初の第2段階を終えましたが、第3段階の調査に思ったより時間がかかっています。

We just completed Phase II and are approximately three weeks behind schedule. The delay will push back everything and delay the release of MegaShot.
フェーズ2を終えたところですが、予定より約3週間遅れています。この遅れのために、すべてが遅れてくるので、メガショットの発売を遅らせる必要があります。

Lots of problems occurred with the subcontractor, but things are better now and fabrication is being accelerated to assure timely completion. *fabrication 組み立て
下請業者に関してたくさんの問題が起こりましたが、事態は改善し、予定どおり完成するよう、建造を急がせているところです。

We have postponed the testing because the customer still has safety concerns.
取引先がまだ安全面で懸念をお持ちなので、テストは延期しました。

Attached are calculations detailing the cost of the problem.
トラブルのコストの詳細を示した計算書を添付しました。

We are on schedule, except in a couple of areas. We will catch up by revising some activities.
全体的には予定どおりなのですが、遅れている部分が2、3あります。しかし、作業を一部修正して追いつくつもりです。

I understand your concern about the progress of the project, but please be assured that we are very close to completion. We just need another two weeks.
プロジェクトの進展がご心配なのはわかりますが、完了間近ですのでご安心ください。あと2週間だけ必要なのです。

We know that you do not want us to cut corners at this crucial stage, so we ask that you extend the deadline for completion of the entire project from June 30 to July 31.
この重要な段階で近道をしようとするべきではないとお考えでしょうから、プロジェクト完成の期限を6月30日から7月31日に延長していただけるようお願いします。

I am confident that the results justify the extra time we are asking for.
結果はお願いしている延長期間に見合うだけのものだと確信しています。

Please confirm this proposed adjustment to the completion schedule.
提案した完成スケジュールの変更の確認をご連絡ください。

問題を報告する──売上が落ちた

言い訳がましいことは言いたくないといっても、欧米企業で失敗後に生き残るには、「自分の能力以外のところに問題があった」と上司を論理的に納得させる必要があります。売上増加のための策も提示します。

Subject: Sales Report

Total sales in March were less than 1 percent below Feb sales and down 4.9 percent from March 2004.

Figures in all regional markets reflect an overcapacity of memory chips and, therefore, depressed pricing.

As you know, the memory market has historically experienced cycles in capacity and pricing. The long-term trend is one of impressive growth.

Likewise, we're optimistic that sales will return to historical growth patterns in 2005, as unit demand continues to increase and supply and demand come into better balance.

I'll send you revised sales strategies next week.

 件名：売上報告

3月の総売上は2月の売上を1％下回り、2004年3月に比べ4.9％下落しました。

すべての地域市場の数字は、メモリーチップの余剰を反映したもので、その結果、価格を押し下げました。

ご存じのように、メモリー市場は歴史的にキャパと価格に関しサイクルを繰り返しており、長期的には著しい成長が見込まれます。

同様に、ユニット需要の伸びが続き、需給のバランスが改善すれば、売上も2005年には歴史的な成長パターンに戻ると楽観視しています。

来週、改訂した営業戦略を送ります。

Useful Expressions

This quarter our sales decreased by 8%.
今四半期、売上が8％落ちました。

The price declined due to oversupply in the market.
市場での供給過多のため、価格が下落しました。

The market has been sluggish since late last year. Although prices haven't changed drastically, demand remains dull, with the exception of the polyester industry.
市場は昨年終わりから鈍化しています。価格の大きな変動はありませんが、需要は鈍いままです。ポリエステル業界以外は。

Market demand is considerably weak. In particular, automotive manufacturers are operating at 65% capacity.
市場の需要は、かなり弱いです。特に自動車メーカーは、生産稼働率65％です。

The market is expected to remain weak throughout 2005. While reinforcing our direct sales force, we will need to develop new applications for Alpha.
2005年いっぱい市場は弱いままと思われます。直の営業に力を入れるとともに、アルファの新しい使用法を開発する必要があります。

We fell slightly short of the monthly sales goal. I'm confident that we'll make it next month.
月間売上目標にわずかに及びませんでした。来月は、ちゃんと達成できる自信があります。

As you know, the market has been soft for the last few months.
ご存じのように、過去数カ月、市況が弱いです。

Competition in the marketplace has increased intensely. ABC and XYZ launched aggressive sales campaigns last month.
市場での競争が、非常に激しくなりました。先月、ABCとXYZが強力な販売キャンペーンを開始しました。

Our price is considerably higher than the current market price.
当社の価格は、現在の市場価格よりかなり高いです。

Our sales organization for Vita is not strong. We need to reorganize it to reinforce our sales efforts.
ヴィタの販売組織が強くありません。営業活動を強化するために、再編成する必要があります。

問題を報告する─クレーム処理

クレーム内容、処理状況、解決内容を報告します。解決していない場合、その状況と、いつ、どのように解決するのかを伝えます。

Subject: Pallets for ABC Corporation

About the request by ABC to replace the existing plywood pallets with solid wood pallets due to the problem in their plant, we told them that wasn't possible for shipments to the U.S. because of U.S. quarantine requirements, and we offered three choices.

ABC chose unpalletized loading. We shipped the drums with no pallets until last year and there was no issue, so there should be no problem now.

 件名：ABCコーポレーション向けパレット

先方の工場での問題発生により、現在の合板パレットを木製パレットに置き換えるようにとのABCからの依頼についてですが、アメリカの検疫規則のためアメリカ向け出荷ではそれはできないと伝え、3つのオプションを提示しました。

ABCでは、パレットなしの積荷を選びました。昨年までパレットなしでドラムを出荷しており、問題はなかったので、問題ないと思います。

Useful Expressions

We had World Cargo expedite the process once the shipment arrived in India and ABC accepted the arrival on Oct. 30.
インドに到着次第、ワールドカーゴに急がせ、ABCでは10月30日の着荷を受け入れました。

....

They accepted a 20% discount for the damaged cartons.
損傷カートンに対して20％の割引を受け入れてもらいました。

....

We sent one of our field technicians to check on the machine and found no problem with it.
フィールド技術者を派遣し、機械をチェックしたところ、問題は見つかりませんでした。

....

We analyzed a sample from our shipment, which ABC sent us, and it was within specifications.
ABCから受け取った、弊社の出荷品のサンプルを分析したところ、仕様は合致していました。

....

We asked for further documentation on the damage, but they never provided it.
損傷に対してさらに書類を求めましたが、提出されませんでした。

....

We overhauled the procedure and made some changes so that a mistake like that never happens again.
あのような誤りは二度と起こらないよう、手順を徹底的に見直し、変更をいくつか加えました。

....

We streamlined the inspection process to ensure timely delivery.

＊streamline　簡素化する、合理化する

確実に期日どおりに納品できるよう、検査プロセスを効率化しました。

....

提案する

現在の状況・問題を説明し、それに対し、できるだけ具体的な案を提示します。自分のアイデアが会社や部署のためにどれだけ有益かを強調し、最後に、相手の返答を促します。

Subject: Improvement in Production Quality

I'm attaching a proposal on how to reduce rejects and improve our production quality.

During the last year, we have seen a marked increase in the number of rejects and reworks because of poor quality or outright errors. I've been keeping records to try to determine why this occurred and have pinpointed the problem.

My solution is to allocate a modest investment of time and money in an internal training program focused specifically on the manufacturing processes, procedures, and quality controls we employ.

I'm positive the investment would pay off in terms of better quality, fewer rejected production runs and even improved morale.

I'll be happy to turn in more information upon request. I look forward to your approval.

＊reworks　補修の必要な品　　outright　明白な、まったくの

 件名：生産品質の改善

不合格品を減らし、生産品質を改善するための提案書を添付します。

昨年、品質不良やまったくのミスのために、不合格品、リワーク品の数が著しく増えました。なぜこうした現象が起きているのか原因を探るために記録をつけてきたのですが、問題を突き止めました。

私の解決案は、ささやかな時間と費用を投入して、現在の製造工程、手順、品質管理に特化した社内研修プログラムを行うというものです。

投資は品質向上、不合格な生産の削減、さらには士気の向上という形で元がとれると確信しています。

ご依頼があれば、喜んでさらに詳細を提出します。ご承認いただけるのをお待ちしています。

Useful Expressions

I'd like to make some suggestions about the way customer e-mails are handled.
お客さまからのメールの取り扱いについていくつか提案があります。

I would recommend that a brief description of each member's profile is added.
各会員の簡単なプロフィールを加えることを提案します。

Attached is an outline of the e-learning seminar we are planning in October.
添付したのは１０月に企画しているＥラーニングセミナーの概要です。

During the analysis of the survey results, I found that the survey can be improved in many ways.
アンケート調査結果の分析時に、調査は多くの点で改善できることがわかりました。

We need to reorganize several areas of Best3D's design to better streamline our programming efforts.
プログラミングをより効率化するために、ベスト３Ｄのデザインのいくつかの部分を再編成する必要があります。

I think this will avoid customer confusion.
これで、お客さまは混乱されないと思います。

Implementation of this plan will lead to strict control over expenditures.
この計画を実施すれば、出費のコントロールが厳しくなります。

Systematic means should be installed to measure performance consistently.
性能を一貫して計るために、組織立った手段が導入されるべきです。

Standardizing the procedure will improve productivity.
手続きを標準化することによって、生産性があがります。

This is a difficult situation, but I'm confident that my proposal will help turn it around.
難しい状況ですが、私の提案が状況を好転させると信じています。

This change should make us all more productive.
この変更によって、我々は、皆、より生産的になるはずです。

Please let me know what you think of my idea.
私の考えをどう思われるか教えてください。

I hope you'll approve my proposal.
私のプロポーザルを承認していただけますよう。

提案に応える

さらに資料が必要であれば、提出を促します。却下する場合は、その理由を述べます。

Subject: RE: Improvement in Production Quality

Your proposal looks good. Why don't you present it at the next QA meeting? I'll talk to Adachi-san about your proposal.

I made some comments on your proposal as attached.

 件名：RE: 生産品質の改善

提案書はよくできていると思います。次のQA会議で提示してはどうですか？
足立さんに提案書のことを話します。

添付のとおり、コメントを入れておきましたので。

Useful Expressions

Sounds like an interesting idea. Why don't you turn in a proposal?
面白いアイデアだね。企画書を提出したら？

Present your ideas at the next safety committee meeting.
次の安全委員会のミーティングでアイデアを提案するように。

Can you put a project team together?
プロジェクトチームを編成できるか。

I'll see if I can get a budget for that.
予算をとれるかどうかやってみよう。

Your proposal has been approved.
提案（企画）は承認された。

The benefits don't justify the cost.
メリットがコストに見合わない。

If you can slash the cost estimate by 20%, maybe.
コスト見積もりを20％削減できれば、いけるかも。

No go—until the budget freeze is over, we can't fund any new projects.
ダメだね。予算凍結が解かれるまで、新規プロジェクトには一切お金は降りない。　＊freeze　凍結

説得する

相手の感情に訴えるのではなく、あくまでも理にかなった説明でなければなりません。具体的な数字や理由を挙げ、会社にどのような損益を与えるかを説明する必要があります。

Subject: Supply Increase

I understand the tight supply situation and that your allocation is based on past activities.

The main point here is the current supply level (4MT/mo) isn't enough to capture another major account.

We need enough material to support making a major supply commitment to a second large account. We need a commitment from you for at least 5MT/mo before I can go out and make a supply commitment to the new account.

I know it's a chicken or egg situation, but we already have a potential account who is testing a product sample. Pls increase the supply allocation so that we can proceed with this account.

 件名：供給増加

供給がタイトであり、割り当ては過去の実績によって決まるというのは理解します。

ここで大事なのは、現在の供給レベル（月4トン）では、新たに主要顧客を獲得するには十分でないということです。

第二の大手顧客に大きな供給を約束するだけの原料が必要なのです。営業に行って、新規顧客に供給を約束する前に、少なくとも月5トンをそちらから約束してもらう必要があります。

「卵が先か、鶏が先か」という状況であることはわかっていますが、すでに製品サンプルを試験している顧客候補がいるのです。この顧客との話を進められるよう、どうか供給割り当てを増やしてください。

Useful Expressions

We need to know what the product will cost us before we can quote ABC a price.
ABC社に価格を提示する前に、製品コストがどれだけなのか把握する必要があります。

Please understand that I need to go to ABC with a definite price that we can be sure of.
ABC社に、確実に提供できる確定価格を持っていかないといけないことをご理解ください。

The client needs to understand this is our standard procedure.
クライアントには、これが当社の標準の手順であることを理解してもらう必要があります。

This is a great opportunity to increase our market share.
市場シェアを拡大する素晴らしいチャンスです。

This will be a perfect opportunity to demonstrate our ability.
当社の能力を示すのに最適なチャンスです。

This market segment has growth potential, but it'll eventually compete with VoIP. In conclusion, BestVoice will not be successful in Japan as is.
この分野は成長が期待できると思いますが、最終的にはVoIPと競合することになるでしょう。結論として、ベストボイスは、今のままでは日本では成功しないでしょう。

If there is any other information I can provide to help you understand our situation, I'll be happy to.
こちらの状況をわかっていただくために提供できる情報がほかにありましたら、喜んで提供します。

I really want to get this project moving. I'm afraid that if we delay much longer, the market opportunity will be gone. The longer we wait the more difficult and more costly it will be to dislodge the competitive product.
このプロジェクトを是が非でも早く進めたいのです。これ以上遅れては、市場機会を逃してしまいます。遅れれば遅れるほど、競合品を押しのけるのがより難しくなり、よりコストがかかってしまうのです。

I understand the difficulty you are facing in obtaining competitive samples, but we can't complete the evaluation of our new products without them.
競合品サンプルの入手が困難なのはわかりますが、サンプルなしでは当社の新製品の評価を完了できません。

指示を与える

指示内容を明確に示し（複数ある場合は、個条書きにするとわかりやすい）、必ず期限も
伝えましょう。

Subject: ABC Tech Research Assignment

Here's the research assignment.

If you have a question, ask Emi or me
before you get off track or end up doing something different.

<Background>
ABC Tech is building a system for a leading staffing company in
Japan and would like to find out how major US staffing companies
operate:

<Research Items>
1) Identify the major staffing companies

2) For each identified company, find out
· Corporate profile (annual sales, # of employees, etc.)
· How the staffing process is systemized
· How the jobs and the candidates are matched
· How often temporary positions/staff turn into permanent posi-
  tions/staff

<Timeframe>
Report due July 31

 件名： ABCテク社調査

調査作業は下記のとおり。

質問があれば、**横道にそれたり、違った内容の作業をしてしまわないよう**、エミか私
に質問するように。

＜背景＞
ABCテクは、日本の主要人材派遣会社向けにシステムを構築中で、アメリカの主要派遣会社
の運営の仕組みを探りたい。

＜調査項目＞
１）主要派遣会社のリストアップ

2）各社に関し、下記を調査
・会社概要（年商、従業員数など）
・派遣プロセスがどのようにシステム化されているか
・職と応募者がどのようにマッチグされているか
・短期派遣職・人材が正社員に変わる頻度

＜調査期間＞
7月31日までに報告のこと

Useful Expressions

The following is a list of tasks:
作業リストは下記のとおり。

Here are the questions that need to be answered in the report:
報告書の中で答えるべき問いは下記のとおりです。

Pls find out the following about ABC:
ABC社に関して下記を調べてください。

When you are done with the current assignment, pls update the web.
今の作業が終わったら、ウェブを更新してください。

Please update me about the status of the sample procurement by Monday.
サンプル調達状況を月曜までに知らせてください。

Pls incorporate the financial statements into the report by Tue morning.
火曜の朝までに財務諸表を報告書に盛り込んでください。

Please look up major engineering firms and get product catalogs from them.
主なエンジニアリング会社を探して、製品カタログを取り寄せてください。

Please analyze the research data and prepare a write-up by Friday.
金曜までに、調査データを分析して、結果を書きまとめてください。

Please distribute the attached questionnaire in your department.
添付したアンケートを貴部内で配布してください。

You may want to contact John—he might have some stats.
ジョンに連絡してみるとよいのでは。数字を持っているかも。

While I'm out of town, please direct all incoming calls to Yoshinaga-san.
出張中、電話はすべて吉永さんに回してください。

Can you work late today?
今日、残業できますか？

注意する・忠告する

相手の非を責めるのではなく、問題解決または同じミスが2度と起こらないための策を提示するとよいでしょう。人のミスを指摘するときは、"You made an error" ではなく、"An error was made" というように受動態を使うと非難がましくなりません。

Subject: RE: Web PDF Creation

I told you to send me all the pages, not just PDF files, even if you weren't finished today.

It was due today, not Monday. You cannot keep dragging it out like this.

You need to estimate how much time you need to complete a project/assignment before you start it, and if you need more time, you need to request it before the deadline.

That's how the business world works.

＊drag out　引き延ばす

 件名：RE: ウェブPDF作成

たとえ今日、終えられなくても、PDFファイルだけでなく、すべてのページを送るように言いましたよね？

提出期限は月曜でなく、今日でした。こんな風に先延ばしにすることは許されません。

プロジェクト・作業を始める前に完成するのにどれだけの時間が必要かを推定するべきで、それ以上に時間が必要な場合に期限までにリクエストするべきです。

ビジネスの世界はそうやって回っているんです。

Subject: RE: New Approach

>I think that I can significantly reduce my mistakes.

That is not adequate.
You have to be more specific—you need to quantify your goal.

You will make NO mistakes period.

And what are you going to do specifically so as not to make any mistakes?

That's how you need to present it.

 件名：RE: 新しいアプローチ

>大幅にミスを減らせると思います。

それでは十分ではない。
もっと具体的であるべき、目標は数字で示さないといけない。

ミスは一切おかさない、以上。

ミスを一切おかさないためには、具体的にどうするつもりなのか？

そうやって提示すべきなんです。

Useful Expressions

There are several mistakes in the brochure. Please correct them.
パンフレットにいくつか間違いがあります。訂正してください。

We see sample procurement as a part of your marketing ability. It has been months since we originally asked for the samples and this will be viewed negatively.
サンプル調達もマーケティング力の一環として見なしています。当初サンプルを依頼してからもう数カ月になり、これはマイナスの評価になります。

If there is a problem or situation I should be aware of, please let me know. I'd like to discuss it.
私が把握しておくべき問題や状況があれば知らせてください。話を聞きたいと思います。

I hope you realize that your not following the project guidelines has caused your team members extra work.
あなたがプロジェクトガイドラインに従っていないために、チームのメンバーに余分な仕事が生じていることを自覚していただきたいのです。

I just called on ABC and learned that their network problem has not been solved yet. I asked last month that the problem be solved. What is going on?
ABC社を訪問したところ、先方のネットワークの問題がまだ解決されていないとのことです。問題を解決するようにお願いしたのは先月の話です。どうなっているんですか？

I just found that customers have been quoted the wrong price for VT300.
お客さまがVT300の価格を間違って提示されたことが今わかりました。

I must remind you that we are in a service business. Each and every customer is valuable to us and they have to be treated accordingly.
我々はサービス業であることを覚えておいてください。お客さまお一人お一人が大切なお客さまであり、そのように接しなければならないのです。

The start time for work is 9 a.m. That applies to everyone, including you.
始業時間は午前9時です。これは、あなたを含め全員に適用されます。

The following information is offered to provide guidelines for sick leaves.
下記は病欠に関するガイドラインを示すためのものです。

Please note the procedure on page 20 of your handling manual.
取扱書の20ページの手続きを参照してください。

Please have people contact me directly regarding any problems they have.
問題があれば、直接、私に連絡してもらってください。

In the future, if you think a method other than what I specify is more appropriate, please clear it with me first.　　　　　　　　　　　　　　＊clear　許可をとる
将来、私が指定したのとは違う方法が適切であると思った場合、まず私の許可を得てください。

Thank you for helping me correct the situation.
状況を正すのを手伝ってくれてありがとう。

I'd appreciate your prompt, careful and thorough attention to this very important matter.
大変重要な本件に、素早く、慎重に、入念に対処してくれるようお願いします。

注意に応える

「今後、気をつけます」は通じません。もしミスを犯したのであれば、同じミスが二度と起こらないよう、具体的な対策を取ることを示します。

> **Subject: RE: New Approach**
>
> I'll reduce the number of mistakes in my report by half by May 31.
>
> In order to do that, I'll read my report three times instead of once before I turn it in. I'll also have Anne scan it before I turn it in.

訳 件名：RE: 新しいアプローチ

5月31日までに報告書のミスの数を半分に減らします。

そのために、報告書を提出する前に一度ではなく三度読み直します。また、提出前にアンに目を通してもらいます。

Useful Expressions

I'm sorry I misunderstood your instructions. Let me redo it.
いただいた指示を誤認識し、申し訳ありませんでした。やり直します。

I must have completely misunderstood you. I thought you gave me Monday off, too.
言われたことを完全に誤って認識していたようです。月曜も休日をもらえたものと思っていました。

I'll read the Office Procedures again.
事務所手続書をもう一度読みます。

I assure you I'll come in on time starting tomorrow.
明日から時間どおり出社することを約束します。

I'll turn in my expense report on time from now on.
これからは経費報告書を期限どおり提出します。

I thought that was what you wanted—according to your e-mail of April 10 (be ow).
4月10日付のいただいたメール（下記）によると、そうすべきだと思ったのですが。

部下をほめる

「日本人上司は部下をほめないので外国人社員は戸惑う」とよく言われますが、一般に Negative Reinforcement よりも Positive Reinforcement が好まれる欧米では、いい仕事をしたときにはほめることが非常に重要です。

Subject: Career Seminar

Thanks to your excellent planning and execution, our first career seminar was a great success.

The turnout was more than we expected and we got excellent feedback from the participants. The sponsors were very pleased.

The seminar is very likely to turn into a monthly event.

Keep up the good work. I'm counting on you!

 件名：キャリアセミナー
あなたの素晴らしい企画と実施のおかげで、第一回キャリアセミナーは大成功を収めました。

予想以上の参加者数で、かつ参加者からは素晴らしいフィードバックが得られました。スポンサーたちも非常にご満足です。

セミナーは多分月間行事となるでしょう。

これからもいい仕事を続けてください。頼りにしています！

Subject: Thanks!

Just a note to thank you for putting in overtime when we desperately needed it.

Because of your hard work, the project was completed on time, even ahead of schedule.

Our team did a very tough job remarkably well. I'm proud of them!

件名：ありがとう！
どうしようもなく困っているときに残業をしてくれたことに、一言感謝したいと思いました。

一生懸命働いてくれたので、プロジェクトは期日どおりどころか予定より早く完了しました。わがチームは大変な仕事を驚くほどうまくこなしました。わがチームを誇りに思います！

Useful Expressions

Congratulations on a job well done as host of the International Design Expo!
国際デザインエキスポのホストとして素晴らしい仕事をされたことを祝します。

You've done a great job organizing the annual convention.
年次大会の運営を非常にうまく行ってくれました。

I know that to accomplish this high level of service, you worked extremely hard and sacrificed a great deal.
これだけの高度なサービスを提供するには、よほど懸命に働き、多大な犠牲を払われたことでしょう。

Because of employees like you, the show was attended by a record number of people and the exhibitors were very happy.
あなた（方）のような社員のおかげで、展示会は記録的な参加者数に恵まれ、出展者は非常に喜んでいます。

Much of our success is due to your excellent work.
当社の成功は、あなた（方）の素晴らしい働きによるところが大きいのです。

I am well aware of the long hours you devoted to the timely and successful completion of the project.
プロジェクトを期日どおりに成功させるために、長時間勤務してくれたことはよくわかっています。

Due to your hard work and commitment, we have achieved the monthly goal.
貴殿の懸命な働きとコミットメントのおかげで、月間目標を達成することができました。

Because of your efforts we achieved record profits.
貴殿の努力の結果、記録的な利益を上げました。

Without your help, we wouldn't have made our deadline.
貴殿のサポートがなければ、締め切りには間に合わなかったでしょう。

It was your tireless efforts and devotion that made the event successful.
イベントが成功したのは、貴殿のたゆみない努力と献身のおかげです。

Your solution was timely and exactly what the customer needed.
貴殿の解決策は、時機を得て、お客さまがまさに必要としているものでした。

Your technical expertise was invaluable for the timely completion of the project.
貴殿の技術力は、プロジェクトの期日どおりの完了に欠かせないものでした。

I'll make sure that others in the division know that you were the driving force behind the project.
プロジェクトの推進力となったのが貴殿であったことを部内の人たちにちゃんと知ってもらいます。

Thank you again for the phenomenal work you've performed.
素晴らしい仕事に改めて感謝します。

問題の解決を促す

問題を提議し、解決することの利点を強調し、ミスを責めるのではなく、問題の解決に焦点をあてます。感謝の言葉を添え、ポジティブに終えます。

Subject: N-MAM Purity

Our recent shipment of N-MAM to ABC did not meet our purity spec. ABC's analysis showed a purity of only 96.22% (as attached). We analyzed a sample from the same lot and the purity was 96.68% (as attached). It's well below our standard of 98%.

Please investigate the cause for the low purity and remedy the situation before the next shipment.

 件名：N-MAM純度

最近ABC社に出荷したN-MAMは、仕様純度を満たしませんでした。ABCの分析によると、純度はわずか96.22%でした（資料添付）。同じロットのサンプルを分析したところ、純度は96.68%でした（資料添付）。標準の98％をかなり下回っています。

低純度の原因を調べて、次の出荷までに状況を是正してください。

Useful Expressions

Please investigate this and also review your QA procedures with your staff to ensure that the r routine meets the requirements.
これを調べて、スタッフのルーティーンが確実に要件を満たすよう、スタッフとQA手順も復習してください。

Pls submit a report to me by July 14 in which you detail the following:
下記の詳細を記した報告書を7月14日までに私まで提出してください。

I suggest that you and your staff review our present customer service procedures and come up with ideas to improve them before it turns into a serious problem.
スタッフとともに、現在の顧客サービス手順を見直し、問題が深刻化する前に改善策を打ち立てるように。

I would like to meet with you as soon as possible to discuss this.
この件を話し合うために、できるだけ早く会いたいと思います。

Mr. Honda is very concerned about the lack of progress.
本田さんが、進展がないのを非常に心配してらっしゃいます。

I fully understand and never doubted that you were doing your best to solve the problem.
あなたが問題解決に全力を尽くしていることは、十分理解していますし、それを疑ったこともありません。

Thank you for your cooperation. I don't expect any further difficulty on this issue.
協力ありがとう。この件に関して、これ以上問題は生じないものと思います。

I appreciate your attention to this problem and have every confidence that you can solve it.
この問題に注意を払ってくれて感謝します。あなたなら解決できるものと確信しています。

Thank you for your willingness to improve the situation.
状況改善に努力してもらえるとのこと、感謝します。

I feel that I can count on your cooperation in correcting this problem.
この問題を正すのに協力してもらえるものと思います。

反論する・抗議する

相手の人格を攻撃したり、"You're wrong." といった表現を使うのは禁物です。感情的にならず、事実の伝達・解明に焦点を当て、それに対する自分の意見を明確に述べます。根拠となる参考資料を添付しましょう。

Subject: Expense Report

I don't understand why some items on my expense report weren't approved.

I attached all the documentation for all the items. The receipts and the figures on the report match exactly.

Could you explain why Items 2 and 4 were rejected?

Thanks for your help.

件名：経費報告書

なぜ、経費報告書の項目がいくつか承認されなかったのかわかりません。

すべての項目に対し書類を添付しました。領収書と報告書の数字はピッタリ合います。

項目2と4がなぜ承認されなかったのか教えていただけますか？

対応ありがとう。

Useful Expressions

I was shocked to receive your e-mail.
メールをいただいてびっくりしました。

This is a response to your e-mail of Jan. 30 about the delay of my report.
これは、報告書の遅れに関する1月30日付メールに対する返信です。

I sent you the following e-mail on Dec. 1. Didn't you get it?
12月1日に下記のメールをお送りしました。届いていませんか？

I responded to your e-mail right away as below.
いただいたメールには、下記のようにすぐ返信しました。

It's not clear tc me what I did wrong when I handled the call. I strictly followed the manual.
電話の応対に関して何がいけなかったのかよくわかりません。マニュアルにきっちり沿ってやったのですが。

I find it very difficult to do my job effectively without free access to this information.
この情報への自由なアクセスなしに、仕事を効果的にこなすのは非常に難しいです。

I have no idea how it happened.
どうしてそうなったのか、まったくわかりません。

Hope this will clarify the situation.
これで状況がはっきりするといいのですが。

助言を求める

できるだけ詳しく背景や必要事項を伝えたほうが、より的確な助言を得られます。

Subject: Gift for ABC Institute

I'll be visiting ABC Institute in Washington DC next month and I'd like to take them a little gift in appreciation for taking the time to see me. What would be appreciated by an American host? Any idea?

Thanks for your help in advance!

 件名：ABC研究所向けおみやげ

来月、ワシントンDCのABC研究所を訪問するのですが、面会時間を取っていただくお礼にささやかなおみやげをお持ちしたいと思います。アメリカ人ホストにお持ちするのには、何がいいでしょう？　何かアイデアは？

前もってお礼を言っておきます！

Useful Expressions

I'm debating whether to outsource the project.
プロジェクトをアウトソースするべきかどうか、迷っています。

Can you think of a good title for this?
これにつけるいいタイトルは考えつきませんか？

Do you have any idea where I can find the information?
どこで情報が見つかるか、わかりますか？

What is the appropriate protocol?
どうするのが適切な儀礼でしょうか？

What would you do if you were in my situation?
私の状況であれば、どうされますか？

How would you handle?
あなたらなどのように対処されますか？

What would be the best way to handle this?
どう対処するのがベストでしょうか？

 **助言する**

できるだけ早く返答しますが、助言できない場合でもすぐに相手にその旨を伝えましょう。

Subject: RE: Any Thoughts?

If it's the bad language that has raised so many eyebrows, why don't you apologize for that—I apologize for the inappropriate language I used, blah blah blah. If you think you didn't do anything wrong besides that, stick to your principles.

Just my two cents.

＊ raise an eyebrow　（驚きや不満などで）まゆをつり上げる

 件名：RE: どう思う？

それだけ多くの人の顔をしかめさせたのが言葉づかいだったのなら、使った言葉づかいに対して謝れば？　不適切な表現を使って申し訳ありませんでした。とか何とか言って。それ以外に何も悪いことをしたとは思わないなら、自分の考えを突き通せばいい。

私からのちょっとしたアドバイス。

Useful Expressions

Go take a look at www.getglobal.com. What they're doing is pretty clever.
www.getglobal.comを見に行ってみて。なかなか気が利いてるでしょ。

. . . .

I would definitely talk to your supervisor about this.
私だったら、絶対にこの件を上司に話すけど。

. . . .

I suggest you contact this organization.
この団体に連絡してみるといいと思います。

. . . .

Why don't you contact Jack Smith? He can probably help you.
ジャック・スミスに連絡してみたら？　多分、助けてもらえるから。

. . . .

I can't remember off the top of my head. Let me get back to you.
今すぐに思い出せないので、後で連絡します。

. . . .

I'll think about it and get back to you. When do you need it?
考えて返事します。いつまでに必要ですか？

. . . .

257

システム部からの知らせ

サーバやネットワークの保守作業などを知らせる場合、保守の日時や、どの部の何に影響が出るのかなどを伝えるとともに、できるだけ保守作業によるプラス面を強調します。

Subject: Scheduled Network Maintenance and Upgrades

In the weeks ahead, we will be finalizing an upgrade to the core switches in the data center.

This upgrade will provide further redundancy to our network, allow for continued growth by providing additional bandwidth capacity, and give us the ability to support additional features.

The upgrade will be performed between 2 am and 6 am, JST, on Sunday, March 6, 2005 to reduce effects on websites hosted in our data center. During the upgrade period, you may notice inter-mittent latency while accessing the Internet. Every effort will be expended to keep any inconvenience at a minimum.

We appreciate your patience as we make these improvements to our network and continue to strive to provide you with the best possible service.

If you have any questions or problems, please contact the Sys Ad Team at X1234.

Kenichi Hayashi
The Systems Administration Team

＊intermittent　断続的

 件名：予定のネットワーク保守およびアップグレード

この先数週間、データセンターのコアスイッチの最終アップグレード作業を行います。

アップグレードによってネットワークのレダンダンシーが強化され、バンド幅容量をさらに増大することによって継続する成長に対処し、追加する機能をサポートすることができます。

アップグレード作業は、データセンターでホスティングしているウェブサイトへの影響を削減するために、2005年3月6日日曜の日本時間午前2時から午前6時の間に行います。アップグレード作業中、インターネットにアクセスする際に断続的に遅れを生じる場合もあり得ます。皆さまへのご迷惑を最小限に留めるようあらゆる努力をするつもりです。

ネットワークの向上を図り、皆さまにできるだけ最高のサービスを提供し続ける間、皆さまのご辛抱に感謝します。

ご質問、問題などありましたら、内線1234のシスアドチームまでご連絡ください。

Useful Expressions

IT Services will be performing extended network maintenance on Friday, September 24.
ITサービスでは、9月24日金曜に広範囲のネットワーク保守作業を行います。

Maintenance will begin sharply at 5:30 PM on Friday and last until 8 PM Sunday, Feb. 29. During this time, there will be intermittent outages of all services (mail, L, M and O drives, intranet and internet). The following services will be unavailable at different times:
保守作業は金曜日午後5時半ちょうどに始まり、2月29日日曜午後8時まで続きます。この間、すべてのサービス（メール、L、M、Oドライブ、イントラネット、インターネット）が断続的に途絶え、下記のサービスは利用できません。

IT Services will perform a mail server upgrade this Friday, July 2 from 4:00 PM until 10:00 PM. During this time, there will be NO access to your email.
ITサービスでは7月2日金曜日午後4時から午後10時までメールサーバのアップグレード作業を行います。この間、メールには一切アクセスできません。

We are pleased to inform you that we are upgrading our data center by installing some additional hardware to accommodate the future growth of servers in our network.
ネットワークのサーバ数の今後の増大に備え、ハードウエアを新たにインストールすることによって、データセンターをアップグレードすることを喜んでお伝えします。

We are increasing the redundancy of our network to enable us to continue to grow while keeping up with the current technology.
現在の技術についていくとともに、拡大を続けられるようネットワークのリダンダンシーを増大します。

We will be adding an additional router to our network.
ネットワークに新たにルーターを加えます。

The first round of these upgrades will begin on the morning of Monday, Feb 3, 2005, and will continue for approximately four consecutive business days.
アップグレード作業の第一弾は、2005年2月3日月曜に始まり、約4営業日間連日で行われます。

A needed hardware upgrade will be done during the maintenance, which will provide greater network stability and flexibility.
必要なハードウエアのアップグレードは保守作業中に行われます。これによって、ネットワークがより安定し、かつ柔軟性を増します。

We do not expect any noticeable interruption of service during these improvements to our network.
ネットワーク向上作業中、目立つようなサービスの中断は起こらないはずです。

Here's the maintenance schedule for Jan-June 2005.
2005年1月〜6月の保守作業予定は下記のとおりです。

システム部とのやりとり

システム部に質問したり、報告したりする際のメール、またそれに対する返信の例です。

Subject: Network Problems

Since we were transferred to the new network, the access speed has been extremely slow. I also get many "pages not found" error messages.

When will all these problems be fixed?

 件名：ネットワークのトラブル

新しいネットワークに移行してから、アクセススピードが異様に遅いです。それに「ページが見つかりません」というエラーメッセージが頻繁に出ます。

これらの問題はすべていつ是正されるのですか？

 [REPLY]

Thank you for your inquiry.

All speed issues should be resolved by March 31, when the network conversion is completed.

Thank you for your patience.

 件名：ネットワークのトラブル

お問い合わせありがとうございます。

スピードの問題はすべて、ネットワークの移行が完了する3月31日に解決されるはずです。

ご忍耐ありがとうございます。

Useful Expressions

I can't set up my account.
アカウントを設定できません。

I'm not sure how to use the new e-mail program. Is there any help available?
新しいメールプログラムの使い方がよくわかりません。何らかのサポートはしていただけるのでしょうか？

I lost my password to access my benefits page. How can I reset my password?
福利厚生ページにアクセスするパスワードをなくしてしまいました。パスワードを再設定するにはどうすればいいですか？

My computer is acting funny. Can you help?
コンピュータの調子がおかしいのですが、助けてもらえますか？

「 システム部からの返事 」

There is a problem with the email forwarding, which we've been working on since Friday.
メールの転送に問題があり、金曜から解決のために作業をしています。

There was some sort of software issue, which has been resolved. We are monitoring closely and we don't expect any recurring problems.
ソフトに関して何らかの問題があったのですが、解決されました。注意して監視していますので、再び問題が起きるようなことはないはずです。

We have had a server-wide software problem. The technicians have been working on it.
サーバ全体でソフトの問題が起きたのです。技術者が解決するために作業中です。

We're trying to retrieve any emails that were not delivered. They did not bounce back to senders, so they are likely in the system.
未着のメールをすべて回収しようとしているところです。送信者に返送されなかったので、システムに残っているはずです。

I will monitor this server to ensure that no aspects of this issue recur.
この問題があらゆる観点から再発しないよう、このサーバを監視します。

社内回覧－社内イベント

イベントの日時・内容を伝え、出欠が必要な場合は、期限を示します。

Subject: Christmas Party

The company Christmas party will be held at the Grand Hotel on Dec. 18.

There'll be lots of food, drinks, prizes, games, and of course, karaoke. Don't miss this once-a-year chance to show off your talent!!

Please bring a gift (2000 yen or less) for a gift exchange with your fellow employees.

Happy Holidays!

 件名：クリスマスパーティー

会社のクリスマスパーティーが12月18日、グランドホテルで開かれます。

たくさんの食物、飲物、賞品、ゲーム、もちろん、カラオケもあります。あなたの芸を披露する年に一度のチャンスをお見逃しなく！

社員同士でギフト交換を行いますので、プレゼント（2000円以下）をご持参ください。

よいホリデーを！

Useful Expressions

We'll be having a company picnic on Sat., April 6.
４月６日土曜日に会社のピクニックを行います。

Marketing Department is having a BBQ on Sat., Oct. 1.
マーケティング部では、１０月１日土曜、バーベキューを行います。

Come join the going-away party for Kate! It's planned for her last day, Fri, Oct. 22, after work.
ケートの送別会にぜひご参加を！　彼女の最終出社日、１０月２２日金曜に仕事が終わってから開かれます。

May 28 is Mr. Farnham's birthday and we're throwing a surprise party for him. We're asking everyone to chip in 1,000 yen to buy him a gift.

＊chip in　お金を出し合う

５月２８日はファーナム氏の誕生日で、内緒でパーティーを企画しています。プレゼントを買うために１０００円ずつカンパをお願いしています。

Please let me know by Dec. 8 if you'll attend.
１２月８日までに出欠を知らせてください。

新製品の説明

新製品の発売を前に、支社や営業部門に新製品の特徴などを知らせるメールです。詳しい資料がある場合は、それを添付するか、または入手方法を知らせます。

Subject: ABC Rebar

ABC Rebar will finally be available for marketing this month.

ABC Rebar's anti-corrosion performance has been verified at various public agencies and universities, including CIAS (Concrete Innovations Appraisal Service) and Texas A&T University.

Corrosion test results indicate that ABC Rebar has:
· 5 to 9 times the corrosion resistance of ASTM A615 rebar
· Service Life in excess of 200 years when used in conjunction with HPC

Structural Properties Summary and Product Spec are attached. For further information, see the full data sheet at http://www.getglobal.com.

 件名：ABC棒鋼

ABC棒鋼が、今月ついにマーケティングされます。

ABC棒鋼の防腐性能は、CIAS（コンクリート革新鑑定サービス）やテキサスA&T大学など、様々な公的機関や大学で実証されています。

腐食試験結果によると、ABC棒鋼は下記を備えています。
・ASTM A615棒鋼の5～9倍の防腐性
・HPCと併用された場合、サービス寿命200年以上

構造物性要約および製品仕様を添付します。詳細は、www.getglobal.comの完全なデータシートをご覧ください。

Useful Expressions

We are launching a trio of new products that will significantly enhance and customize voice and Internet services for resellers and their customers.
再販業者およびそのお客さま向けに、音声およびインターネットサービスを大幅に向上させ、カスタマイズする新しい製品を3点発売します。

In response to customers' request for a product with better cost performance, we will be adding BX-100, a lower-cost version, to our BX line on January 25.
よりコスト性能の高い製品に対するお客さまのご要望に応え、1月25日に安価バージョンBX-100をBXラインに加えます。

We are responding with new products that will help our customers simplify and grow their businesses.
お客さまのビジネスの簡素化と成長に役立つ新製品でお応えします。

The new HF technology platform expands JapanMed's product line into the area of cardiac surgery and provides another advancement in the area of heart bypass surgery.
新たなHF技術プラットフォームは、ジャパンメドの製品ラインを心臓外科手術の分野に拡大するもので、心臓バイパス手術の分野に新たな進歩をもたらします。

This extension of our proprietary technology creates a potentially large market opportunity for JapanMed, with over 600,000 coronary artery bypass procedures performed worldwide each year.
当社の独自開発技術の拡大は、毎年世界で行われる60万以上の冠状動脈バイパス手術という大きな市場チャンスをジャパンメドにもたらします。

These new products complement and enhance the P Series product line.
これらの新製品は、Pシリーズ製品ラインを補完し、向上させるものです。

New firmware for the 5500 has simplified the user interface while adding new features such as auto intensity and auto head detection.
5500用の新しいファームウエアは、自動インテンシティや自動ヘッド検知などの新機能を加えると同時にユーザーインターフェースを簡略化しています。

The new model features higher power and more speed.
新しいモデルは、より大きなパワーと速いスピードが特徴です。

New enhancements include search and analysis capabilities.
新しく検索・分析機能などが加えられました。

The new system will be available worldwide in April through our existing network of distributors and resellers.
新システムは、4月に世界中で既存の流通業者および再販業者ネットワークを通じ、提供されます。

You will receive its product sheet and other marketing materials within two weeks.
製品シートやその他のマーケティング資料は2週間以内に送ります。

買収・合併の知らせ

買収・合併が、会社にとってプラスであることを強調するとともに、従業員が不必要に動揺しないよう、何が変わって、何が変わらないのか、わかっている限りのことを説明します。人員整理はないのならその旨も伝えます。

Subject: Acquisition of Japan Network

In a move to offer a complete range of LAN and WAN products in Japan, World Net has acquired Japan Network.

The acquisition will combine the development, sales, marketing and manufacturing capabilities for current and future networking products of both companies in Japan and the new entity will be known collectively as World Net. Japan Network will now be the newly created Networking Division of World Net.

WorldNet was impressed with Japan Network's technology and products and believe that they are a good fit with its offerings. We will be combining the expertise necessary to serve both companies' customers worldwide so that we can position World Net as a global leader in the networking market.

We count on your continued contributions and look forward to expanding our operations all over Japan.

 件名：ジャパン・ネットワークの買収

日本でLANおよびWAN製品を一式提供しようという動きに伴い、ワールドネットではジャパン・ネットワークを買収しました。

買収により、両社の現在および今後のネットワーキング製品の開発、販売、マーケティング、製造機能が統一され、一括してワールドネット社となります。ジャパン・ネットワークは、ワールドネットの新規ネットワーキング部門となります。

ジャパン・ネットワークの技術および製品は目を見張るもので、ワールドネットの製品にぴったり合うものだと思います。ワールドネットをネットワーキング市場のグローバルリーダーとして位置付けられるよう、両社の世界中のお客さまにご奉仕するために必要な専門ノウハウを合わせるものです。

引き続き皆さまのご貢献に期待し、日本中に当社の業務を広げていくことを楽しみにしています。

Useful Expressions

We are pleased to announce that World Computer has acquired Best Software.
ワールドコンピュータがベストソフトウエアを買収したことを発表できてうれしく思います。

Effective today, AML and JML have merged.
本日付でAMLとJMLは合併しました。

On February 23, 2005, we completed the acquisition of BestChip, a leading distributor of semiconductors with annual sales of approximately \$1 billion.
2005年2月28日、年商約10億ドルの半導体の主要ディストリビューターであるベストチップ社の買収を完了しました。

ABC Corporation announced today that it has sold its wholly-owned subsidiary, XYZ Manufacturing, to Better Machinery.
ABCコーポレーションは、本日、100％子会社のXYZ製造会社をベターマシネリー社に売却しました。

We believe that World's acquisition of Best will increase market acceptance for Best technology.
ワールドによるベストの買収で、ベストの技術は市場でより受け入れてもらえるようになるでしょう。

By acquiring Santo, ABC Corporation expects to develop a significant presence in the Japanese market.
山東社の買収により、ABCコーポレーションは、日本市場において重要な地位を築く予定です。

This merger makes AML one of the largest financial institutions in the world and gives the company leadership in the global market.
この合併により、AMLは世界最大の金融機関のひとつとなり、世界市場でリーダー的存在となります。

The merger with JML is an important part of our growth strategy.
JMLとの合併は、当社の成長戦略の重要な一環です。

The merged entity will retain the name GlobalLINK.
合併後の社名は、グローバルリンクを継承します。

We will continue to operate under the name GlobalLINK.
グローバルリンクの名で業務を続けます。

We do not anticipate any early-retirement programs or severance options in connection with this merger.
この合併に伴い、早期退職や退職オプションが実施されることはありません。

Virtually all of our employees will be asked to remain with us and most of our divisions will experience very little change in their day-to-day operations.
実質上、全社員がそのままで、ほとんどの部門で、日々の業務には変化はありません。

 組織改変の通知

改変が、会社にとってプラスであることを強調します。社員に影響が出る場合は、できるだけポジティブな形で伝えます。

Subject: Global Restructuring

We have completed a thorough analysis of all operations and concluded that a more centralized structure would create operating efficiencies between previously decentralized business units, as well as faster and more effective customer response.

This will unfortunately result in the elimination of some business units. The number of affected employees and business units will be announced after all affected employees are notified.

Be assured that we will implement these plans with the utmost concern for our employees' well-being. We are formulating plans to provide support packages to affected employees and to ensure seamless support for our customers.

While these decisions have been difficult to make, we are obligated to take action that helps ensure the future growth and profitability of the company, and for the sake of employees as a whole and shareholders.

We appreciate your patience during this difficult time.

 件名：グローバル再編成

全業務の徹底分析を終え、より中央集権化した構造が、以前の分散型ビジネスユニット間で業務効率、またより早く、より効果的な顧客対応を生むという結論に達しました。

これは、残念ながら、いくつかのビジネスユニットを閉鎖するという結果になります。どの社員およびビジネスユニットが影響を受けるかは、その社員全員に通知が届いてから発表されます。

これらの計画は、社員の皆さまの福利に対し最大に配慮して実施するものであるのであることを請け合います。現在、影響を受ける社員への支援パッケージを提供し、お客さまへのシームレスなサポートを確保するための計画を考案中です。

これらは難しい決断ですが、会社の将来の成長および収益性を確保する手段を社員全体や株主の皆さまのために、講じなければならないのです。

この困難な時期に、皆さまのご忍耐に感謝します。

Useful Expressions

ABC Corporation today announced a worldwide corporate restructuring program.
ABCコーポレーションは、本日、世界規模の企業再編成プログラムを発表しました。

BG today announced a major restructuring in order to more prominently focus on the consumer market.
BGでは、本日、消費者市場により専念するため、大規模な組織改変を発表しました。

We are making some structural changes to cope with the changes in the market-place. I have attached an outline of departmental changes.
市場の変化に対応するため、組織を少し改変します。部門レベルの変更の概要を添付します。

As a result of a careful review of ABC's financial performance, we identified a number of services locations that are not profitable. We do not expect these circumstances to change in the foreseeable future.
ABC社の財務業績を入念に見直した結果、利益を出せていないサービス拠点がいくつかあることがわかりました。この状況が近い将来変わるとは思われません。

Due to changes in the financial market, we recently determined that we were overstaffed.
金融市場の変貌により、当社は人員過剰であるという結論に達しました。

The company plans to eliminate about 100 positions, cutting personnel costs by $25 million within a year.
1年以内に、100のポストを削減し、2500万ドルの人件費をカットする予定です。

This announced restructuring is expected to result in a reduction of 75 positions.
発表された再編成の結果、75の職が削減される予定です。

It became evident that we need to eliminate 15 jobs in the operations division.
業務部門で15の職を削減しなければならないことが明らかになりました。

Each organization is expected to reduce its personnel by 5% by the end of the fiscal year.
各組織は、会計年度の終わりまでに人員を5%削減することが求められています。

We truly regret this action but felt it was necessary to maintain our business.
こうした措置を大変残念に思いますが、事業の存続には必要であると判断しました。

This is very difficult for us, but it is necessary to adjust our spending levels to remain in business.
大変困難なことですが、事業存続のために出費レベルを調整する必要があるのです。

The company expects the restructuring will produce annual savings of approximately $6.5 million.
会社では、再編成が年間約650万ドルの節約につながると見ています。

BG will reorganize into three main divisions – servers, smart cards, and software.
BGは、サーバー、スマートカード、ソフトウエアの主要3部門に再編成します。

As part of the reorganization, the company will focus more of its efforts on direct sale.
組織改変の一環として、当社は直販により力を入れます。

IS Division has undergone this reorganization to provide better, more efficient service to our customers.
情報システム部門では、お客さまに、よりよい、より効率よいサービスを提供できるように、この再編成を行ないました。

Based on our current understanding of the markets and our company, we do not anticipate any further layoffs at this time.
市場と当社の状況からして、現時点で、これ以上のレイオフは予定されていません。

I want to emphasize that the effect of this decision on ABC Japan will be minimal.
この決定によるABCジャパンへの影響は、最小限であることを強調しておきたいと思います。

Please be assured that your jobs will in no way be affected.
社員の皆さまの職への影響はないので安心してください。

We will be announcing details as soon as we learn of them. Please be patient with us during this transition time.
詳細がわかり次第、発表します。この過渡期の間、辛抱強くお待ちいただけるようお願いします。

If you have concerns about the handling of the situation, please come talk to me or any other managers.
状況の取り扱いについてご懸念があれば、私、または他のマネジャーにご相談ください。

 # 社内回覧－社則（変更）の説明

変更の場合、変更内容、変更日を明記し、変更内容が会社全体、社員にとって有益であることを強調します。

---

subject: Smoking Policy

It recently came to my attention that some employees are violating the company's smoking policy.

I'd like to reiterate that in keeping with our intent to provide a safe and healthy work environment, smoking is prohibited throughout the workplace. This policy applies to all employees, customers, and visitors.

Employees should notify their immediate supervisor or any member of management upon learning of violations of this policy.

Should you have any questions, please contact me any time. Thank you for your extra effort to create a smoke-free work environment.

 件名：喫煙規則

最近、喫煙に関する会社規則を守らない社員の存在が目にとまりました。

安全で健康な職場環境を提供するという当社の趣旨に沿い、職場では喫煙は一切禁止されていることを繰り返したいと思います。この規則は、従業員、お客さま、訪問者の全員に適用されます。

この規則違反を見つけた社員は、直属の上司あるいはいずれかの管理職に通知してください。

質問があれば、いつでも連絡してください。スモークフリーの職場環境を築くための一層のご尽力に感謝します。

Subject: Casual Day

Friday is a casual day, but some people are taking it to extremes. Please remember some clothing is not appropriate even on a casual day—e.g. tank tops, shorts and flip flops.

If you aren't sure what is appropriate, please talk to your supervisor.

 件名：カジュアルデー

金曜はカジュアルデーですが、極端に走りすぎている人がいます。たとえカジュアルデーでも、タンクトップ、短パン、草履などは、適切ではありません。

何が適切かはっきりしない場合は、上司に相談してください。

As you know, last quarter's earnings were down significantly from the previous quarter. Effective today, to contain expenses and improve the bottom line, all expenditures over ¥100,000 will require the signature of the originating department head.

 ご存知のように、先四半期の収益は前四半期に比べ、かなり下落しました。本日付で、経費を抑え、利益を改善するために、10万円以上の支出はすべてその部の部長のサインが必要です。

Useful Expressions

Beginning January 5, our benefit plan will be modified as attached.
1月5日より、当社の福利厚生プランは添付のように変更されます。

Effective April 1, 2005, entertainment expenses allocated for each sales representative will be reduced by 30%. This is in accordance with the worldwide cost-cutting plans initiated by headquarters.
2005年4月1日付で、各営業員に割り当てられている接待費が30%削減されます。これは、本社が始めた世界規模でのコスト削減計画に従うものです。

Any expense beyond $10,000 must be approved by headquarters in Italy.
1万ドル以上の経費はすべて、イタリアの本社の承認が必要です。

Your expense report must be submitted for reimbursement within a month of the last day of the trip.
経費報告書は、払い戻しのために出張最後の日から1カ月以内に提出されなければなりません。

Effective October 1, 2005, stock option plans are available for all employees who have completed five years of service with the company.
2005年10月1日より、ストックオプションは、5年の勤務を終えた社員全員が利用可能です。

Effective immediately, all employees must schedule vacations at least 5 days in advance, except in cases of emergency.
今後、すべての社員は、緊急事態でない限り、休暇をとる際は最低5日前に申請する必要があります。

ABC Corporation prohibits the illegal duplication of software and its related documentation.
ABCコーポレーションでは、ソフトウエアおよび関連ドキュメントの違法コピーを禁止しています。

Any media inquiries must be handled by the PR department.
メディアによる問い合わせは、すべて広報部によって対応されなければなりません。

Obviously, this practice cannot continue. It is rude, inefficient and potentially destructive.
こうした行いを放っておくわけにいかないのは明白です。失礼であり、非効率であり、さもすれば破壊的でもあります。

I'm attaching the guidelines for filling temporary office positions.
短期派遣事務職の採用に関するガイドラインを添付します。

Employees who violate this policy will be subject to disciplinary action, up to and including termination of employment.
この規則に違反した社員は、最悪の場合、解雇を含む懲戒処分を受け得ることになります。

These changes are necessary to contain the cost of benefits so that we can continue to offer them to employees
これらの変更は、社員の皆さまに福利厚生を提供し続けられるよう、その費用を抑えるために必要です。

I believe these new procedures will enable us to handle the application process more efficiently.
これらの新しい手続きにより、応募プロセスにより効率的に対処することができると思います。

Thank you for your extra effort to improve the company's bottom line.
会社の収益向上のために、一層ご尽力いただき、ありがとうございます。

We hope you'll agree that these policies benefit the company as a whole.
この方針が、会社全体にとって有益であることをご理解いただけると思います。

If you have any questions about this policy change, please contact me.
この方針の変更について質問があれば、私まで連絡ください。

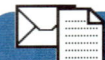 # 業績をねぎらう

「売上が記録的に伸びた」「黒字転換した」「目標を達成した」など、喜ばしい成果を伝え、とくに大きな貢献をした部署やチームがあれば、功績を具体的に挙げて賞賛します。

Subject: Record Sales

ABC Corporation is pleased to announce record sales and a return to profitability for the three months ended March 31, 2005.

The company's sales growth continues to be driven by strong sales of Best branded products in the retail market.

With the further development of the Best trademark and strong sales in the Chinese market, the second quarter is expected to be another record sales quarter, leading to continued earnings growth.

I offer my sincerest thanks and congratulations to everyone of you for your individual contributions to this overwhelming success.

 件名：記録的売り上げ

ABCコーポレーションでは、2005年3月31日締めの3カ月間で、記録的売り上げを上げ、利益を回復したことを発表できるのをうれしく思います。

会社の売上成長は引き続き、小売市場でのベストブランド製品の好調な売り上げによって支えられています。

ベスト商標の一層の開拓と中国市場での好調な売上によって、第2四半期もまた記録的な売上を見せる四半期となり、収益増につながる予定です。

この圧倒的な成功に対し、あなた方一人一人の貢献に心からの感謝と祝福の意を表します。

 ## Useful Expressions

I'm delighted to announce that for the third consecutive year, ABC Corporation generated record profits and revenue growth, which confirmed its continued position as the world's premier online retailer.

ABCコーポレーションでは、3年連続の記録的利益と増収を発表できるのをうれしく思います。これは、当社が引き続き、世界最高のオンライン小売業者としての地位を確保しているということです。

I'm glad to share with you that our 2004 sales exceeded 10 billion yen. This means that we have achieved an annual growth rate of 20% during the last four years.

2004年の売上が100億円を超したことを報告できてうれしく思います。これで、過去4年にわたり、20％の年間成長率を達成したということです。

By now I'm sure many of you have heard that our sales exceeded last year's by 30%.

すでに、売上が昨年の30％増であることを聞いている人も多いかと思います。

2004 was indeed a banner year for GlobalLINK, marked in particular by completion of several unique and challenging projects.

2004年は、特にユニークでやりがいのあるプロジェクトの達成によって、グローバルリンクにとって、実に、最良の年でした。

The success of ABC Corporation in becoming the leading distributor in Japan was a significant achievement last year.

ABCコーポレーションが日本で主要ディストリビューターになるのに成功したというのは、昨年の重要な業績でした。

This achievement is the culmination of superb efforts by many people in every department.

この功績は、各部の多くの人々の素晴らしい努力が終結したものです。

Without the expertise of our database team, this new model would have never been a reality.

データベースチームの力がなければ、この新しいモデルは実現していなかったでしょう。

We remain positive on the growth prospects for our industry and continue to position ourselves for this growth with increased capital investment.

当社は業界の成長の可能性を確信しており、資本投資増大をもって、この成長に備えつづけます。

I'd like to extend to each and every one of you my sincere congratulations and best wishes for your continued success.

皆さん全員、一人一人に、引き続く成功に心からの祝福の意を表します。

Thank you for your long hours of work and creative effort in reaching this goal.

この目標に達成するために、長時間の勤務と創造的努力をありがとうございます。

We look forward to further expansion in 2005 as we get settled in our new building and work hard to maintain our goal of 100% customer satisfaction.

新しいビルに落ち着き、お客さまの100％満足という目標を維持するために努力し、2005年にさらなる拡大を楽しみにしています。

I'm looking forward to your continued energy and enthusiasm.

今後もあなた（方）のエネルギーと熱意に期待しています。

業績をたたえる

これは個人の功績をたたえるメールです。具体的な功績を挙げてほめ、今後のさらなる活躍を期待する旨、伝えます。

Subject: Congratulations!

Congratulations on being awarded the International Designer Award!

We at ABC Corporation are very proud of your achievement. News of your work has shown up in more articles than I can remember!

Keep up the good work. GlobalLINK needs people like you.

 件名： おめでとう！

国際デザイン賞の受賞おめでとうございます！

ABCコーポレーション一同、あなたの偉業を大変誇りに思います。あなたの作品に関するニュースが掲載された記事は、覚えきれないくらいの数です。

これからもいい仕事を続けてください。グローバルリンクにはあなたのような人が必要です。

Useful Expressions

Congratulations on being honored as the top salesperson for 2005.
2005年のトップ営業員に表彰され、おめでとうございます。

. . . .

Congratulations to our outstanding sales team. You've truly dominated your terrifory.
素晴らしい営業チームにおめでとう。まさに領域を牛耳りましたね。

. . . .

I didn't want this year to end without acknowledging the contribution you have made to the company.
あなたの会社に対する貢献を認めずに、今年を終えたくありませんでした。

. . . .

You have racked up an impressive sales record this year.
あなたは今年、目を見張るような売上記録を達成されました。

. . . .

Achieving 150% of target is a remarkable achievement, one that you should be proud of.
目標の150％達成というのは、まさに快挙であり、誇りに思うべきです。

This year you have brought in 40 new accounts and that is a significant accomplishment.
今年、あなたは40もの新規顧客を開拓されました。これは偉業です。

Thank you for the marvelous job you have done.
素晴らしい仕事をしてくれてありがとう。

What an "above and beyond" performance! The numbers speak for themselves.
何というずば抜けた業績なことか！ 数字が物語っています。

Thank you for your exceptional performance. The client is delighted.
ずば抜けた働きぶりに感謝します。クライアントもお喜びです。

The company has returned to profitability in the fourth quarter thanks to employees like you.
あなたのような社員のおかげで、当社は第4四半期、利益を回復しました。

It is because of salespeople like you that ABC Corporation has achieved the success it has. I'm counting on you to help further the success of the company.
ABCコーポレーションがが、今ある成功を収めたのは、あなたのような営業員がいるからです。さらなる成功へのお手伝いをいただけるよう期待しています。

It is very special people like you that make it possible to run a productive, profitable business.
生産的で利益ある事業を経営できるのは、あなた（方）のような並外れた方々のおかげです。

Employees like you keep us in business.
あなたのような社員のお陰で、当社は商売が続けられます。

Please commend your marketing staff for their impressive efforts.
素晴らしい努力に対し、マーケティングスタッフを褒めてください。

Thank you for helping us grow.
当社の成長を支えてくれてありがとう。

Congratulations again on your Best Web Site award!
ベストウェブサイト受賞、改めて、おめでとうございます。

Kudos for your outstanding achievement!
素晴らしい業績に拍手を送ります。

昇進の発表

新しい役職、実施日、直属の上司などを記し、新しい職務、過去の経歴や業績を簡単に述べます。最後に、祝いや励ましの言葉を添えます。

Subject: Promotion—Manager, Technical Service

We are pleased to announce that Raj Ghandi has been promoted to Manager, Technical Services.

Raj has developed ABC's reseller education initiatives, including expansion to the Western Region and training partners in other regions of the country. Reseller education is a vital ingredient in ABC's leadership of the VAR market.

He will retain his current responsibilities and add management of the technical services group as of October 1.

We're looking forward to even greater achievement from him in this new position.

 件名：昇進 ── テクニカルサービス・マネジャー

ラジ・ガンジーが、テクニカルサービス・マネジャーに昇進したことを発表できるのをうれしく思います。

ラジは、西部地区への拡大、全国の他の地区でのパートナー研修を含むABCの再販業者教育イニシアチブを構築しました。再販業者教育は、VAR市場におけるABCのリーダーシップの要となるものです。

ラジは、現在の職務を続けるとともに、10月1日付でテクニカルサービスグループの管理を担います。

新しい職で、さらなる功績を築かれるのを楽しみにしています。

Useful Expressions

It is my pleasure to announce the promotion of Satomi Shinjo to the position of Controller
新庄里美さんのコントローラーへの昇進を喜んでここに発表します。

We are pleased to announce the promotion of Ikue Sakakibara to Senior Researcher.
榊原郁江さんのシニア研究員への昇進を喜んでここに発表します。

Jiro Kaji has been promoted to Operations Manager. In his new capacity, Jiro will supervise operations staff as well as oversee ongoing operations projects.

梶次郎さんは、この度、業務マネジャーに昇進されました。新しい職では、次郎さんは、業務スタッフを監督するとともに、進行中の業務プロジェクトを管理されます。

Wakako Daito will be assuming the new position of Communications Specialist, effective April 1. She will be reporting directly to me.

大東和歌子さんは、4月1日付で、コミュニケーションスペシャリストの職に就かれます。私が直属の上司となります。

As District Manager, Mr. Ozaki will oversee 20 sales managers who supervise more than 200 sales reps.

地区マネジャーとして、尾崎氏は、200人以上の営業員を監督する20人のセールスマネジャーを管理することになります。

Ms. Zaizen, a 15-year veteran, has the experience and versatility to handle a multitude of financial tasks as VP of Finance.

財前氏は15年のベテラン社員で、財務部長として多くの財務業務をこなすのに必要な経験と多くの才能を備えています。

Tsuyoshi joined ABC over three years ago and has added many new accounts as an Account Executive since.

強さんは、3年以上前にABCに入社され、その後、アカウント・エグゼクティブとして多くの新しい取引先を開拓されました。

She has been integral to acquiring key vendors who have helped to propel the company's dramatic sales in recent years.

近年、当社の飛躍的な売上に貢献した主要ベンダーの獲得になくてはならない存在でした。

He is among the people who contributed significantly to our success and are being recognized for their efforts.

彼はこの成功に多大なる貢献をし、その努力を認められている社員の一人です。

Anne has served the company for two years as a trainer for the Kanto region.

アンは、関東地区の教育担当者として勤続2年になります。

Everyone at ABC is proud of her accomplishments and shares in her success.

ABC社一同、彼女の功績を誇りに思い、成功を共にしています。

He will assume his new position on October 1.

10月1日付で新しい職に就かれます。

Please join me in congratulating Mr. Tomita on his new position.

富田さんの新しい職への就任を私とともに祝ってください。

入社・異動の知らせ

新しい社員の過去の経験や実績を紹介し、新しい職場での職務や豊富を延べ、歓迎の意を表します。

Subject: New CFO

I am pleased to announce that Kenzo Yanagi has joined the company as the new CFO. He will report to Norman Sanchez, CEO.

As CFO, Mr. Yanagi will be responsible for overall coordination of financial activities, including M&As.

Mr. Yanagi has been in the finance/accounting field since he graduated from college in 1980. He has held CFO, Director of Finance and VP of Finance positions at a variety of manufacturing, technology and communications companies over the last dozen years, including ABC manufacturing, Bio Systems and Best Telco.

Mr. Yanagi's track record of success in startup and turnaround situations will help the company meet its strategic and financial objectives. We sought him out because of his experience in technology companies of all sizes and his specific knowledge of the investment needs and the growth curve we expect to achieve.

We are extremely pleased to have him join our Executive Team. Let's extend our heartiest welcome to Mr. Yanagi.

 件名：新任のCFO

柳健三氏が新しいCFOとして入社されたことを喜んでここに発表します。CEOのノーマン・サンチェス氏の下で働かれます。

CFOとして、柳氏はM&Aを含む、財務業務すべてを担当されます。

柳氏は、1980年に大学を卒業されて以来、ずっと財務・会計分野で仕事をされてきました。過去10数年にわたり、ABC製造、バイオシステムズ、ベストテルコなどさまざまな製造、技術、通信企業でCFO、財務部長、財務担当副社長を務めてこられました。

柳氏のスタートアップや経営建て直しにおける輝かしい実績は、当社が戦略上および財務上の目標を達成する力となるでしょう。柳氏にお越しいただいたのは、氏のあらゆる規模の技術会社での経験と、投資ニーズや当社が目指す成長に関する知識を買ってのことです。

当社の経営チームにお迎えできて感激です。皆で、柳氏を心から歓迎しましょう。

Useful Expressions

We are pleased to announce the appointment of Mitsuko Fukuda to the position of HR Director.

福田美津子さんの人事ディレクターへの就任を喜んでここに発表します。

I'd like to introduce to you Ms. Ozawa, our new assistant. She will report directly to me.

新しいアシスタントの小沢さんを紹介します。私が直属の上司となります。

A warm welcome to Aoyama-san, who joins the Legal Department as Secretary.

セクレタリーとして法務部に加わった青山さんを温かく歓迎します。

Mr. Funai will join our organization as Compliance Officer.

船井さんは、コンプライアンス・オフィサーとして入社されます。

She joins ABC Pharmaceuticals from World Pharmaceuticals, where she was responsible for clinical product development plans.

博士は、この度、臨床製品開発企画を担当していたワールド製薬からABC製薬に来られました。

She joined GlobalLINK in 1993 upon her graduation from World University with a Bachelor of Arts in Psychology.

ワールド大学心理学科をご卒業と同時に、1993年にグローバルリンクに入社されました。

Throughout his career, Dr. Kobayashi has made significant contributions in the area of drug development, and we are very pleased that he is joining the company.

そのキャリアを通じ、小林博士は、薬品開発の分野で多大な貢献をされてきました。当社にご入社いただけるのを非常にうれしく思っています。

He will be transferred to the Sendai Office, effective September 1.

9月1日付で仙台事務所に異動になります。

She just returned from assignment to Sydney. In her new position, she will oversee global operations.

シドニーでの駐在から戻ったところですが、今度、新しい職場で、グローバル業務の監督にあたります。

He will be relocated to Brazil.

ブラジルに転勤になります。

In a time of great change and challenges for us all, we welcome our new Director and look forward to a bright future.

我々にとって大きな変化と挑戦の時期に、新しい部長を歓迎し、明るい未来を楽しみにしています。

I will appreciate your help in making Tom feel welcome.

トムを歓迎するのを手伝ってください。

退職の知らせ

ねぎらいの言葉とともに、一つや二つ、その人の具体的な功績や貢献を加えます。定年退職の場合、退職後の予定などもわかれば書き添え、最後に幸運を祈ります。

Subject: Best Wishes to Kanai-san!

We are losing our wonderful secretary, Kanai-san. Kanai-san has been with us for over three years but it feels like we have known her forever. She slotted into the department so well right from the start.

Thank you, Kanai-san, for all your help and hard work. We have enjoyed working with you. We wish you good fortune and every success!

 件名：金井さんにご多幸を！

素晴らしい我々のセクレタリー、金井さんがいなくなります。金井さんは当部に勤められて3年以上になりますが、もう何年も一緒にいたような気がします。最初から部にすんなりと溶け込まれました。

金井さん、これまでのサポートとハードワークをありがとうございました。一緒に仕事ができて楽しかったでした。ご多幸とご成功をお祈りします！

Subject: Dr. Nomura's Retirement

Dr. Ben Nomura, R&D Director, is retiring on March 26 after 20 years at ABC Corporation. Dr. Nomura will remain a consultant with ABC and provide guidance and input in a number of areas, including development and applications for specialty chemical products.

We are pleased to report that Dr. Mamoru Ritto will be taking over for Dr. Nomura. Dr. Ritto received his Ph.D. in Polymer Science from the University of Science. Please join me in welcoming Dr. Ritto to ABC.

件名：野村博士の退職

研究開発担当ディレクター、野村勉博士がABCコーポレーションでの20年の勤務を終え、3月26日に退職されます。野村博士はABCとコンサルティング契約を交わされ、スペシャルティケミカル製品の開発および応用を含め、多くの分野でガイダンスやインプットをABCに提供される予定です。

野村博士の任務は栗東守博士が引き継がれることを喜んでお知らせします。栗東博士は科学大学でポリマー科学で博士号を取得されました。私と一緒に栗東博士をABCに歓迎してください。

Useful Expressions

We are sorry to hear that Naoko Kishida, Import Specialist, is leaving us on August 31.
輸入スペシャリストの岸田直子さんが8月31日に退職されると聞き残念です。

Mr. Iijima is resigning from GlobalLINK on December 2.
飯島さんは、12月2日にグローバルリンクを退職されます。

After a distinguished 25-year career with ABC Corporation, Arai-san will be retiring on May 10, 2005.
ABCコーポレーションでの25年の輝かしいキャリア終え、新井さんは2005年5月10日に（定年）退職されます。

The company announced today the departure of longtime editor-in-chief, Vincent Chen.
会社は、今日、長年の編集長、ビンセント・チェン氏の退職を発表しました。

Sanae has shown great dedication and commitment to her work over the five years she has been with us.
早苗は5年の勤務の間、自らの仕事に非常に専心し、コミットしてきました。

She was a major force in our becoming a leading brokerage firm in Japan.
彼女は、当社が日本で主要証券会社になるにあたり主な原動力となられた方です。

Her loss is expected to have a significant impact on the company's operations.
彼女の退職は、当社の業務に多大な影響を与えることでしょう。

283

He pioneered several business applications that helped us grow from a market share of 10% to No. 1 in the marketplace.
10％の市場シェアから市場で第１位へと成長するのに役立った新しいビジネスアプリケーションをいくつか開発されました。

He will be missed by his customers and colleagues.
お客さまや同僚は彼がいなくなり、さびしくなるでしょう。

She plans to seek a position with a law firm.
彼女は法律事務所に転職されるご予定です。

He will remain busy with a variety of activities that will allow the community to continue to benefit from his experience and expertise.
退職後も、その経験と専門知識をコミュニティで役立てるため、数々の活動で忙しい日々を送られる予定です。

Mr. Yoneda will take over her responsibilities for 6 months while the search for a permanent replacement continues.
後任探しを続ける間、半年間、米田氏が職務を引き継ぎます。

I'd like to express heartfelt appreciation for her years of contributions to the company's success.
会社の成功への長年にわたる貢献に対し、心から感謝の意を表します。

All of us wish Tamura-san the very best in her retirement.
一同、田村さんの定年退職にご多幸を祈ります。

We wish you well, Mr. Newman, and thank you for your years of exceptional service to GlobalLINK.
ニューマンさん、ご多幸を祈るとともに、グローバルリンクでの長年にわたる素晴らしい貢献に感謝します。

We at Information Services wish you the best, Debbie!
デビー、情報サービス部一同、ご多幸を祈ります！

We wish her well in her new (future) endeavors.
新たな（今後の）試みに成功されますよう。

We wish him many happy years in the future.
これから長年の間、楽しい日々を送られますよう。

All of us at GlobalLINK wish Mr. Ichimura-san well!
グローバルリンク一同、市村さんのご多幸を祈ります。

CHAPTER 4

社交のメール

メールのトラブル

添付ファイルが読めない場合や、メールの配布先に関する社内連絡などについて紹介します。

Subject: Supply Schedule

Just a note to let you know that last week I lost all my saved e-mails because we had a major system breakdown. I am sorry I don't have the supply schedule you sent me in the past. Would you resend please.

 件名：供給スケジュール

先週、会社のシステムがダウンして、保存してあったメールをすべてなくしてしまいました。それで前に送ってもらった供給スケジュールがありません。再送してもらえませんか。

Useful Expressions

Our server crashed and I lost all my previous e-mail correspondence.
サーバがクラッシュして、これまでのメール通信をすべてなくしてしまいました。

My computer crashed and I lost all my data in the hard drive.
コンピュータがクラッシュして、ハードドライブのデータをすべてなくしてしまいました。

Sorry, I couldn't send you e-mail yesterday. Our server was down. If you have sent me any e-mail, could you resend it, in case it has been lost?
昨日、メールが送れなくて申し訳ない。サーバがダウンしていたもので。もしメールを送ってもらっていたら、ひょっとして失われているといけないので、もう一度、送ってもらえますか。

Our network was down over the weekend. If you have sent me anything, please resend to my personal account at personal@getglobal.com
週末、弊社のネットワークがダウンしました。何か送ってもらっていたら、私の個人のメールアドレス personal@getglobal.com まで再送してください。

I'm sorry for the delay in responding. Our network was down all day yesterday and it just got back up this morning.
返事が遅れてすみません。ネットワークが昨日一日ダウンしていて、今朝、復旧したところなんです。

Our server was hacked and all the files on the hard drive and the backup hard drive were deleted.
サーバがハッカーにやられて、ハードドライブとバックアップ・ハードドライブのファイルが消されてしまいました。

Our provider's server was down for a few days and I was unable to retrieve or send any messages.　　　　　　　　　　　　　　　　＊retrieve　取り出す、読み出す
数日、プロバイダのサーバがダウンしていて、メッセージを取り込むことも送ることもできませんでした。

My e-mail program has been very unstable for the last few days.
過去数日、メールソフトが非常に不安定なんです。

I'm sorry I didn't write you for days. I misplaced your e-mail address and couldn't find it today.
何日もメールを出さずにすみません。そちらのメールアドレスをどこかにやってしまって、今日まで見つからなかったのです。

My apologies for not contacting you until now. I couldn't find your e-mail address.
今までメールが出せなくて申し訳ありません。そちらのメールアドレスが見つからなかったのです。

Because of the virus, the hard drive had to be reformatted and I lost all the e-mail addresses stored in the drive.
ウイルスのせいでハードドライブをフォーマットし直さなくてはならず、ハードに入っていたメールアドレスをすべてなくしてしまいました。

I couldn't read the attached file. Could you pls send it to personal@getglobal.com?
添付ファイルが読めませんでした。personal@getglobal.comのアドレスのほうに送ってもらえますか。

This is just to make sure that you received my e-mail of Dec. 5 saying I was not able to read your e-mail and needed it be resent to personal@getglobal.com
送っていただいたメールが読めなかったので、もう一度、personal@getglobal.comに送り直してくださいという12月5日付の私のメールが届いているかどうか確かめるために、このメールを送付しています。

I'm attaching both Word and text files in case you can't read the Word document.
ワードの文書が読めないといけないので、ワードとテキストの両方のファイルを添付しておきます。

This office doesn't handle the Sigma line. Pls do not cc your e-mail to us.
この事務所では、シグマ製品は扱っていません。こちらにはメールのコピーを送らないでください。

Pls copy me all your e-mails to Toshiko Yabe in the Legal Department.
法務部の矢部敏子さんあての貴メールは、すべて私にもコピーを送ってください。

287

メールアドレスの変更通知

メールアドレス変更のため、出したメールが配達不可能になって戻ってくることはよくあります。そうならないよう、あらかじめ通知するための表現を紹介します。

Subject: Address Change

My address has changed to new@getglobal.com.

mitsy@getglobal.com will become invalid as of May 21 (due to an overwhelming amount of spam).

Thanks for updating your address book!

 件名：アドレス変更

アドレスがnew@getglobal.comに変わりました。
mitsy@getglobal.comは5月21日付で無効となります（スパムの量が手におえなくなったため）。

アドレス帳を更新いただきありがとう！

Useful Expressions

Here's my new e-mail address.
私の新しいメールアドレスです。

Please note that my new email address is new@getglobal.com
私の新しいメールアドレスはnew@getglobal.comですのでよろしく。

My e-mail address has been changed to new@getglobal.com.
メールアドレスが、new@getglobal.comに変わりました。

Effective now, please use the following email address. The existing address is being discontinued.
これから、下記のメールアドレスを使ってください。今のアドレスは使えなくなります。

BTW – please note my new e-mail address.
ところで、メールアドレスが変わりましたので。

I sent you an e-mail, but it came back undeliverable. Is your address info@getglobal.com?
職場のほうにメールを送りましたが、配達不可能で戻ってきました。info@getglobal.comで合ってますか？

I tried to send a couple of messages to your getglobal.com address, but they came back. Could you tell me again your e-mail address?
getglobal.comのアドレスに何度かメッセージを送ろうとしたんですが、戻ってきてしまいました。メールアドレスをもう一度教えてくれませんか？

メール不達についての連絡をもらった場合

Unfortunately, Ayumi is no longer with ABC Technologies, so that's probably why your e-mail bounced back.　　　　　　　　　＊bounce back 跳ね返る、返送される
残念ながら、あゆみはABCテクノロジーズにはもう勤務していません。メールが返送されたのはそのためでしょう。

For future reference, shareholder relations is now being handled by Junko Saito, ABC's newest team member. I forwarded your new contact information to her.
ご参考までに、株主関連は現在、ABCの最新チームメンバー、斉藤順子が扱っています。あなたの新しい連絡先は彼女に転送しておきました。

 # 出張・休暇を知らせる

出張や休暇で不在になるときは、事前に連絡し、できるだけ具体的な日程を知らせます。また、不在の間、他の人が応対する場合や出張先でもメールが読める場合は、その旨、連絡しておくといいでしょう。

Subject: Out of Town

I'll be out of the country from 4/17-5/4.

I'll try to read my e-mails on the road, but won't be able to respond quickly. I'd appreciate it if you could cc your e-mail to info@getglobal.com starting next week.

Thank you.

 件名：不在

4/17～5/4まで国外にいます。

その間もメールを読むつもりですが、すぐには返信できないと思います。来週以降、メールのコピーをinfo@getglobal.comにも送っていただけると助かります。

ありがとうございます。

 ## Useful Expressions

I'll be out of town from Dec. 13 through 17.
12月13日から17日まで留守にします。

....

I'll remain wired. If you e-mail me at this address, I'll try to respond asap.
メールは読んでいます。このアドレスにメールを送ってもらえれば、できるだけ早く返事を出します。

....

I'll be traveling next week and will be back on Feb. 10.
来週出張で、2月10日に戻って来ます。

....

I am leaving town for a few days. Will be back Thursday.
数日、留守にします。木曜には帰ってきます。

....

I'll be on vacation for a week beginning Monday. I'll be back to work on June 20.
月曜から1週間、休暇をとります。6月20日に仕事に戻ります。

....

I will be on vacation from December 29, 2004 through January 28, 2005. If you need to reach me, it will be best to call me on my cell phone. I will check e-mail only occasionally while away.
2004年12月29日から2005年1月28日まで休暇を取ります。連絡を取る必要がある場合は、携帯に電話してもらうのが一番です。休暇中は、たまにしかメールをチェックしません。

Our company will be closed from December 29 through January 3 for New Year's holidays.
弊社は、12月29日から1月3日までお正月休みです。

Our office will be closed the week of August 14.
当社は8月14日の週は休みです。

Our company will be closed for 10 days, April 29 through May 8.
当社は、4月29日から5月8日まで10日間休みです。

I'll be on fami y (maternity) leave for three months, April 8 through July 7.
4月8日から7月7日まで3カ月間、育休（産休）を取ります。

I'll be checking my e-mail on the road, but if you need immediate assistance, please send e-mail to cj@getglobal.com
出張中もメールをチェックしていますが、すぐに対応が必要な場合はメールをcj@getglobal.comに送ってください。

While I'm gone, Chie will take care of order processing.
私が不在の間、知恵が注文処理を担当します。

自動返答メールの設定

I will be out of the office starting 10/15 and will not return until 10/20. You may direct your messages to cj@getglobal.com
10/15から不在で、10/20に戻ります。その間、メッセージはcj@getglobal.comまで送っていただいても結構です。

I will have limited access to email while I'm gone, and may have difficulty getting back to you before I return. If you need immediate assistance, please contact Yusuke Konishi at konishi@getglobal.com, X1234.
不在の間、メールへのアクセスは限られているので、戻るまで返信をするのが難しいかもしれません。すぐに対応が必要な場合は、小西裕介、konishi@getglobal.com　内線1234までご連絡ください。

I will be out of the facility from this afternoon (Monday, Oct 4) through Thursday, Oct 7. I will have access to email and voice mail.
今日の午後（10月4日月曜）から10月7日木曜まで不在です。メールとボイスメールにはアクセスできます。

I will be out of the office on maternity leave until the middle of June. In my absence, please direct any inquires to Wakako Miyamoto at miyamoto@getglobal.com or 03-1234-5678.
6月中旬まで産休で不在となります。その間、お問い合わせはすべて宮本若子、miyamoto@getglobal.com、03-1234-5678までお送りください。

新任のあいさつ

担当分野や職務を簡単に伝えます。「よろしくお願いします」は直訳せず、It'll be great working with you. や I look forward to working with you.のような表現を使います。「まだまだ若輩者ですが」「よろしくご指導のほど」といった言い方をすることもありません。

Subject: I'm the new assistant

My name is Akemi Koriyama and I'm a new assistant in the overseas sales department. I'm replacing Yukari Shinjo, who was transferred to the overseas distribution center.

I know Yukari did a superb job servicing your account and she will be missed, but let me assure you that you will continue to receive the fine service that the overseas sales team has always given.

Please feel free to contact me anytime about your order or delivery needs. I look forward to working with you.

 件名：私が新任のアシスタントです

郡山明美といいます。海外営業部に新しくアシスタントとして加わりました。海外流通センターに異動となった新庄ゆかりの後任です。

ゆかりはお客さまの担当として素晴らしい仕事をし、彼女がいなくなって残念とはお思いでしょうが、海外営業チームが常に提供してきた素晴らしいサービスを引き続き提供させていただくことをお約束します。

ご注文や納品に関して、いつでもお気軽にご連絡ください。お仕事させていただくのを楽しみにしています。

Subject: Ben's Retirement

As you know, Ben is retiring today and I will be responsible for future technical issues.

I think that we have a great relationship with ABC. I am looking forward to continuing the development of products together.

件名：ベンの（定年）退職

ご存じのように、ベンは今日をもって退職し、今後、技術関連は私が担当となります。

当社はABCさんとは素晴らしい関係にあると思います。一緒に製品開発をさせていただくのを楽しみにしています。

Useful Expressions

I'm the new import specialist at Best Products, replacing Takashi Kaneko.
この度、金子隆に代わって、ベストプロダクツの輸入担当となりました。

I'll be handling the Middle East.
中東を担当します。

I'm a new sales rep(executive) of ABC. I'll be handling your account starting April 1.
私はABC社の新しい営業員です。4月1日より貴社の担当となります。

I recently joined ABC Company. I'll be in charge of South America.
この度、ABCカンパニーに入社しました。南米を担当します。

Hi, I just joined the project team.
こんにちは、プロジェクトチームに加わったところです。

Please let me introduce myself.
自己紹介します。

I'm replacing Ms. Kishimoto, who recently retired.
最近（定年）退職した岸本の後任です。

I have been with ABC Corporation for the last three years.
ABCコーポレーションに勤務して3年になります。

I love to play golf, so don't forget me if you're getting a foursome up.
ゴルフが大好きなので、プレーをするときには、私も忘れずに誘ってください。

It'll be a great pleasure working with you.
一緒にお仕事をさせていただけることを光栄に思います。

I look forward to serving your company.
貴社のお役に立てるのを楽しみにしております。

転勤・異動の案内

転勤日や移動日を知らせ、これまでのつきあいに感謝します。日本式に「お世話になりました」と言うのではなく、I enjoyed working with you.といった言い方をします。

Subject: Relocating to Osaka

Hello Friends,

As of Oct. 1, I'm relocating to our Osaka office. My new position as Regional Director will be a challenge, but I'm also excited about the opportunity for career advancement.

It was great to work with you the last five years. Kimiko Noma will be succeeding me as Marketing Manager. She's been in marketing for over 10 years and will be more than qualified to handle all your needs.

My e-mail address will remain the same. Please stay in touch.

 件名：大阪への転勤

皆さん、こんにちは。

10月1日付で、大阪支社に転勤することになりました。地域ディレクターとしての新しい職務は大変だと思いますが、キャリアを伸ばすチャンスに期待をふくらませているところでもあります。

この5年間、一緒に仕事をさせていただいてよかったです。私に代わって、野間君子が新しくマーケティングマネジャーとなります。野間はマーケティング分野で10年以上の経験があり、御社のニーズに十二分にお応えできるでしょう。

私のメールアドレスは変わりませんので、これからもよろしくお願いします。

Useful Expressions

I recently relocated to Okayama.
最近、岡山に転勤になりました。

I was transferred to the Graphics Department on Sept. 30.
9月30日にグラフィック部に異動になりました。

On May 1, I'm moving to the Export Department. I'll be overseeing the African market.
5月1日に輸出部に移り、アフリカ市場の担当になります。

I'm excited about the move.
転勤（異動）を楽しみにしています。

My new assignment is new-product development.
新しい職務は新製品の開発です。

I have enjoyed working with you and your staff for the last four years.
過去4年間、あなたとあなたのスタッフの方々と仕事ができて楽しかったです。

You have been a great mentor to me.
貴殿には、いろいろご指導いただきました。

If you ever visit Hong Kong, please look me up.
香港にお越しの際は、どうぞ声をかけてください。

I will miss you all.
皆さんと離れて寂しくなります。

---

relocate vs. transfer
両方とも「転勤」という意味で使われるが、「relocate」の方が一般的で、「transfer」は「異動」という意味で使われることが多い。

退職の案内

退職の理由はあまり詳しく書かず、ポジティブなトーンで。後任の紹介も忘れずに。

Subject: Organizational Change

Dear Friends and Associates,

With much regret, I will be leaving ABC on Friday, Oct. 17 to accept a position with Better Company, (+81-3123-4567) in Tokyo, effective Oct. 27.

I would like to sincerely thank each one of you for your support over the last 14+ years and it is my hope that our paths will cross again in the future.

Makoto Mori (mori@getglobal.com) will be assuming the role of Sales & Marketing Manager and Hiroshi Jinnai (jinnai@getglobal.com), Sr. Market Manager, will handle sales & marketing for latex.

Thanks again and please stay in touch.

件名：組織変更

皆さま

非常に残念ながら、私は、10月17日金曜をもってABCを退職することになりました。10月27日から、東京のベターカンパニー(+81-3123-4567)に勤務します。

過去14年以上の間、皆さまお一人お一人のサポートに心から感謝いたします。将来、またどこかでお目にかかれることを祈ります。

森誠(mori@getglobal.com)が営業マーケティングマネジャーに就任し、陣内博(jinnai@getglobal.com)がシニア・マーケットマネジャーとしてラテックスの営業とマーケティングを担当します。

重ねてありがとう。これからもよろしくお願いします。

Useful Expressions

I wanted to let you know that today is my last day with ABC.
今日をもってABCを辞めることになったことをお伝えします。

I'll be leaving ABC on March 31.
3月31日付でABCを退職することになりました。

This is just to let you know that I'll be leaving B&B as of June 15.
6月15日付でB&Bを退職することをお知らせします。

Satoru Yoda will assume my duties and I'm sure he'll be in touch with you soon.
与田悟が職務を引き継ぎますが、近いうちに、本人より連絡があると思います。

Your new company contact will be Satomi Naito.
内藤里美が新しい担当者となります。

Fumi Ando will take over my place and be responsible for logistics. She's been with the company for three years and has excellent command of English.
安藤フミが後任となり、ロジスティックスを担当します。安藤は社に勤めて3年になり、英語力は抜群です。

I enjoyed working with you.
一緒に仕事をさせていただき楽しかったです。

I have enjoyed working with all of the people from XYZ. I certainly hope that we will get together again in some capacity.
XYZ社の皆さまと仕事ができて楽しかったです。また何らかの形で、ぜひご一緒させてください。

Working with you and everyone at XYZ has been an extraordinary learning experience.
あなたとXYZ社の皆さまと仕事をさせていただいたのは、この上ない学習経験となりました。

Thank you so much for your support during these past years.
これまでの間、いろいろご援助いただき、どうもありがとうございました。

Thank you for your friendship for the last ten years.
過去10年間のおつきあいをありがとうございました。

I hope we'll stay in touch.
今後ともよろしくお願いします。

Wishing you and your company the best,
貴殿と貴社に幸運を祈ります。

I wish you all the best and perhaps our paths may cross again someday.
ご多幸をお祈りします。またいつかどこかでお目にかかれる日が来るかもしれません。

転職・独立のお知らせ

マーケティング活動の一環ととらえ、新しい仕事内容や新会社の業務内容を伝えます。

Subject: Address Change

This is my official last day with A &H. As of tomorrow, August 31, I will be VP, Patent Strategy for WorldNet, Inc. I will be working part time out of A&H's offices through the end of September, but will work mostly out of my WorldNet office.

My new contact information is as follows:

 件名：住所変更

今日をもってA&Hを退職することになりました。8月31日明日より、ワールドネット株式会社の特許戦略担当副社長となります。9月末まではA&Hの事務所でパートタイムで仕事を続けますが、ほとんどワールドネットで仕事をすることになります。

私の新しい連絡先は下記のとおりです。

Subject: New Venture--CareerNet

Hello. Touching base just in case you have not heard that I left World Accounting last month after completing my 30th year with the firm. I'm co-founding a new company designed to assist executive recruiters and executives in connecting with new career opportunities.

My unusual background, blending the internet and an established job market concept, has enabled us to create a unique patent-pending career-connection system that matches the needs of executive recruiters with the needs of executives and managers who are interested in making job or career changes.

I wanted to forward my new contact information and express thanks for all the years of support. I look forward to continued contact for another 30 years. Please drop me an e-mail or give me a buzz to reconnect, or just stop in to visit our new office. Again, thanks and stay in touch.

＊touch base 連絡する　give … a buzz …に電話する

件名：新たなベンチャー —キャリアネット

ハロー。ひょっとして、私が先月、30年の勤務を経てワールドアカウンティングを退職したということをお聞きになっていないかもしれないと思いまして。今、エグゼクティブ・リクルーターとエグゼクティブとを新たなキャリアチャンスに結びつけるお手伝いをする会社を共同設立しているところです。

私には、インターネットと確立された就職市場のコンセプトをブレンドしたユニークなバックグランドがあるので、エグゼクティブ・リクルーターのニーズと転職を希望しているエグゼクティブやマネジャーのニーズとをマッチングする特許申請中のキャリア・コネクションシステムを構築することができたのです。

私の新しい連絡先をお伝えし、何年ものご支援に感謝したいと思いました。これからも引き続き、新たな30年、よろしくお願いします。またおつきあいできるようメールや電話をください。または新しい事務所にお立ち寄り下さい。重ねてありがとう。これからもよろしく。

 ## Useful Expressions

I just wanted to let you know I recently changed jobs. Now I work for a start-up technology company.
実は、最近、転職しました。今度は、スタートアップのテクノロジー企業です。

I changed jobs last month after 10 years with ABC. I'm now working for XYZ, an up and coming biotech company.　　　　　　　　＊up and coming　新進気鋭の
ABC社での10年を経て、先月、転職しました。現在は新進のバイオテク会社のXYZ社に勤めています。

I left ABC earlier this year and started my own export/import business last month. I mainly import machine tools from China.
今年始めABCを退職し、先月、輸出入業を始めました。主に中国から工作機械を輸入しています。

I launched New Agency on July 10.
7月10日にニューエージェンシーを設立しました。

I've started a management consulting business.
経営コンサルティング業を始めました。

I left the company and now work as a freelance animator.
会社を辞めて、フリーのアニメーターとして働いています。

After 20 years with ABC, I decided it was time to venture out on my own.
ABCでの20年の勤務を経て、いよいよ独立する時期が来たと思いました。

If you know of anyone that is in need of an illustrator, I would appreciate your referral.　　　　　　　　　　　　　　　　　＊referral　紹介、推薦
イラストレーターを必要としている方をご存知でしたら、ご紹介いただけるとありがたいです。

I look forward to working with you again.
また一緒に仕事をさせていただくのを楽しみにしています。

結婚を知らせる

こうした知らせは親しい相手にしかしませんので、カジュアルな表現が中心です。

Subject: Breaking News...

Just to let you know that I'm getting married next weekend and will be gone on honeymoon for two weeks. I'll be back to work on July 1.

 件名：速報です……

次の週末、結婚して、2週間、新婚旅行に行くことをお知らせします。7月1日に仕事に戻ります。

Useful Expressions

I got married this weekend.
この週末、結婚しました。

....

I just wanted to let you know that I'll be getting married in April. My boyfriend and I have been talking about it for quite a while and finally we've decided to do it.
4月に結婚することになりましたのでお知らせしたいと思いました。彼とは、長い間、結婚の話はしていましたが、ついに決心しました。

....

Here's some news for you. I GOT MARRIED!!!
ニュースをお知らせします。結婚しました！！！

....

I'd like to let you know that I married Shoko Mikawa on March 14.
3月14日に三河昌子さんと結婚したことをお知らせします。

....

We met at college almost 10 years ago.
10年近く前に大学で会いました。

....

Finally, I'm settling down. I'm getting married next month.
とうとう、落ち着くことになりました。来月、結婚します。

....

We'll be busy preparing for the wedding.
これから結婚式の準備で忙しくなります。

....

We went to Canada on honeymoon.
新婚旅行でカナダに行きました。

....

出産を知らせる

下記の例は、取引先などに対しても使えます。

Subject: A baby arrived!

Naomi-san gave birth to her son, Ken-chan, at 2:15 last night. Both she and the baby are doing well. She'll be back to work next month.

 件名：赤ちゃんが生まれました！

直美さんが、昨夜2時15分に息子の健ちゃんを無事出産しました。母子ともに元気です。直美さんは、来月、仕事に復帰します。

Useful Expressions

I am proud to announce that my daughter, Mika, was born last night, October 22, at 10:10 p.m. She weighed 3,000kg and was 50cm long.
娘の美紀が、昨夜10月22日午後10時10分に誕生したことをお知らせします。体重3,000kg、身長50cmです。

Our son, Atsushi, was born on Wednesday morning. He is the latest addition to our family and his two sisters are fighting over his attention already.
息子の敦が、水曜の朝に生まれました。家族に最新のメンバーが加わり、2人のお姉ちゃんがすでに彼の気を引こうと争っています。

I'm a father now!
父親になりました！

My wife had a baby last week.
先週、妻が子供を産みました。

Mother and baby are doing very well and should be home Thursday.
母子ともに非常に元気で、木曜には帰宅する予定です。

Our first baby was born two days ago.
私たちの初めての赤ちゃんが2日前に生まれました。

I have been helping mom and baby get settled.
ママと赤ちゃんが落ち着けるよう手伝いをしています。

お礼—贈り物

非常にお世話になった場合、フォーマルにお礼がしたい場合、印象づけたい場合などは、郵送でカードを送るべきですが、すぐにお礼が言いたい場合にはメールが役立ちます。例に挙げているのは、退職する際に、取引先の担当者からもらったギフトに対するお礼です。

Subject: Thanks for your gift!

THANK YOU VERY MUCH for the nice pullover. It was a pleasant surprise.

Also thank you for all your support during the development of the ABC relationship. It was truly a team effort.

Thanks again and let's stay in touch.

 件名：プレゼントありがとう！

すてきなプルオーバーをどうもありがとう！予想外のことで、とてもうれしかったです。

それに、ABC社との関係を樹立する間のサポートをありがとう。あれは本当に2人の努力の賜物です。

重ねてありがとう。今後もよろしく。

Useful Expressions

Thank you for the wonderful gift.
素晴らしい贈り物をありがとう。

It was very nice of you to send me the Christmas present.
クリスマスプレゼントをお送りいただき、ご親切に（ありがとう）。

You were most thoughtful to give me that gorgeous golf club.
あんな豪華なゴルフクラブを送ってくださって、なんてご親切なんでしょう。

It was a pleasant surprise to receive a wedding gift from you.
あなたから結婚の御祝いをいただけるなんて、予想外のことで、うれしかったです。

The clock is simply beautiful. You have impeccable taste.
時計は実に美しいです。非の打ちどころのないご趣味ですね。

Thank you for the wine. My wife loved it and almost finished the bottle before I had a chance to taste it. It was superb.
ワインをありがとうございました。妻がとても気に入って、私が試す前にほとんど空になっていました。素晴らしいワインでした。

Thank you for going out of your way to get it for me.
私のためにわざわざ入手してくださってありがとう。

I appreciate your thoughtfulness.
ご好意に感謝します。

お礼—サポート

どのようなサポートをしてもらったのか具体的に挙げて感謝します。

Subject: Thanks so much!

I just wanted to say how extremely helpful you have been to the team while I was gone.

Not a single project fell through the cracks, thanks to your willingness to step in for me. I've received many comments from customers about your eagerness to attend to their problems on my behalf.

Thank you for taking care of everything so well. I hope I can return the favor someday.

＊ step in for ... …に代わって義務を果たす

 件名：どうもありがとう！

私が不在の間、あなたがチームにとってどれだけ助けになったかをお伝えしたいと思いました。

あなたが進んで私の代わりをしてくれたおかげで、問題が起きたプロジェクトはひとつもありませんでした。私に代わってお客さまの問題に快く対処してくれたというコメントをお客さまからたくさん受け取りました。

すべてを実にうまく処理してくれてありがとうございました。いつか、あなたのご親切にお返しができますよう。

Useful Expressions

Thanks to your invaluable assistance, we've completed the project on time.
あなたの貴重なサポートのおかげで、プロジェクトを期日どおりに終えることができました。

Thank you for making it possible to hold the conference.
会議を開催できたのは、あなたのおかげです。

Thank you for taking time out of your busy schedule.
お忙しい中お時間いただき、ありがとうございました。

Thank you all for filling in during my absence.
私がいない間、皆、代わりをしてくれてありがとうございます。

I appreciate your willingness to rearrange schedules to accomodate the added responsibilities.
仕事が増えたために進んでスケジュールを調整してくれたことに感謝します。

It was very good of you to go to such trouble, and I just wanted to let you know how much I appreciate it.
ご親切にあれだけのご苦労をしてくださって、どれだけ私が感謝しているかお伝えしたかったのです。

I want to express my appreciation for your help.
助けていただいて、感謝の意をお伝えします。

I really appreciate your generosity in sharing your expertise and time.
惜しまず専門知識とお時間をお分かちいただき、本当に感謝しています。

I'd like to express my gratitude.
感謝の気持ちをお伝えしたいのです。

I'm grateful for your continuous support.
変わらずサポートいただき、感謝しています。

Thank you for your hospitality.
おもてなしいただき、どうもありがとうございました。

Thanks for picking me up at the airport and taking me to so many places.
空港で出迎えていただいて、またいろいろなところへ連れて行ってくださってありがとう。

It was very nice of you to take time off and show me around.
休み時間を取っていろいろ案内していただき、ありがとうございました。

Please let me know if I can ever return your kindness.
ご親切にお返しできることがあれば、知らせてください。

Please give my thanks to Mrs. Hassan.
ご夫人にも感謝の念をお伝えください。

お祝い―昇進

カードを郵送するほうが丁寧ですが、海外の場合などは素早く対応できるメールが重宝します。できるだけ相手の努力や業績を具体的に挙げて祝福しましょう。

Subject: Congratulations!

Congratulations on your recent promotion to Project Manager! I'm thrilled to hear that. I know how hard you worked to get the recognition you fully deserve.

I have no doubt you will excel in your new role.

All the best for the future,

 件名：おめでとう！

プロジェクトマネジャーへのご昇進おめでとう！　そう聞いて感激しました。まさにあなたにふさわしい評価を得るのに、どれだけ努力されたか知っています。

新しい職でもご活躍されるのは間違いないものと確信しています。

今後のご検討をお祈りします。

Useful Expressions

Congratulations on your new position as General Manager.
ゼネラルマネジャーへのご就任、おめでとうございます。

I would like to congratulate you on your promotion to Assistant Manager.
アシスタントマネジャーへのご昇進をお祝い申し上げます。

How wonderful that you have been promoted to Sales Manager!
セールスマネジャーにご昇進されたとのこと、素晴らしいです！

I'm so glad to hear that you have been appointed to CIO.
CIOに就任されたと聞いて、とても喜んでいます。

I read about your promotion in the company newsletter.
社内報であなたの昇進を知りました。

You should be proud of your accomplishments.
この達成を誇りに思われるべきです。

This is the promotion you fully deserve.
この度の昇進は、まったくあなたにふさわしいものです。

Moving up to Vice President at ABC is not an everyday achievement.
ABCで副社長まで登りつめるというのは、並大抵の業績ではありません。

Your successes keep multiplying.
あなたはどんどん成功を重ねていきますね。

We look forward to working more closely with you in your new position.
新しいポストに就かれましたあなたと、さらに密接に仕事ができるのを楽しみにしています。

Best wishes on the challenging new assignment.
新しいやりがいのある仕事に就かれ、ご健闘を祈ります。

Here's to a great start and a long string of successes.
素晴らしい門出と数々の成功をお祈りします。

お祝い―成功・受賞

相手とよりよい関係を築いたり、信頼関係を深めたりするチャンスです。できるだけ具体的な功績を挙げて祝福します。

Subject: Congratulations!

I just heard from Bob that your team won the 2005 Technology Award. Congratulations!

I'm sure this is only the first of many that you will attain in the years to come ;-)

Here's to your continued success!

 件名：おめでとう！

たった今、ボブから、あなたのチームが2005年技術賞を受賞されたと聞きました。おめでとう！

これはきっとほんの始まりで、この先、何年もの間、たくさんの賞を受賞されるのでしょうね。

引き続いてのご成功を！

Useful Expressions

Congratulations on the successful completion of the project.
プロジェクトがうまく完了しておめでとう！

Let me congratulate you on the successful launch of the new product.
新製品発売の成功おめでとうございます。

I'd like to send our heartiest congratulations on your winning the top sales award.
トップセールス賞を受賞されましたことを心よりお祝い申し上げます。

The recognition you have received is well deserved.
受賞は、まったくあなたにふさわしいものです。

I read with great excitement the newspaper article about your significant achievement.
あなたの素晴らしい功績に関する新聞記事を感激しながら読みました。

I always thought your work was the best in the industry. I'm glad to see you get the recognition that you deserve.
あなたの作品が業界で最高のものだと常々思っていました。ふさわしい評価を受けられ、うれしく思います。

This is a marvelous achievement, though no more than you deserve.
これはすばらしい功績です。まったくあなたにふさわしいものですが。

I am very happy to see your work being recognized in this way.
あなたの仕事（作品）が、このように評価されてとてもうれしく思います。

I was so excited to hear about your achievement.
あなたの功績を知り、とても感激しました。

The award could not have been given to someone more deserving.
これ以上ふさわしい受賞者はいなかったでしょう。

Your accomplishments are truly awesome.
あなたの功績は実に見事なものです。

Way to go!
よくやったね！その調子！

Wishing you continued success,
今後も引き続きご成功されることを祈ります。

お祝い——設立・独立・引退

祝辞を述べるとともに、相手の成功を祈ります。取引先の場合は、今後の取引への期待を添えてもいいでしょう。

Subject: Congratulations!

I received your announcement about the opening your Irvine office. Congratulations!

It's truly amazing that your business keeps expanding in the midst of the tech slump.

Wishing you continued success,

 件名：おめでとう！

アーバイン事務所の開設通知を受け取りました。おめでとうございます！

テクノロジー業界が不況の真っ最中だというのに、事業の拡大を続けられているというのは実に驚くべきことです。

今後も引き続きご成功されることを祈っています。

Subject: On Your New Venture

Congratulations on starting your own consulting business.

With all your talent and experience, I have no doubt you will succeed.

I wish you the best of luck!

 件名：貴新規事業

独立をしてコンサルティング業を始められたとのこと、おめでとうございます。
あなたの才能と経験があれば、成功間違いなしです。
幸運を祈ります。

Useful Expressions

「設立、独立」

Congratulations on your recent expansion into India.
この度のインドへのご進出、おめでとうございます。

Congratulations on achieving your 10th year in business.
設立10周年を迎えられ、おめでとうございます。

I have heard that you started your own PR company.
この度、PR会社を始められたと聞きました。

Congratulations on taking on the new venture.
思い切って新しい事業を始められ、おめでとうございます。

I know that with your background, expertise and enthusiasm, your firm should make quite an impression in the industry.
あなたのご経歴、専門知識、熱意をもってすれば、貴社は業界でかなりの存在となるでしょう。

Congratulations on the launch of your new site!
新しいサイトの立ち上げおめでとうございます。

Congratulations on the angel funding for your Internet startup! Sounds very exciting and promising!!
インターネットのスタートアップへのエンジェルからの資金調達、おめでとうございます。とてもおもしろそうで、有望のようですね。

It is great to hear that you have opened another office in Japan.
日本にまた新しく事務所を開設されたと聞いて喜んでいます。

I'd like to send you my heartiest congratulations on the expansion of your business.
貴社の事業拡大、心からご祝福申し上げます。

I'm confident that this new venture will meet or exceed everything you expect from it.
新しい事業は、あなたの期待どおり、いえ期待以上のものになると信じています。

My congratulations and best wishes for your success.
御祝いの言葉とともに、成功をお祈りします。

「引退祝い」

We understand that you will be retiring soon from ABC. Congratulations on your many years of career success. We wish you the best in your retirement
近々ABCを退社されると聞きました。長年のキャリアをお祝い申し上げます。幸せな引退生活をお祈りしております。

お祝い—結婚

親しい相手であれば、できるだけパーソナルなタッチにします。

Subject: Congratulations!

I've heard you got married. Congratulations!!
So who's the lucky guy?

I wish you both all the happiness in the world.

件名：おめでとう！

結婚したんだって。おめでとう！
それで、そのラッキーな奴って誰？

お二人に世界中の幸せを祈ります。

Useful Expressions

Congratulations on your recent marriage!
ご結婚おめでとうございます。

....

I would like to extend our best wishes on your marriage.
ご結婚お祝い申し上げます。

....

I wish you the very best in your years together.
末長い幸せをお祈りします。

....

I hope your life together will be full of joy and happiness.
お二人の人生が、喜びと幸せに満ちたものでありますよう。

....

We couldn't be happier for you.
これ以上、うれしいことはありません。

....

Paul sounds like a nice guy. Do you have a wedding picture you can send :-)
ポールっていい人のようですね。結婚式の写真を送ってくれませんか。

....

Wishing you the happiest of times,
最高の幸せをお祈りします。

....

お祝い─出産

親しい相手であれば、パーソナルなタッチにするのがいいでしょう。

Subject: Congratulations!

I heard you recently added a new member to your family. How exciting! Congratulations!!

So how do you like being a father?

 件名：おめでとう！

最近ご家族に新しいメンバーが加わったと聞きました。感動的ですね！ おめでとう！！

それで、父親になってみてどう？

Useful Expressions

My warmest congratulations on the birth of your daughter!
お嬢さんのお誕生. おめでとうございます。

We were thrilled to hear about your son's birth.
息子さん誕生の知らせを聞いて、皆、感激していました。

I've heard that you had a baby boy. How wonderful!
男の子をご出産されたとのこと。素晴らしいですね！

I didn't know your wife was having a baby. Congratulations!! I'm sure you'll make a good father ;-)
奥さまがおめでたとは知りませんでした。おめでとう！！ よいお父さんになること間違いなし！

I hope I can see the baby some day!
いつか赤ちゃんに会わせてくださいね！

We know this is one of the greatest joys of life.
人生の中で最大の喜びのひとつですね。

All the best to that little girl,
お嬢ちゃんに幸あれ。

お見舞い

沈んだ調子にならないよう、回復への祈り、励ましを強調します。

Subject: Get Well Soon

I'm sorry to hear that you've been sick. I hope you will feel better soon.

訳 件名：早く元気になられますよう

ご病気とのこと、お見舞い申し上げます。早くよくなられますよう。

Subject: Mr. Gupta's Injury

Sorry to hear of Mr. Gupta's injury. Hope he will fully recover very soon.

訳 件名：グプタさんのケガ

グプタさんがケガをされたと聞いて、お気の毒に思います。すぐに完治されますよう。

Useful Expressions

本人に

Sorry about your flu — it has really been hitting lots of people in our office.
インフルエンザにかかってしまったそうで、お気の毒に。うちの会社でもたくさんの人がかかっています。

I hope you'll recover quickly.
早く治るといいですね。

I hope you'll get back to work soon.
早く仕事に戻られますよう。

I look forward to your speedy recovery.
スピーディーな回復をお待ちしてます。

I hope your recovery will be swift and I'll soon be hearing from you.
早く回復して、近いうちにメールがもらえますよう。

You just need a good rest.
休養が必要なんですよ。

Take good care of yourself.
くれぐれもお大事に。

家族の病院・ケガ

I was very sorry to hear that your father has been hospitalized.
お父さまが入院されたと聞き、お見舞い申し上げます。

I'm glad to hear that your wife's surgery went well and that she'll be home soon.
奥さまの手術がうまくいき、すぐに退院されると聞き、喜んでいます。

I was shocked to hear of your child's accident. I hope it's nothing serious.
お子さんが事故にあわれたと聞いて驚きました。たいしたことがなければいいのですが。

I hope he'll get better soon.
すぐによくなられますよう、お祈りします。

My wishes for your mother's rapid recovery.
お母さまが早くよくなられますよう。

If there's anything I can do for you, please let me know.
もしお手伝いできることがあればお知らせください。

お悔やみ

メールでお悔やみを述べた後、カードを郵送するようにしましょう。死そのものに関してはあまり触れず、慰めを強調します。亡くなった人を知っていた場合は、その人の功績、思い出などを添えるといいでしょう。

Subject: In Sympathy

I'm very sorry to learn of Mr. Sarasin's passing. I knew him for 10 years and had tremendous admiration and respect for him. What a loss for ABC Corporation.

I sincerely hope he will rest in peace and that ABC will overcome this great loss.

In deepest sympathy,

 件名：お悔やみ

サラシン氏が亡くなられたと聞いてお悔やみ申し上げます。氏とは10年来の知り合いで、非常に感服、尊敬していました。ABCコーポレーションにとって何という損失でしょうか。

氏が安からに眠られ、ABCがこの大きな損失を乗り越えられますよう、心からお祈りします。

ご冥福を祈りながら

Useful Expressions

I'm shocked to hear that Julie passed away. She was only 32 years old. I had no idea she had cancer.

ジュリーが亡くなったと聞いてびっくりしています。まだ32歳だったというのに。ガンだったとはまったく知りませんでした。

Please let me extend my deepest sympathy on the passing of your father.

お父さまのお悔やみ申し上げます。

Please accept our deepest sympathy.

お悔やみ申し上げます。

Our deepest sympathy to you and your family on the death of your wife.

奥さまのご逝去に際し、ご家族の皆さまに心よりお悔やみ申し上げます。

I can't tell you how sorry I am to hear of your great loss.

悲報に接しなんとお慰めしてよいか言葉もありません。

Please accept what little comfort these words can give you.

こんなことを言っても大した慰めにもなりませんが。

You often mentioned how difficult your mother's battle with cancer was.

お母さまのガンとの闘いが大変であることをよく口にしていましたね。

Though I'm saddened by her death, I share your relief that she is now at peace.

亡くなられたことは悲しいですが、今は、安らかに眠られていることが唯一の慰めかと思っています。

Please be sure you are in the thoughts and prayers of all of us at this time.

今、私たちは皆、あなたのことを思い、祈っていることを覚えていてください。

励まし

仕事上の悩みを抱えている人、離婚や災害などプライベートで悩んでいる人を励ます際のメールです。

Subject: Hang in there!

It was good to see you yesterday!

I really think life is a series of ups and downs, so I hope you'll get through this difficult time.

Hang in there!

 件名：ガンバレ！

昨日は会えてよかった！
人生というのは山あり谷ありだと思うから、この大変な時期を乗り越えられますよう。

がんばってね！

Subject: Hurricanes

I can't believe Florida was hit by three hurricanes one after another! (Of course, 10 typhoons landed in Japan this year.)

Hope there has been no serious damage from the hurricanes and that you and your family are doing fine.

 件名：ハリケーン

フロリダが次から次に3つのハリケーンに襲われるとは信じられません。（もっとも、今年は日本にも10個の台風が上陸しましたが）。

大した被害はなく、あなたもご家族も無事であることを祈っています。

Useful Expressions

I'm sorry to hear that you got a divorce.
離婚されたと聞き、残念に思います。

You must be disappointed you didn't get the promotion.
今回、昇進されずに残念だったことでしょう。

Let's look at this as a learning experience. I'm sure you will do better next time.
今回のはいい教訓と思いましょう。次はうまく行きますよ。

Just remember that things could be better, but things could be worse.
今以上のことも望めるけど、今より悪い状況もあり得るということを忘れないように。

Life is full of ups and downs. It'll be up soon.
人生は浮き沈みの繰り返し。またすぐに上がりますよ。

I hope things will work out as well as possible.
できるだけすべてがうまく片付きますように。

If there is any way that I can help, please let me know.
何かできることがありましたら、お知らせください。

Cheer up!
元気出してね！

I hope you got your power back by now.
すでに電気が復旧しているといいのですが。

I'm sorry that your house was damaged from the earthquake.
地震でご自宅が被害にあわれたとのこと、お見舞い申し上げます。

 招待

パーティーや食事、集まりなどへの誘いのメールです。

Subject: Going Away Party

As you have probably heard, Rich is moving to London. We're throwing a little going-away party for him Thurs night at Best Izakaya. Would you like to come?

Hope you can make it!

 件名：お別れ会

すでにお聞きのとおり、リッチがロンドンに引っ越します。木曜にベスト居酒屋でちょっとしたお別れ会を開きます。来ませんか？

来れるといいけど！

 Useful Expressions

We're having a potluck at Keiko's this weekend. Do you want to join us?
今週末、恵子の家でポットラック（料理持ち寄りパーティー）をします。来ませんか？

....

Would you like to go to lunch next week?
来週、ランチに行きませんか？

....

Let's go to lunch sometime next week.
来週あたり、ランチに行きましょう。

....

Do you want to get together sometime next month?
来月くらい、会いませんか？

....

How about some drinks after work on Friday?
金曜、仕事が終わった後に一杯どう？

....

Let's get together when I get back to town.
出張から帰ったら会いましょう。

....

 ## 招待への返事

たとえ参加できなくても、すぐに返事をしておきましょう。何も返事をしないと、その後、誘ってもらえなく可能性があります。

Subject: RE: Going Away Party

Sure. I'll be there. What time?

 件名：RE：お別れ会

もちろん、行きます。何時に？

 ## Useful Expressions

Sure, I'll join you guys.
ええ、参加します。

・・・

Lunch next week sounds good. When and where?
来週、ランチいいですね。いつ、どこで？

・・・

How about Wed? I can be there by noon.
水曜はどう？12時までには行けます。

・・・

Too bad. I can't make it.
残念。行けない。

・・・

I wish I could! I'll be out of town next week.
行けたらいいんだけど。来週、出張なんです。

・・・

I'd love to come, but I won't be able to make it.
ぜひ行きたいのですが、行けません。

・・・

Who's coming? (Who is going to be there?)
誰が参加するの？

・・・

Gonna、WannaはNG

"I'm gonna ..." "I wanna ..."は会話体であり、たとえカジュアルな文章でも書き言葉では使いません。「こんなくだけた表現も知っているんだ」と誇示したくなるのかもしれませんが、逆にTPOを知らないのがバレてしまいます。

 季節のあいさつ

クリスマスなどには、クリスマスカードとは別に、メールで簡単なあいさつを送っても
いいでしょう。仕事のメールの最後に、簡単にHappy Holidays!などとつけ加えるだけ
でも十分です。

Subject: Best Wishes for the New Year

Dear Friends and Associates,

As we come to the end of what has been for many of us a momentous year personally and professionally, I wanted to send to you my heartfelt best wishes for a good 2006.

It is my sincere hope that the new year will be safer, more peaceful and more prosperous for you no matter where you live or do business in this world. And, I hope that in 2006 we will have the opportunity to work together towards these goals.

I wish you a very happy New Year!

 件名：謹賀新年

個人的にも仕事面でも、私たち多くにとって、重要な年であったこの年の終わりが近づき、
よき2006年への心からの願いをお送りしたいと思いました。

あなたが世界のどこに住み、どこで仕事をしていようが、新年があなたにとってより安全で、
より平和で、より順調であることを心から祈ります。そして、2006年には、これらの目標
に向かって協力できる機会がもてることを願います。

幸せな新年をお迎えください！

Subject: Happy Holidays!

Attached is my holiday letter.

I hope you can take some time off during the holidays (while I'm having a blast Down Under) and recharge yourself for more work in the new year!

 件名：ホリデーおめでとう！

私のホリデーの手紙を添付します。

（私がオーストラリアで超楽しんでいる間に）ホリデーの間、少し休んで、新年にもっと仕事ができるよう再充電できるといいね！

迷惑メールの停止

仕事とは関係のないメールや巨大なファイルを送ってくる人に、送信をやめるように頼むメールです。

Subject: Your Photos

You take great photos! Why don't you post them on your web site so that people can access them whenever they want to instead of sending those big image files to everyone?

I often travel on business and I have to access the Internet by dial-up while I'm on the road. Some hotels charge a lot for the access and big files like the ones you send clog the system.

 件名：あなたの写真

素晴らしい写真ですね！　大きな画像ファイルを皆に送るのはやめて、皆が好きなときにアクセスできるようウェブサイトに掲載したらどうですか？

出張することが多いんだけど、出張中はインターネットにダイヤルアップでアクセスしないといけなくて、ホテルによってはすごい電話料金を課せられる。ああいう大きなファイルを送られるとシステムが詰まるんだよね。

Subject: Your Mailing List

Could you pls remove me from your mailing list?
I've been swamped with work and I'm just too busy to read non-business messages.

Thanks!

 件名：あなたのメーリングリスト

メーリングリスト（名簿）から外してもらえませんか。
仕事に忙殺されていて、ビジネス関連でないメッセージを読む暇がないんです。

ありがとう！

APPENDIX

付録

簡潔な表現

簡潔な表現を使ったほうがインパクトがあります。一語で表せるものを長い表現を使う必要はありません。

aware of the fact that... （〜という事実に気づいている）	→	**know that**
bring ... to an end （〜を終わらせる）	→	**end**
bring ... to your attention （〜に注意を促す）	→	**remind**
come to an end （終わる）	→	**end**
conduct an investigation （調査を行う）	→	**investigate**
do a study （研究する）	→	**study**
give consideration to ... （〜について考える）	→	**consider**
give a promotion （昇進させる）	→	**promote**
give a response （返答する）	→	**respond**
have the ability/capability to... （〜する能力がある）	→	**can**
have a belief about ... （〜について信じる）	→	**believe**
have a discussion about ... （〜について話し合う）	→	**discuss**
have a tendency to ... （〜する傾向がある）	→	**tend**
hold a conference （会議を開く）	→	**confer**
hold a meeting （会議・会談をする）	→	**meet**
in receipt of ... （〜を受け取っている）	→	**received**
make an acquisition of ... （〜を取得する）	→	**buy, acquire**
make changes in ... （〜を変更する）	→	**change**
make a choice （選択する）	→	**choose**
make a decision （決定する）	→	**decide**
make a contact with ... （〜と連絡を取る）	→	**contact, meet**
make inquiry （問い合わせる）	→	**inquire**
make a payment （支払う）	→	**pay**
make progress toward ... （〜に向け進歩する、進む）	→	**progress toward**
make a purchase （購入する）	→	**buy**
make a recommendation （助言する）	→	**recommend**
make a statement about ... （〜について陳述する）	→	**state, say**
(am) of the opinion （〜という意見である）	→	**believe**
perform an analysis of ... （〜について分析を行う）	→	**analyze**
perform a review of ... （〜について検討を行う）	→	**review**
place emphasis on ... （〜を強調する、〜に重要視する）	→	**emphasize**
place an order for ... （〜を注文する）	→	**order**
provide information for ... （〜について情報を提供する）	→	**inform**
provide a summary of ... （〜の要約をする）	→	**summarize**
provide support for ... （〜を支持する、支援する）	→	**support**
reach an agreement （合意に至る）	→	**agree**
reach a conclusion （結論に至る）	→	**conclude**
send an answer （回答・返事を送る）	→	**reply, respond**
take action （行動を起こす）	→	**act**
take appropriate measures （適切な手段・措置をとる）	→	**act**
take ... into consideration （〜を考慮にいれる）	→	**consider**

take pleasure in ...（喜んで〜する）	→	(am) pleased to, (am) happy to
a great deal of（多くの）	→	much
a large number of（多数の）	→	many
a majority of（大部分の）	→	most
as a general rule（一般に、概して）	→	usually, generally
as a matter of fact（実のところ）	→	in fact
as a result of ...（〜の結果）	→	because
as of this date（本日現在、今日の時点では）	→	today
as per ...（〜に従って）	→	as, according to
as to ...（〜に関して）	→	about
assuming that...（〜と仮定して、〜とすれば）	→	if
at a later date（後日）	→	later
at all times（常に）	→	always
at present（現在）	→	now
at a rapid rate（急速に）	→	rapidly
at the conclusion of ...（〜の終わりに）	→	after
at this point in time（今現在）	→	now
at your earliest convenience（都合がつき次第）	→	soon　または 特定の日時（**tomorrow, next week**等）
by means of ...（〜によって）	→	by
by the time that...（〜するときまでには）	→	when
despite the fact that...（〜という事実にもかかわらず）	→	although
detailed information（詳しい情報）	→	details
due to the fact that...（〜という事実のために）	→	because
during the course of ...（〜の間）	→	during
during the time of ...（〜の間）	→	while
for a period of ...（〜の期間に）	→	for
for the purpose of ...（〜という目的のために）	→	for, to (do...)
for the reason that...（〜という理由のために）	→	for
for this reason（こういう理由で）	→	so
from time to time（ときどき）	→	occasionally
in accordance with ...（〜に従って）	→	according to
in an effort to ...（〜しようと努力して）	→	to
in a satisfactory manner（申し分のない形で）	→	satisfactorily
in a timely manner（迅速に）	→	promptly
in light of the fact that...（〜という事実に照らして）	→	because
in many cases(instances)（多くの場合）	→	often
in order to ...（〜するために）	→	to
in rare cases（まれに）	→	rarely
in spite of the fact...（〜という事実にもかかわらず）	→	although
in the absence of ...（…なしに）	→	without
in the amount of ($100)（$100で）	→	for ($100)
in the event that...（〜の場合には）	→	if, in case
in the matter of ...（〜の事由に関して）	→	about
in the process of ...ing（〜しているところ）	→	...ing

in the very near future（非常に近い将来）	→	soon, very soon
in this day and age（今日）	→	nowadays
in view of the fact that...（～という事実を考慮して）	→	considering
kindly（どうぞ、すみませんが）	→	please
more and more（一層、どんどん）	→	increasingly
on account of ...（～のために）	→	because
on an annual basis（年ごとに）	→	annually
on an ongoing basis（続けて）	→	continnously
on condition that...（～という条件で）	→	provided that
on a few occasions（たまに）	→	occasionally
on a regular basis（定期的に）	→	regularly
on numerous occasions（頻繁に）	→	often
on the basis of ...（～に基づいて）	→	by
on the grounds that...（～という理由で）	→	because
on the part of ...（～の側では）	→	by
on two separate occasions（2回にわたって）	→	twice
owing to the fact that...（～という事実のために）	→	because
pertaining to ...（～に関し）	→	about
prior to ...（～の前に）	→	before
provided that...（～という条件で、もし～ならば）	→	if
pursuant to ...（～に従って）	→	according to
subsequent to ...（～に続いて、～の後で）	→	after, following, since
taking this into consideration（この事を考慮に入れて）	→	therefore
the only difference being that...（唯一の違いは～で）	→	except that
there is no question that...（～という事については間違いない）	→	unquestionably
to summarize the above（上記を要約すると）	→	in summary
until such time as...（～のときまで）	→	until
with reference to ...（～に関して）	→	about
with regard to ...（～に関して）	→	about
with respect to ...（～に関して）	→	about
with the exception of ...（～以外は）	→	except
with the result that...（そのため～）	→	so that
advance planning（事前の計画）	→	planning
advance warning（事前の警告）	→	warning
detailed information（詳しい情報）	→	details
empty space（空間、スペース）	→	space
end result（終わりの結果）	→	result
future plans（将来の計画）	→	plans
joint partnership cooperation（共同パートナーシップ）	→	partnership
past experience（過去の経験）	→	experience
repeat again（再度繰り返す）	→	repeat
three different kinds（異なった3種類）	→	three kinds（3種類）
whether or not...（～かどうか）	→	whether

簡単な単語

難しい単語は避け、できるだけ簡単な単語を使います。

accommodate（[宿などを]提供する）	→	provide
accomplish（成し遂げる）	→	complete
acknowledge（認める）	→	recognize
advise（告げる）	→	say, tell
administer（運営・経営する）	→	manage
admonish（勧告・警告する）	→	warn
allocate（割り当てる）	→	set aside
ambiguous（あいまいな）	→	unclear
anticipate（予期・期待する）	→	expect
appoint（任命・指名する）	→	name
approximately（おおよそ）	→	about
ascertain（確かめる）	→	find out
assist（助ける）	→	aid, help
attempt（試みる）	→	try
cease（やめる）	→	stop
collaborate（協力する）	→	work together
commence（始める）	→	begin, start
comply with ...（～に従う）	→	follow
comprise（成る）	→	make up
conceal（隠す）	→	hide
concept（概念）	→	idea
conceptualize（概念化する）	→	think of
concerning ...（～に関して）	→	about
consequently（その結果、従って）	→	as a result
constitute（構成する）	→	form
construct（組み立てる、建設する）	→	make
contain（含む）	→	have
demonstrate（証明する、示す）	→	show
depart（出発する）	→	go
designate（称する、指名する）	→	name
desire（望む）	→	want
discrepancy（相違、不一致）	→	difference
disseminate（[情報などを]広める）	→	circulate, distribute
duplicate（複写する）	→	copy
effect, effectuate（もたらす、果たす）	→	make, do
elect（選ぶ）	→	choose
eliminate（削除する）	→	remove
employ（用いる）	→	use
encounter（偶然出会う）	→	meet
endeavor（努力する）	→	try
endorse（[意見などを]是認する）	→	support
execute（遂行する）	→	carry out
exhibit（展示する）	→	show
extend（[援助・親切などを]施す）	→	give

329

fabricate （組み立てる、でっち上げる）	→	make
facilitate （容易にする、促進する）	→	ease, help
feasible （実行可能な）	→	possible
finalize （仕上げる、完結させる）	→	finish, complete
forward （転送する）	→	send
fulfill （果たす、実行する）	→	carry out
furnish （供給する、与える）	→	provide, supply, send, give
generate （発生させる）	→	produce
immediately （直ちに）	→	at once
impair （害する、損なう）	→	damage, hurt, weaken
implement （実施する）	→	carry out
indicate （指摘する、示す）	→	show, say, tell
inform （知らせる）	→	say, tell
initiate （始める）	→	begin, start
inquire （尋ねる、問い合わせる）	→	ask
instantaneously （即座に）	→	now, quickly
integrate （統合する）	→	combine
locate （の場所を見つける）	→	find
numerous （多数の）	→	many
observe （見る、気づく）	→	notice, see
obtain （得る）	→	get
operate （操作する、運営する）	→	run
optimum （最適の）	→	best
per se （それ自体は）	→	as such
perform （行う）	→	do, carry through
permit （許す）	→	let
presently （現在）	→	now
previously （以前に）	→	before
proceed （進む）	→	go on, continue
procure （調達する）	→	get
purchase （購入する）	→	buy
reflect （熟考する）	→	think
remuneration （報酬）	→	payment
render （提出する、提供する）	→	submit
require （要する）	→	need
reside （居住する）	→	live
seek （求める、捜す）	→	look for
solicit （懇願する）	→	seek, ask for
submit （提出する）	→	send
sufficient （十分な）	→	enough
suitable （ふさわしい）	→	fit
terminate （終結させる）	→	end
transmit （送信する、伝える）	→	send
utilize （利用する）	→	use
validate （有効とする）	→	confirm
viable （実現可能な）	→	possible

■基本的なあいさつ

社交のあいさつ

⇒ **How are you?**
元気ですか？

⇒ **How are you doing?**
元気？（くだけている）

⇒ **How's everything?**
どうですか？

⇒ **How's everything with you?**
どうですか？

久しぶりの相手に

⇒ **How have you been?**
どうしていましたか？

⇒ **(I) Hope all is well.**
すべてうまくいっているといいけれど。

⇒ **(I) Hope everything is fine with you.**
すべてうまくいっているといいけれど。

⇒ **(I) Hope everything is going well for you.**
すべてうまくいっているといいけれど。

社内向け

⇒ **How's everyone at the Manila office?**
マニラ事務所のみなさんは元気ですか？

⇒ **Hope everything is going well at ABC Madrid.**
ABCマドリッド支店ではすべてがうまくいっているものと思います。

⇒ **How's your project coming along?**
プロジェクトの進み具合はどう？

⇒ **How did the lab test come out?**
実験室でのテスト結果はどうでしたか？

⇒ **How did the presentation go last week?**
先週のプレゼンはどうでしたか？

⇒ **Did you have a good weekend?**
いい週末を過ごしましたか？

⇒ **Did you have a nice Christmas?**
いいクリスマスを過ごしましたか？

⇒ **Did you have a nice summer?**
いい夏を過ごしましたか？

➡ **Hope you had a nice weekend?**
週末はどうでしたか？

➡ **Hope you had wonderful holidays?**
お休みはどうでしたか？

➡ **Hope you had a great vacation?**
休暇はどうでしたか？

返事のお礼

➡ **Thank you for your e-mail.**
メールをありがとう。

➡ **Thanks for your reply.**
お返事ありがとう。（Thanks は Thank you よりラフ）

➡ **Thank you for your prompt reply.**
さっそくのお返事をありがとうございます。

➡ **Thanks for your quick response.**
さっそくのお返事をありがとう。

➡ **(It's) good/nice/great to hear from you.**
（メールをもらえて）うれしい。

➡ **I'm glad/happy to hear from you.**
（メールをもらえて）うれしいよ。

➡ **What a pleasure hearing from you again!**
また連絡をもらえて最高にうれしい！

お見舞い

➡ **How are you feeling today? I've heard you've been sick.**
今日の体調はどう？　病気だと聞いたので。

➡ **Hope you'll get better soon!**
すぐによくなるといいね！

➡ **Hope you'll feel better soon!**
すぐによくなるといいね！

➡ **How's your mother?**
お母さんの具合は？（相手の母親が病気・ケガの場合）

最後に ➡ If you have a question, please let me know.

ご質問があれば、お知らせください。

➡ **After we review them, we will get back to you.**
検討後、連絡します。

➡ **Thank you for your interest.**
興味を示してくださってありがとう。

➡ **Thank you for your help/assistance.**
ご協力ありがとう。

➡ **I look forward to hearing from you soon.**
すぐにご連絡いただけるのを楽しみにしています。

➡ **We look forward to your early reply.**
お早いお返事お待ちしています。

➡ **I hope to hear from you soon.**
すぐにご連絡いただけるといいのですけれど。

➡ **Don't work too hard!**
働きすぎないように！

旅行（出張）に行く人に

➡ **Have a nice/great/wonderful trip!**
よいご旅行を！

➡ **Have a safe trip!**
お気をつけて！

➡ **Enjoy your trip!**
旅行を楽しんできて！

休暇をとる人に

➡ **Have a nice/great/wonderful vacation!**
よい休暇を！

➡ **Enjoy your vacation!**
休暇を楽しんで！

➡ **Have (lots of) fun!**
楽しんでね！

季節のあいさつ

＜クリスマス＞

➡ **I wish you a merry Christmas.**
メリークリスマス。

➡ **Wishing you a merry Christmas.**
メリークリスマス。

➡ **Wishing you peace and happiness at Christmas.**
安らかで幸せなクリスマスを。

＜クリスマスから新年にかけて―宗教に関係なく使えるもの＞

➡ **Happy Holidays!**
よいホリデーシーズンを！

➡ **Best (Warm) wishes for the holiday season.**
よいホリデーシーズンを。

➡ **Holiday happiness and best wishes for the new year.**
楽しいホリデーと新年を迎えられますよう。

➡ **Season's greetings and best wishes for a happy new year.**
季節のごあいさつと幸せな新年を祈って。

➡ **The best of this holiday season to you and yours.**
家族とともにすばらしいホリデーシーズンを。

➡ **The warmest of holiday greetings to you and your family.**
ご家族とともにすばらしいホリデーシーズンを。

➡ **Wishing you a wonderful holiday season.**
すてきなホリデーシーズンを過ごされますように。

➡ **I hope this holiday season brings you all of your wishes.**
ホリデーシーズンにあなたの願いがかないますように。

➡ **I'd like to wish you the very best this holiday season.**
最高のホリデーシーズンをお迎えください。

➡ **May you have your happiest holidays ever.**
今までで最高のホリデーを過ごされますように。

➡ **Best wishes for the holidays and the coming new year.**
よいホリデーと新年を迎えられますよう。

➡ **Best wishes for the happiest of holidays and a wonderful new year.**
最高のホリデーとすばらしい新年を迎えられますよう。

＜新年＞

➡ **Happy New Year!**
新年おめでとう！（頭にＡをつけるのは和製英語）

➡ **Best wishes for the New Year.**
新年おめでとう。

➡ **I hope you'll have a great year!**
すばらしい1年を！

➡ **Best wishes for a happy and prosperous New Year.**
幸せで実り多い新年を迎えられますよう。

その他アメリカの主な祭日

<イースター（復活祭）>

⟶ **Happy Easter!**
イースターおめでとう！

⟶ **Warmest Easter wishes for you.**
よいイースターを迎えられますよう。

<ハロウィーン>

⟶ **Happy Halloween!**
ハロウィーンおめでとう！

⟶ **Wishing you a Halloween filled with fun.**
楽しいハロウィーンを！

<感謝祭>

⟶ **Happy Thanksgiving!**
感謝祭おめでとう！

⟶ **Have a happy Turkey day!**
楽しい七面鳥の日を！（感謝祭には七面鳥を食べるのが習慣）

<ハヌカー（ユダヤ教の祝日）>

⟶ **Happy Hanukkah!**
ハヌカおめでとう！

⟶ **Wishing you a very happy Hanukka!**
楽しいハヌカを！

お祝い

<お祝い（誕生日）>

⟶ **Happy Birthday!**
お誕生日おめでとう！

⟶ **Happy Birthday to You!**
お誕生日おめでとう！

⟶ **Hope you'll have a great one!**
いい誕生日を迎えられますように！

⟶ **Hope you'll have a wonderful birthday!**
素晴らしい誕生日を迎えられますように！

⟶ **Best wishes on your birthday.**
お誕生日おめでとう。

⟶ **All the best wishes on this wonderful day.**
素晴らしき日をお迎えください。

➡ **May this day be the happiest day in your life.**
人生で一番いい日になりますように。

➡ **Hope you had a good birthday.**
よい誕生日を迎えられたことと思います。

■結びのフレーズ

➡ **Thank you for choosing ABC products.**
ABC製品をお買い上げいただきありがとうございます。

➡ **Thank you for Best Auto for your automobile needs.**
お客さまの自動車のニーズにベストオートをご利用いただき、ありがとうございます。

➡ **Thank you for choosing Best Tire Company and we look forward to serving you again soon.**
ベストタイヤカンパニーをお選びいただき、ありがとうございます。またすぐにご奉仕させていただけるのをお待ちしています。

➡ **We appreciate the chance to serve your future transportation needs.**
貴社の将来の輸送ニーズのお役に立てるチャンスに感謝します。

➡ **Thank you for giving us the opportunity to call on you about your future textile needs.**
貴社の将来の繊維のニーズに関し訪問させていただく機会をいただき、ありがとうございます。

➡ **Thank you for the confidence you've shown in our firm by contacting us about our food products.**
当社をご信頼いただいて、食品に関するご連絡をいただきましてありがとうございます。

➡ **It is always pleasure serving you, and we only hope to serve you better on your future orders.**
お客さまにご奉仕するのをいつもうれしく思います。今後のご注文も、よりよくご奉仕させていただけますようお願い申し上げるばかりです。

➡ **We look forward to continuing to supply toner and service your laser printers.**
今後もトナーを供給し、お客さまのレーザープリンターをサービスさせていただけることを楽しみにしています。

➡ **We are very proud that you've chosen to give us your business.**
当社を取引先として選んでくださったことを誇りに思います。

➡ **Our staff is on call 24 hours a day to serve your every need.**
貴社のあらゆるニーズにお役に立てるよう、当社スタッフは24時間体制で待機しています。

➡ **We are eager to serve you on your next project.**
ぜひ、貴社の次のプロジェクトをお手伝いしたいと思います。

➡ **We hope this will be a long, mutually rewarding business association.**
これが、お互いに有意義な長期のビジネス関係となることを祈ります。

➡ **We look forward to working together through the years.**
これから何年もの間、一緒にお仕事をさせていただくのを楽しみにしています。

➡ **We look forward to working with you on this project.**
一緒にこのプロジェクトができるのを楽しみにしています。

➡ **Thank you for doing business with us.**
お取引ありがとうございます。

➡ **Thank you for your consideration.**
ご検討ありがとうございます。

➡ **Thank you for your continued business.**
ご愛顧ありがとうございます。

➡ **We appreciate your interest in our products.**
当社製品にご関心をお寄せいただきありがとうございます。

➡ **Thank you for your continued interest in our products.**
弊社の製品に変わらぬご関心をお寄せいただきありがとうございます。

■顧客サービスのフレーズ

➡ **We value your patronage and hope you will continue to look to WorldBell to meet your telecommunication needs.**
貴殿のご懸念に対応する機会をありがとうございましたす。ご愛顧に感謝し、御社の通信ニーズを満たすために、今後もワールドベルをご利用いただけますようお願いいたします。

➡ **Your business is very important to us—we would like to continue supporting your laser printers and maintaining the highest standard of workmanship possible.**
お客さまとのお取引を大切に思っており、引き続きお客さまのレーザープリンターをサポートさせていただき、また可能な限りの最高水準の技術を維持していきたいと存じます。

➡ **BestFiber is committed to providing the best customer service possible.**
ベストファイバーは可能な限り最良の顧客サービスを提供することをお約束しています。

➡ **If there is anything else I can help you with, please let me know. Again, I apologize for the inconvenience. We value your business.**
もし他に私のほうでお役に立てることがありましたら、お知らせください。ご迷惑をおかけしたことを重ねてお詫び申し上げます。ご愛顧に感謝します。

➡ **If I may be of further assistance, please do not hesitate to contact me.**
他にお役に立てることがありましたら、ご遠慮なくお申しつけください。

➡ **Please contact me again if there is anything else that I can assist you with.**
他にお役に立てることがありましたら、またご連絡ください。

■返事が遅れた場合のフレーズ

仕事で忙しかった

⮕ **I'm sorry I haven't responded. I've been swamped.**
返事ができなくて申し訳ない。仕事に忙殺されていたもので。

⮕ **Sorry, I have not been able to respond as I have been very busy traveling and handling other business issues lately.**
すみません、最近、出張や他の仕事で非常に忙しくて、返信ができませんでした。

⮕ **Sorry that I haven't been able to get back to you. I have been tied up with some other issues, which I should complete by the end of this week or early next week. I should be able to complete the market report then.**
返信できなくてすみません。他の件にかかりきりで、今週末か来週早々には終わるので、そうすれば市場報告書を終えられます。

⮕ **Sorry I didn't get back to you sooner. We had this big project, which was due yesterday. We worked until midnight last night. It's finally over!**
もっと早く返事できなくてすみません。大きなプロジェクトを抱えていたのですが、昨日締め切りで、昨夜は夜中まで働きました。やっと終わりました！

⮕ **I've been real busy for the last few days. The project was supposed to be over last week, but took an additional week.**
ここ数日すごく忙しかったんです。プロジェクトは先週終わるはずだったんですが、1週間余分にかかってしまったもので。

⮕ **Sorry I haven't been able to respond promptly lately. I've taken over Mike's responsibilities on top of my existing ones. My workload has doubled now.**
ここのところ返信できずにすみません。自分のこれまでの仕事以外にマイクの仕事も担っているもので。仕事量が倍になったんです。

⮕ **Sorry this got lost in the shuffle of the last week.**
すみません、先週のゴタゴタで返信し忘れてしまいました。

不在だった

⮕ **Sorry I didn't reply sooner. I was out of the country for two weeks.**
すぐに返事を出さなくて申し訳ない。2週間海外出張でした。

⮕ **I was traveling last week—my notebook crashed and I couldn't access the Internet.**
先週出張していたんですが、ノートPCがクラッシュして、ネットにアクセスできなかったんです。

⮕ **I am on the road right now but will try to check my e-mail to see if I received the file.**
今、出張中なのですが、ファイルを受け取ったかどうかメールをチェックしてみます。

➡ **Sorry that I have not written the report. Two weeks in South America and then a week on vacation have put me way behind and I have been trying to catch up.**
報告書がまだですみません。南米に2週間いて、その後休暇で、仕事がかなり遅れていて、今、追いつこうとしているところです。

➡ **I was on vacation for the last two weeks.**
この2週間、休暇をとっていました。

➡ **Our company was closed for 10 days during what's called "Golden Week" in Japan. (There are several national holidays during the week.)**
弊社は、日本で「ゴールデンウィーク」と呼ばれる期間の10日間、休みでした（この週は、国民の祝日が重なります）。

➡ **Our company was closed for 7 days for summer vacation.**
当社は、7日間、夏休みでした。

病気、ケガ、不幸

➡ **I had a bad cold and stayed home for a week.**
ひどいカゼをひいて、1週間家で休んでいました。

➡ **I've been sick since Tuesday. I can't wait to get rid of this flu!**
火曜から具合が悪くて。とにかく、このインフルエンザを早く治したい！

➡ **When I went skiing last month, I broke my leg. I had to stay in bed for two weeks.**
先月、スキーに行った際に、足を折ってしまったんです。2週間、安静にしていなければならなかったんです。

➡ **I was sick and out all last week.**
病気で、先週ずっと休んでたんです。

➡ **I was in the hospital for a month.**
1カ月、入院していました。

➡ **I had minor surgery two weeks ago and had to stay home for a week after that.**
2週間前に簡単な手術をして、その後、1週間家で寝てました。

➡ **Hope you don't catch a cold!**
風邪を引かないように！

➡ **My father passed away last week and I had to take care of the funeral and all that.**
先週、父が亡くなり、お葬式やら何やら、処理することがあったもので。

■会社関連用語

本社	headquarters (HQ); head office
支店	office; branch; branch office
海外支店	overseas office/branch
海外事務所	overseas office
工場	factory; plant
関連会社	affiliate; affiliate company
子会社	subsidiary
営業部	Sales (Department)
海外営業部	Overseas Sales (Department)
マーケティング部	Marketing (Department)
人事部	HR (Human Resources); Personnel (Department)
総務部	Administration; General Affairs (Department)
法務部	Legal; Legal Affairs (Department)
財務部	Finance (Department)
企画部	Planning (Department)
購買部	Purchasing (Department)
研究開発部	R & D; Research and Development (Department)

■日時・数量表現

～日の午前／午後
on the morning/afternoon of March 20　（3月20日の午前／午後）

午後早く／遅く　in early/late afternoon

～営業時間　business hours; operating hours; office hours

就業時間　work hours; office hours

日　付

your order of August 10　（8月10日付のご注文）

effective August 30　（8月30日付有効）

～日現在

    as of May 15（５月１５日現在）

    as of today（今日現在）

    as of now（現時点で）

～日以前／以降

    before/after July 20（７月20日以前／以降）

～日消印

    post marked by Feb. 28 , 2005（2005年2月28日消印）

一両日中に	**within a couple of days**
日本標準時間	**JST (Japan Standard Time)**
（米国）東部標準時間	**EST (Eastern Standard Time)**
（米国）中西部標準時間	**CST (Central Standard Time)**
（米国）山岳部標準時間	**MST (Mountain Standard Time)**
（米国）太平洋標準時間	**PST (Pacific Standard Time)**

現地時時間   **local time**
                 at 2 p.m. local time（現地時間午後2時に）

こちらの時間   **2 p.m., our time**（こちらの２時）

そちらの時間   **2 p.m., your time**（そちらの２時）

今週終わり   **the end of this week**

来週初め   **the beginning of next week**

翌週初め   **the beginning of the following week**

～月～日の週

    the week of March 18（3月18日の週）

上旬に

    in early Feb.（2月上旬）

中旬に

    in mid Sept.; in the middle of September（9月中旬）

下旬に

    in late Jan.（1月下旬）

～月いっぱい

    the entire month of August（8月いっぱい）

過去数カ月

    the past/last several months

〜年を通じて

throughout 2005 （2005年を通じて）

年間〜

an annual purchase of 25MT （年間購入量25トン）

（会計）年度　　　　fiscal year

上半期　　　　the first half of the fiscal year

下半期　　　　the second half of the fiscal year

第1/2/3/4四半期　　the first/second/third/fourth quarter

〜にわたり

over the last dozen years （この10数年以上にわたり）

〜までに

The work must be completed by the end of November.
（11月末までに仕上げなければなりません。）

〜まで

He won't be back until next Friday. （彼は金曜まで戻りません）
valid until Sept. 17, 2005 （2005年9月17日まで有効）

〜あたり

300 yen per piece. （1個あたり300円）
per head （1人あたり）
1 flight a week （週に1便）

〜以下

2000 yen or less （2000円以下）
not greater than 40 cm （40センチ以下）

〜未満

less than $45/kg （$45/kg未満）
18 and under （18歳未満）

〜以上

an order of 10,000 pieces or larger （1万個以上の注文）
invest $1MM or more （100万ドル以上の投資）
98% or greater purity （純度98％以上）

〜を超える（「以上」とは異なる）

more than $15,000 （15000ドルを超える）
Over 500 executive （500人を超えるエグゼクティブ）

〜以内

within 24 hours （24時間以内）
within two business days （2営業日以内）
within two weeks （2週間以内）

上がる、上げる

increase to $21 （21ドルに上がる）
increase price by 5% （5%上げる）

割引

$100 off （100ドル割引）
a 15% discount （15%割引）

【著者紹介】

有元美津世（ありもと みつよ）

大学卒業後、日本企業、アメリカ企業勤務を経て、86年渡米。アメリカ企業勤務後、88年から6年間、日本企業米国現地法人の責任者を務める。その間にカリフォルニア大学アーバイン校にてMBA取得。94年、グローバルリンクコンサルティンググループを設立し、市場調査、技術ライセンス契約、製品開発等、日米企業間の戦略提携に携わる。(http://www.getglobal.com)

　著書に、『英文履歴書の書き方』『面接の英語』『英文ビジネスレター実例集』『e ビジネスのための英語表現実例集』『クレームvs.クレーム対応の英語』（以上ジャパンタイムズ）、『360度展開で伸びる!』（エクスナレッジ）、『アメリカ発なるほど儲かる! ユニークビジネス』（ダイヤモンド社）、『黒字ドットコム』（インプレス）、『全図解 インターネットビジネスのしくみ』（あさ出版）など。新聞、ビジネス誌等に多数連載。南カリフォルニア在住。

英文ビジネスeメール実例集 Ver. 2.0

2005年2月5日	初版発行
2005年5月20日	第5刷発行

著　者　　有元美津世
　　　　　©Mitsuyo Arimoto, 2005

発行者　　小笠原 敏晶

発行所　　株式会社 ジャパン タイムズ
　　　　　〒108-0023　東京都港区芝浦4-5-4
　　　　　電話　東京 (03)3453-2013 [出版営業]
　　　　　　　　　　 (03)3453-2797 [出版編集]
　　　　　振替口座　00190-6-64848
　　　　　ジャパンタイムズブッククラブ
　　　　　http://bookclub.japantimes.co.jp/
　　　　　上記ホームページでも小社の書籍をお買い求めいただけます。

DTP制作　(株)創樹

印刷所　　図書印刷株式会社

定価はカバーに印刷してあります。
Printed in Japan
ISBN 4-7890-1183-6